〔左手〕佛陀 〔右手〕华佗

中医大智慧揭示养生要诀

佛家大智慧揭示养心道理

高级营养保健师 熊苗◎编著

最适合中国人的身心和谐之道

左手佛陀 澄净心灵！

右手华佗 强健身体！

中国华侨出版社

图书在版编目(CIP)数据

左手佛陀，右手华佗：最适合中国人的身心和谐之道 / 熊苗编著.—北京：中国华侨出版社，2010.6

ISBN 978-7-5113-0288-5

Ⅰ.①左… Ⅱ.①熊… Ⅲ.①个人—修养—通俗读物 ②养生(中医)—通俗读物 Ⅳ.①B825-49②R212-49

中国版本图书馆 CIP 数据核字(2010)第 111463 号

左手佛陀，右手华佗——最适合中国人的身心和谐之道

编　　著 / 熊　苗

责任编辑 / 尹　影

责任校对 / 吕栋梁

经　　销 / 新华书店

开　　本 / 787×1092 毫米　1/16 开　印张/20　字数/360 千字

印　　刷 / 固安保利达印务有限公司

版　　次 / 2010 年 9 月第 1 版　2010 年 9 月第 1 次印刷

书　　号 / ISBN 978-7-5113-0288-5

定　　价 / 34.00 元

中国华侨出版社　北京市安定路 20 号院 3 号楼　邮编：100029

法律顾问：陈鹰律师事务所

编辑部：(010)64443056　　64443979

发行部：(010)64443051　传真：(010)64439708

网址：www.oveaschin.com

E-mail：oveaschin@sina.com

前 言

华佗养身，佛陀养心

在这个纷繁复杂的大千世界中，每个人来到世间，都是为了追求人生的幸福与安宁。那么，幸福是什么呢？安宁又在哪里呢？这成了无数人都渴望得到答案的人生考题。于是，带着这个问题，人们开始到处寻觅着。

人生最可怕的事情是什么？生老病死还是失散离别？都是，也都不是。人生最可怕的事情，就是不知道通过什么渠道才能去获取幸福与安宁。

一日，某人去庙中求佛赐福，发现一位跟佛一模一样的人也在求佛，便问他："你怎么长得跟佛一个模样？"

那人道："我就是佛。"

"你就是佛？那你为什么还要求你自己呢？"

"求人不如求己。"他答道。

求人不如求己。为人成事如此，养身疗心也是如此。天地万物生灵此生彼长，周而复始生生不息。人都有生老病死，月亦有阴晴圆缺。人一生的生命过程，就是一个不断的损伤—修复—再损伤—再修复的过程。每个人都是解救自己的神医。欲百病不侵则身强体健，你要行如华佗，心如佛陀。

有谁从没有生过病呢？不论大病小灾，疾病的发生，就好像被人触动了身体上的某个开关，运行了某段程序；而疾病的愈合好转则像身体内运行的另一套自救的程序。疾病的发生与痊愈，就在于这个程序能否正常启动，其原理像电源开关一样简单，因此古人形象地称之为

“病机”。疾病的发生与好转就像有人在操纵着这个开关一样。

华佗是古代医中之圣，他在几千年前发明的华佗养身法，很多在现在仍被人沿用着。他熟练地掌握了养生、方药、针灸和手术等治疗手段，精通内、外、妇、儿各科，临证施治、诊断精确、方法简捷、疗效神速，被誉为“神医”。华佗行医并无师传，他主要是精研前代医学典籍，在实践中不断地钻研进取。华佗行医的精髓告诉我们，生活中处处都蕴含着养生之道，只要用心去学习，你就可以帮助自己渡过各种病痛的难关，像华佗一样无师自通。

人生在世，我们最付不起的便是“心”。中医有一句话讲得好：病由心生。造成这些病痛的不是别的原因，正是生活中万千琐事对我们心态所形成的那种漫长的主宰。我们称这种致病的心态叫做“病机”。正是这种消极颓废的心态，改变甚至摧毁了许多人的生活。只要你的“心”没有疗养好，病痛就会不断袭来。纵使有华佗在世，也拯救不了你这种由心生发出来的、源源不断的“病机”。这时候，向佛陀学一点儿“疗心术”就显得迫在眉睫了。

一位著名的西方哲人说过：要想让自己的灵魂无纷扰，唯一的方法就是用美德去占据它。而佛家主张一切皆由心生，一切皆由缘起；随缘、入缘、包缘，一切皆由性起而落。多向佛陀学习，你就可以遇事少一些计较，多一些包容。人生漫漫，当快乐与悲伤的事情全都过去时，人们便会发现，我们所遭受过的苦，我们所饱尝过的种种滋味，我们那些所谓的病痛与重疾，正是由我们无法克服的心魔所致。

生病的人们总是依赖于药罐子和神医的拯救，没生病的人则依靠保健品让疾病远离身体。其实，世上最应该依赖的是你自己。你要由内到外认识到自己的“病机”，也就看到了致病的原因。左手佛陀，澄净心灵；右手华陀，强健身体。把左手和右手有机地结合在一起，这才是不生病的最大智慧。

目 录

第一章 左手佛陀，自我识别是一辈子要完成的任务

古人说：智者不惑，勇者不惧。何为智者？遇事不惑者也。庄子在《齐物论》里面说：世界的一切以它自己的角度去观察，永远都有它自己的密码，这个密码是看不破的，所以从这个意义上讲，人最难认知的是自己的心。

第二章 右手华佗，了解自己的身体，每个人都是自救的神医

“余知百病皆生于气也。怒则气上，喜则气缓，悲则气沉，恐则气下，惊则气乱，思则气结”。学会听听身体的声音吧，它有自己处理事情的程序，有些程序看似凶险，但运行的目的都是为身体好，人们要学会观察身体发出的警示，帮助它尽早完成任务，而不是去制造障碍。

第三章　左手佛陀，养出一双慧眼和一颗善心

柏拉图曾说：“我们的心灵就像一座园圃，让它荒废还是让它洁净美丽，全在于我们的意志。”红尘滚滚，世事缠身，我们常常觉得好累，有时候也会神经兮兮、很紧张。要使你的心灵放松，最简单的方法就是自己去营造一颗简单的心，寻找一处灵魂的寄所。

第四章 右手华佗，读懂身体部位的每一个警示

人体从头发到肠胃、肾脏、血液、心脏等等，都有着千丝万缕的联系，无不充满了百思难解的奥秘。打开这本书，就是打开了一扇知晓健康的智慧大门。学会解读自己的“身体语言”，进而自测疾病、远离病痛，让身体更健康，这正是“察颜观色”的价值所在。

第五章 左手佛陀，帮自己超脱尘世间的琐碎烦恼

心灵宁静方能致远。真正的精神寄托应是人与自然的天人合一，灵性融合才能回归自然，才能回归质朴无华的童真。在现实中，守一份真，守一份诚，去一份浮，去一份躁，无论在哪里，无论在什么喧嚣的环境之中，都能有一片属于自己的精神家园。

第六章 右手华佗，情志是身心健康的调度室

所谓情志，就是指人从事某种活动时产生的兴奋心理状态。不良的情绪会刺激人体器官、肌肉或内分泌腺分泌出使我们身体器官、组织和细胞感觉不舒服的化学物质，伤害我们的身体。而愉快的情绪会刺激人体器官、肌肉或内分泌腺分泌出使我们身体器官、组织和细胞感觉舒服的化学物质，有利于我们健康长寿。

第七章 左手佛陀，行路时要纠正自己的错误观念

人一生中，需要在行路时不断地修正自己的方向，无论是在爱情、婚姻上，还是在工作、事业上，不同的选择会导致命运的迥异。人生的道路往往不是一条直线，而是一条跌宕起伏，形态万千的曲线。弯路虽然让我们懂得更多，但它毕竟会使我们追求幸福的旅程更长更苦。错误的选择会让人走尽弯路，辛苦一生却一无所获，或走入歧途，酿成人生悲剧。在行路的同时看清前方的路，做出明智的选择才会让人一辈子走得一帆风顺。

第八章 右手华佗，随时随地都可做的身体自我“修复”

每个健康的人都具有完善的免疫系统，它由各种具有免疫功能的细胞组成，对人体健康的作用极大。人的健康，关键还在于增强自己免疫系统的功能。而要增强免疫系统的功能，一是要保持精神愉快与健康，因为精神因素与人体免疫功能密切相关；二是养成良好的生活习惯；三是要坚持适当的体育锻炼，以增强自身对疾病的抵抗力，达到延缓衰老、健康长寿的目的。

第九章 左手佛陀，在爱与被爱中品味幸福的真谛

生命的意义，不在于生命的长度，而在于生命的宽度。懂得热爱生命的人都希望在有限的时间里，尽其所能地拓展生命的宽度，过好每一段属于自己的时光。一个人人生的完美，并不完全在于金钱、物质和权力，而在于人与人之间的关爱和互助。得到了真爱的人是幸福的。因为爱是人的天性，能尽人性、尽物性，天人合一，顺其自然地发展，才是生命的真谛、人生的完美。

第十章　右手华佗，一人学会全家不求医的家庭保健法

现在的人得了小病都不愿意进医院，高昂的药费和低效率都让一般人对医院望而生畏。但是，身体有病不能不治，不然集腋成裘，小病也可能演化成大病。对于现代人来说，掌握简单的家庭保健法是必要的。这章介绍的推拿、刮痧、火罐、足部按摩法都是既经济又易学的自助保健法，一个人学会，便可以担当起全家日常保健的医生职责了！

第十一章　左手佛陀，将自己摆渡到幸福的彼岸

无论是接受原本可以改变的，或是想要改变那些无法改变的，都是一

种“错配”，最好的良药，就是塑造阳光的心态，顺其自然，否则欲速则不达。用勇气来改变可以改变的事情，用胸怀来接受不可改变的事情，用智慧来分辨两者的不同，而是否能够分辨两者，似乎更加具有决定性的意义。

第十二章　右手华佗，你应该比神医更了解自己的身体

你的健康应该掌握在神医的手上吗？定期去医院体检固然是必要的，通过定期体检，可以随时掌握自己的身体状况，建立起自己的健康档案。然而，在日常生活中，我们也可以了解自身疾病的产生、发展，并进行疾病的自查。不是神医却胜似神医。读懂自己的身体，无疑就等于为我们的身体健康又多上了一份保险。毕竟，没有人比我们更了解我们自己。

第十三章　左手佛陀，动心忍性是逢凶化吉的智慧

生活中的事物有时候总萦绕着种种的不顺利。这令人感到了迷惘溃败，使人失去了坚持既定走下去的方向和意志。但是，一时的软弱屈服或是止步不前只是苟且偷安的表现。要走出生活的荆棘林，就必定要认识自我、鼓舞士气，清楚自己人生的选择。披荆斩棘，做生活的勇士。

第十四章　右手华佗，生病了也没什么大不了

心态的变化能影响脏腑器官的工作能力及损坏程度，同时也决定了身体的质量，所以说要想有个好身体，调整心态是非常重要的一步。一个人即使身患重疾，只要有良好的积极心态，必定是你战胜病魔的关键一招。

第一章

左手佛陀，自我识别是一辈子要完成的任务

古人说：智者不惑，勇者不惧。何为智者？遇事不惑者也。庄子在《齐物论》里面说：世界的一切以它自己的角度去观察，永远都有它自己的密码，这个密码是看不破的，所以从这个意义上讲，人最难认知的是自己的心。

认识自己是一辈子要完成的任务

“认识你自己”这句话，时时刻刻都在提醒我们，只有真正认识了自己，才会知道自己所存在的价值。只有真正认识了自己，才能够有所为或有所不为，才能够有的放矢。

在希腊神话里，有一个驰名古希腊世界的戴尔波伊神托所。这是一组石造建筑物，它的起源可以追溯到4000多年前。就在这个神托所的入口处，人们可以看到刻在石头上的两个词，用今天的话来说，就是“认识你自己”。

古希腊哲学家苏格拉底经常引用的一句话就是“认识你自己”。现在，这句话已经成了希腊家喻户晓的民间格言，他们时时刻刻都在提醒自己，一定要认识自己、看清自己。只有真正认识了自己，才会知道自己所存在的价值。只有真正认识了自己，才能够有所为或有所不为，才能够有的放矢。

老子《道德经》上也曾有过类似的说法：“知人者智，自知者明。”我们常说的“自知之明”也出自于这里。《孙子兵法》里不也谈到“知己知彼，百战不殆”吗？可见，认清自我也是相当重要的。可惜的是，对于“过度”我们很容易觉察，挥霍无度、疲劳过度、烟酒过度，只要稍加留意就能发觉，然而，且不说我们如何“知人”，想要“自知”就已经极为困难了。先不要考虑“我是谁”、“我从哪里来”、“人生的意义何在”这样的“大问题”，看看下面这些小问题，你能回答得清楚吗：我是一个什么样的人？我希望成为一个什么样的人？我的性格中有哪些优点，又有哪些不足？如何才能让我成为一个希望成为的人？我相信肯定有一部分人，对这些问题是似是而非的，或许，他们对人生的态度也是如此，事实上，并不了解自己、因而随波逐流的人很多，那么，我们如何才能够做到“自知”呢？

当年白居易任杭州太守时，曾请教一位高僧关于“佛的真谛”是什么。高僧说，就8个字：“诸恶莫作，众善奉行。”白居易说：这不太简单了吗？连3岁孩子都知道。高僧说：“是的，3岁孩子知道，但80岁老人却做不到。”“知道却做不到”一语就道破了古今中外人性的根本弱点：知与行脱节。闻道者百人之众，悟道者仅约五十，行道者只寥寥数人而已。曾11次获得乒乓球世界冠军的张怡宁说：最大的对手是自己，只要能战胜自己，真正的对手就不多了。

为什么认识自己最难？就是因为站在不同的角度，看到的事物就会完全不一样。如果我们仅仅站在自己的角度，以己之心而推断所有的事物，就会产生巨大的偏差，这也是使我们难以正确认识自己的第一个障碍。

有很多时候，我们都是以自己的标准去推断其他事物的，有很多的规则是我们所不知道的。比如说，你要是在潮湿阴冷的地方睡觉，那你醒了以后轻则腰疼，重则是落下半身不遂了，然后问你觉得泥鳅也是这样的吗？泥鳅住在那儿就正好，你要让它住人的火炕，那没准就烤成泥鳅干了。在《庄子》一书中，庄子甚至说像丽姬、像毛嫱这都是人间的美女，我们形容美女，往往用沉鱼落雁这个词，说看到她，那些大雁就飞散了，鱼就由于羞愧潜到水底去了。庄子说那些雁也吓跑了，鱼也惊逃了，它们真的就觉得这个美女就那么美吗？也许是因为他们被丑陋而被吓跑。所以，这就是庄子在《齐物论》里面提出的观点，世界的一切都以它自己的角度去观察，永远都有它自己的密码，这个密码是看不破的，所以从这个意义上讲，人最难认知的是自己的心。

一个人最挫败的事就是失去自我

成功的辉煌都是一样，而成功的路径却各自不同。坚持自己的本色，做个独立有主见的人，你会发现那才是真正的你！

卡耐基说："一个人最糟的事是不能成为自己，并且不能在身体与心灵中保持自我。"这就是保持本色的重要性，无路何时何地，无论发生什么事情，都要勇于保持本色。你拥有了一个完全属于你的生命，但你却不敢把真实的自己完全表现出来，并因此而深深地痛苦着。

做人要独立，要有主见，才能发现自己的个性，并坚信自己的独特，才会有本色的生活。不管事情怎么样，也不管别人说什么，都要勇敢地拿出"本色"来。因为，那才是真正的你，那样的你才能让你内心踏实而愉悦。否则，即使取得成功，即使收获幸福，你还是不能在心底里承认那种幸福和快乐就是你应该得到的。你会觉得那是另外一个人的"救助"，你总是不敢"不劳而获"，你总是害怕会突然间失去所有。快乐和幸福要"理所当然"，要"坦坦荡荡"，要靠自己的"本色"来获取。不能成为自己，是一件最糟糕的事情。

索菲娅·罗兰是意大利著名影星，自1950年从影以来，已拍过60多部影片，她的演技炉火纯青，曾获得1961年的奥斯卡最佳女演员奖。她16岁时来到罗马，要圆演员梦，但是周围充满了各种意见。用她自己的话说，就是她个子太高、臀部太宽、鼻子太长、嘴太大、下巴太小，根本没达到一般的电影演员的要求，更不像一个意大利式的演员。

然而，制片商卡洛看中了她，带她去试镜很多次，但摄影师们都抱怨无法把她拍得美艳动人，因为她的鼻子太长、臀部太"发达"。卡洛于是对索菲娅说，如果你真想干这一行，就得把鼻子和臀部“动一动”。索菲娅断然拒绝了卡洛的要求。她说：“我为什么非要长得和别人一样呢？我知道，鼻子是脸庞的中心，它赋予脸庞以性格，我就喜欢我的鼻子和脸保持它的原状。至于我的臀部，那是我的一部分，我只想保持我现在的样子。”

她决心不靠外貌而是靠自己内在的气质和精湛的演技来取胜。她没有因为别人的不利言论而停下奋斗的脚步。她成功了，那些有关她“鼻子长、嘴巴大、臀部宽”议论都自动消失了，这些体征反倒成了美女的标准。

索菲娅在20世纪即将结束时，被评为这个世纪最美丽的女性之一。她在自传中这样写道：“自我开始从影起，我就出于自然的本能，知道什么样的化妆、发型、衣服和保健最适合我。我谁也不模仿，我从不去奴隶似地跟着时尚走。我只要求看上去就像我自己，非我莫属……衣服的原理亦然。”

你知道漂亮和美丽的区别吗？漂亮的女人千篇一律，但美丽的女人却是各有特色。鹅蛋脸、柳叶眉、大眼睛、高鼻梁、细腰、白肤，当这些美女的标准大行其道的时候，你是盲目地减肥、美白、整形？还是接受原本的样子去发掘出自己独特的美丽？我想，索菲娅的例子给了我们很好的答案。

也许你总是想，只要鼻子再高一点儿，就能更受欢迎；也许你总是想，只要多说些好听的话，就能取悦周围的人；也许你总是想，只要稍微隐瞒一下自己某方面的弱点，就能顺利地得到理想的工作；也许你总是想，只要我成为他或她梦想中的人，我就能得到他或她的爱慕之情；也许你总是想，只要不是自己，而是谁谁谁，就一定能够幸福和快乐。

然而这些想法，只会让你徘徊在痛苦和自卑中。真正的幸福没有条件也没有界限，只要你愿意把心打开，接受自己、愉悦自己，你就能看到世界投给你的笑脸。每个人都有自己独特的魅力，与其抱怨自己不如别人，不如发掘出自己的本色，快乐地行走。不管有什么样的理由，不能成为真正的自己都是最糟糕的事情。要勇敢而坚定地做自己。

努力前，先看清自己想要什么

庸庸碌碌而不去追求，自然没有成功的机会。可是，不了解自己、不去寻找最适合自己前行方向的人就会发现，也许他真的很努力，并且付出了艰辛，可是他最终还是到不了实现梦想的彼岸。

有一则寓言，是说有两只蚂蚁想翻越前面一堵墙，去寻找墙那边的食物。墙有20来米长，有近百米高，其中一只蚂蚁来到墙前，毫不犹豫地向上爬去，辛劳努力地向上攀爬着。可是每到它爬到大半时，就会由于劳累、倦怠而跌落下来，可是它不气馁，它相信只要有付出就会有回报。它更相信只要坚持不懈，就会距离成功越来越近。每一次跌下来，它都会迅速地调整一下自己，又开始向上爬去。

而另一只蚂蚁观察了一下，决定绕过这堵墙。很快地，这只蚂蚁绕过墙来到食物面前，开始享用起来，而那只蚂蚁还在不停地跌落下去又重新开始。很多时候，成功除了坚持不懈外，更需要选择方向。选择一个更适合自己的方向很重要，也许有了一个好的方向，成功比想象的来得更快。

庸庸碌碌而不去追求，自然没有成功的机会。可是，不了解自己、不去寻找最适合自己前行方向的人就会发现，也许他很努力，并且付出了艰辛，可是他最终还是没有成功。对于蚂蚁来说，前面的食物就是它的理想，怎样最快地获得它，选择正确的方向比盲目地努力更重要。坚持、努力与奋斗是成功的基石，而正确的奋斗方向则是成功的桥梁。

怎样才可以做一个有想法的人？怎样才可以做一个自己想要成为的人?这是所有人需要考虑的问题。从宏观上来讲，首先要给自己一个明确的定位，想要成为什么样的人，想要达到什么样的成就或地位，然后再围绕这一目标来做应该做的事情。从微观上来讲，每做一件事情，都要问自己一遍：做这件事情的目标是什么？为什么要做？怎么做才能达成目标？从而使这件事情显得更有意义。总之，自己要多思考一下，不要以他人的意志来左右自己，而且对任何一件事情都应该有自己的判断，即便这种判断可能会是错误的，但检验错误的过程同样重要，要知道错误的原因是什么，如果不判断，那将一无所得。

知道自己想要什么，是一种积极主动的人生态度和生存方式。只有清楚地知道自己曾去过何处，今后又要去往何方，生命才有意义，人生才会不留遗憾。

知道自己想要什么的同时，也要知道别人想要什么，这个别人包括领导、同事，以及身边任何人。这需要细微的观察、了解和判断能力，不但需要了解自己，还要了解身边的人，成为一个善于观察的人。只有真正的知道了别人想要什么时，你才能在人与人的关系中处理得游刃有余，或服从安排，或配合协作，或指挥驾驭。

人生的道路必须靠自己走出来

条条大路通罗马，在面对纵横交错的人生道路的时候，别人的一个指点会让你如醍醐灌顶，令人恍然大悟，然而，这条路到底应该怎么走，还得靠你自己专心地分析和努力地坚持去取得！

佛陀给弟子们讲了一个故事：一只乌鸦坐在树上，整天无所事事。一只小兔子看见乌鸦，就问："我能像你一样整天坐在那里，什么事也不干吗？"乌鸦答道："当然啦，为什么不能呢？"于是，兔子便坐在树下开始休息。突然，一只狐狸出现了，它一下子扑向兔子并把它吃掉了。

这个故事的寓意是：要想坐在那里什么也不干，你必须坐(做)得非常高，另一层意思是，指路的是别人，走路的是自己，冷暖如何，如鱼饮水唯有自知。

19世纪初，在美国一座偏远的小镇里住着一位远近闻名的富商，富商有个19岁的儿子叫伯杰。

一天晚餐后，伯杰欣赏着深秋美妙的月色。突然，他看见窗外的街灯下站着一个和他年龄相仿的青年，那青年身着一件破旧的外套，清瘦的身材显得很虚弱。

他走下楼去，问青年为何长时间地站在这里？

青年满怀忧郁地对伯杰说："我有一个梦想，就是自己能拥有一座舒适的公寓，晚饭后能站在窗前欣赏美妙的月色。可是这些对我来说简直太遥远了。"

伯杰说："那么请你告诉我，离你最近的梦想是什么？"

"我现在的梦想，就是能够躺在一张宽敞的床上舒服地睡上一觉。"

伯杰拍了拍他的肩膀说："朋友，今天晚上我可以让你梦想成真。"于是，伯杰领着他走进了舒适的公寓。然后把他带到自己的房间，指着那张豪华的软床说："这是我的卧室，睡在这儿，保证像天堂一样舒适。"

第二天清晨，伯杰早早就起床了。他轻轻推开自己卧室的门，却发现床上的一切都整整齐齐，分明没有人睡过。伯杰疑惑地走到花园里，他发现，那个青年人正躺在花园的一条长椅上甜甜地睡着。

伯杰叫醒了他，不解地问："你为什么睡在这里？"

青年笑笑说："你给我的这些已经足够了，谢谢……"说完，青年头也不回地走了。

30年后的一天，伯杰突然收到一封精美的请柬，一位自称是他"30年前的朋友"的男士，邀请他参加一个湖边度假村的落成庆典。

在湖边的度假村，他不仅领略了眼前典雅的建筑，也见到了众多的社会名流。接着，他看到了正在即兴发言的庄园主。

“今天，我首先感谢的就是在我成功的路上，第一个帮助我的人。他就是我30年前的朋友——伯杰……”说着，他在众多人的掌声中，径直走到伯杰面前，并紧紧地拥抱他。

此时，伯杰才恍然大悟。眼前这位声名显赫的大亨特纳，原来就是30年前那位贫困的青年。

酒会上，特纳对伯杰说：“当你把我带进寝室的时候，我真不敢相信梦想就在眼前。那一瞬间，我突然明白，那张床不属于我，这样得来的梦想是短暂的。我应该远离它，我要把自己的梦想交给自己，去寻找真正属于我的那张床！现在我终于找到了。”

健康的心灵不能缺少良知

要想让自己的灵魂无纷扰，唯一的方法就是用美德去占据它。

一位哲学家带着一群学生去漫游世界，10年间，他们游历了所有的国家，拜访了所有有学问的人，现在他们回来了，个个满腹经纶。

在进城之前，哲学家在郊外的一片草地上坐了下来，说：“10年游历，你们都已是饱学之士，现在学业就要结束了，我们来上最后一课吧！”

弟子们围着哲学家坐了下来。哲学家问：“现在我们坐在什么地方？”弟子们答：“现在我们坐在旷野里。”哲学家又问：“旷野里长着什么？”弟子们说：“旷野里长满杂草。”

哲学家说：“对，旷野里长满杂草。现在，我想知道的是如何除掉这些杂草。”弟子们非常惊愕，他们都没有想到，一直在探讨着人生奥妙的哲学

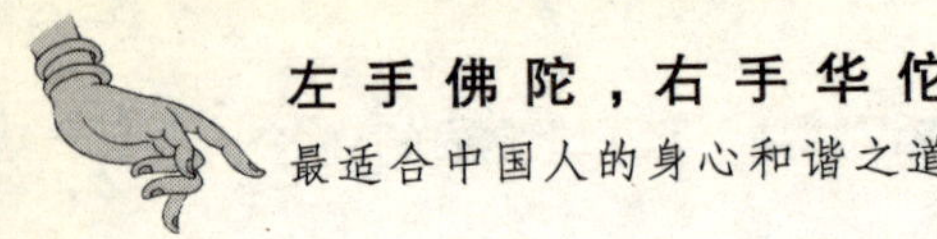

家,在最后一课问的竟是这么简单的问题。

一个弟子首先开口,说:"老师,只要有铲子就够了。"哲学家点点头。

另一个弟子接着说:"用火烧也是很好的一种办法。"哲学家微笑了一下,示意下一位。

第三个弟子说:"撒上石灰就能除掉所有的杂草。"

接着讲的是第四个弟子,他说:"斩草除根,只要把根挖出来就行了。"

等弟子们都讲完了,哲学家站了起来,说:"课就上到这里了,你们回去后,按照各自的方法去除一片杂草。一年后,再来相聚。"

一年后,他们都来了,不过原来相聚的地方已不再是杂草丛生,它变成了一片长满谷子的庄稼地。弟子们围着谷地坐下,等待哲学家的到来,可是哲学家始终没有来。

若干年后,哲学家去世了。弟子们在整理他的言论时,擅自在最后补了一章:要想除掉旷野里的杂草,方法只有一种,那就是在上面种上庄稼。同样,要想让灵魂无纷扰,唯一的方法就是用美德去占据它。

试想,如果那些学生们的人生缺了这最后一课,即使学富五车又有多少意义呢?心中的念头像潮水一样多的人,永远无法达到目的,因一个念头而放弃了另一个念头,就像纷繁丛生的杂草,只有用庄稼填满它们,用好的美德和成熟的心智压制不成熟的感念,才能收获一个完整的秋天。

第二章

右手华陀，了解自己的身体，每个人都是自救的神医

“余知百病皆生于气也。怒则气上，喜则气缓，悲则气沉，恐则气下，惊则气乱，思则气结”。学会听听自己身体发出的声音吧，它有自己处理事情的程序，有些程序看似凶险，但运行的目的都是为身体好，人们要学会观察身体的警示，帮助它尽早完成任务，而不是去制造障碍。

每个人都是解救自己的神医

因病而受到伤害的人体组织细胞的康复，任何高明的医生、高科技含量的药物都无能为力。唯有人体自身的新陈代谢机制，才可以十分圆满地做到让它们得以康复。所以说：最好的医生是自己！

有谁从来都没有生过病呢？不论大病小灾，疾病的发生就好像被人触动了身体的某个开关，运行到了某段程序；而疾病的愈合与好转则像身体内运行的另一套自救的程序。疾病的发生与痊愈，就在于这个程序能否正常启动，其原理就像电源开关一样简单，因此古人形象地称之为“病机”。疾病的发生与好转就像有人在操纵着这个开关一样。

可以把疾病发生的原因比作计算机感染的病毒，平时可能潜伏在体内任一地方，当环境条件成熟而触发这个病毒的发作程序时，于是就体现出来各种症状。而疾病的治疗和康复则是另一套自我诊断和修复的程序。人体修复程序比计算机高明得多、复杂得多。

某人发生意外，大腿骨被撞断，医生把两个断端接起来，消炎灭菌，对上位，打好石膏，医生的任务基本完成。至于伤口的愈合，任何高明的医生，任何高科技含量的药物都无能为力。只能依靠人体的自我修复能力才能做到。

人一生的生命过程，就是一个不断的损伤—修复—再损伤—再修复的新陈代谢过程。人体组织细胞的自然衰老，自由基的攻击和意外受到的伤害，人体自我修复系统都会随时自动进行修复。无论是哪一种疾病，如果出现重、危症状，都必须由医生用药物或其他治疗手段将重危症状克服。好比房子已经着火，最紧急的是及早扑灭明火。但因病而受到伤害的人体组织细胞的康复，任何高明的医生、高科技含量的药物都无能为力。唯有人体自身的新陈代谢机制，才可以十分圆满地做到。

一日，某人去庙中求佛赐福，发现一位跟佛一模一样的人也在求佛，便问他："你怎么长得跟佛一个模样？"那人道："我就是佛。""你就是佛？那你为什么还要求你自己呢？""求人不如求己。"他答道。

世人遇事总希望能得到别人的帮助，却恰恰忘了自己，久而久之便形成依赖，甚至成了他人的负担。而反过来求己，自己就成了佛。生病了也一样，一旦有病，我们都想找最好的医生，用最好的药、最先进的技术，在最短的时间内把病治好。殊不知，最好的医生就是我们自己。

有病了去医院，找医生进行诊断，用先进的仪器进行检查，这是对自己负责任的表现。但医生只能帮我们暂时缓解症状，却不能帮我们长久保持健康。医生的职责是帮助病人找到他的病因，指点他如何才能摆脱疾病的困扰，然后由患者配合来完成治疗过程。医生只是一个外来的治病助力。

学会听听身体的声音吧，它有自己处理事情的程序，有些程序看似凶险，但运行的目的都是为身体好，人们要学会观察身体的意思，帮助它尽早完成任务，而不是去制造障碍。

一位60多岁的胃癌患者说："没有病之前，我每天都不开心，总有说不清的事情萦绕在心头，让人难以开怀，孩子不听话、老伴不体贴，总觉得自己付出太多，得到太少。病了之后，他们放下所有的事情，天天陪伴在我身边，我才知道自己有多么幸福。"话没说完，旁边已经有很多人在点头了。看来，他们对此话也是感同身受。可以看出，他们这些正在经历着疾病折磨的患者，已经拥有了超然物外的心境，即使不能康复，相信也能够平和地走完这生命的最后时光。只是在旁人看来，总有几许欷歔的意味。

是啊，如果人一开始便有这样的心境，或许肿瘤就不会找上门来，生活将会是一副其乐融融、阳光灿烂的模样。人，为什么非要到这种绝境的时候

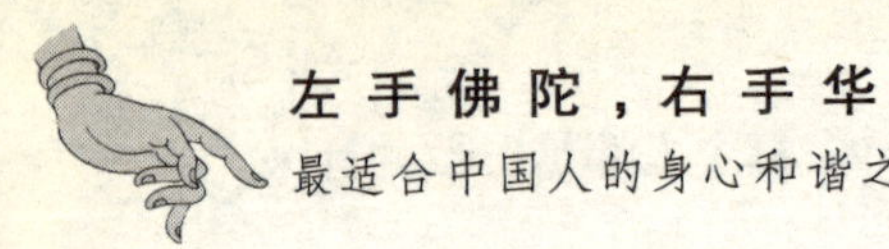

才能领悟生命的真谛呢？据报道，81.2%的癌症病人在患病前曾遭受过重大事件的打击。而北京、上海等地的调查也发现，胃癌患者在确诊之前都有喜欢生闷气的习惯。现代医学也在下大力气研究肿瘤与情绪之间的关系。实际上，中医早就发现了二者之间的联系，《黄帝内经》说："百病皆生于气也。怒则气上，喜则气缓，悲则气沉……"看似不经意的小情绪，却导致我们身体内最基本的物质——气，随着心情的波动而上下起伏，疲于奔命，打乱了身体的正常运行，如此一来，又怎么能保证机体的健康呢？

许多人在退休后一段时间，开始出现各种疾病的症状。很可能这些症状都是由于退休后的大量休息，使身体的血气能量迅速回升，影响了身体修复五脏六腑的能力和机制，是血气上升的正常现象。但是到了医院，都被当成身体发生了故障，不断地接受各种具有伤害性的检查和治疗手段，久而久之，就算本来是健康的身体，也被整出病来了。如果这些人能够理解身体的能力和行为模式，正确地面对和处理每一个症状，就很可能有一个完全不同的生命结局。

认清自己的体质，就能看到疾病的起因

被中医界尊为"医圣"的西汉人张仲景，在其《伤寒杂病论》中，处处都有"异病同治，同病异治"的智慧闪光，异病同治是因为体质相同，同病异治是因为体质不同。

什么是体质？让我们先看看生活中的一些常见现象：

比如从形态上来看，有的人高大威猛，有的人短小精悍，有的人五大三粗，有的人娇小玲珑，女性更是环肥燕瘦，体态各有不同。

从皮肤上来看，有的人皮肤非常好，肤如凝脂，不用花很多的钱去买化

妆品，一年四季皮肤都非常有光泽；有的人皮肤干燥，尤其到了秋冬季，天天都离不开油腻的、滋润的护肤品；而有一些人是油性皮肤，终年毛孔粗大，油光满面，时不时脸上长痤疮，令人烦恼。

从头发上来看，有的人头发浓黑茂密；有的人头发则稀疏黄软。

从性格与心理方面来看，有的人心胸宽，有的人心眼儿小；有的人比较敏感，有的人比较迟钝；有的人外向开朗，有的人内秀沉静。

从疾病方面来看，高血压、糖尿病、精神病、癌症，或者支气管与哮喘等疾病，通常都有比较明显的家族史，在一个家族里面，可以有多个患者。这些病本身不遗传，但是因为这个家族的先天禀赋有共性，体质遗传，使得他们对这些疾病具有非常高的易感性。

从治疗效果来看，同样的药物治疗同样的疾病时会得出迥异的效果：多数病人体现了很好的药物疗效；有些人却过敏或不适；而个别病人则只反映药物的毒副作用，毫无疗效可言。所以医生会感叹“人之所病病疾多，医之所病病方少”。这就是体质不同的状况所导致的。

《黄帝内经》认为，人体体质的形成受到两个方面因素的影响：一是先天因素，二是后天因素。在先天禀赋与体质形成的关系上认为，由于先天因素的影响，人自出生就存在着个体体质和人群体质特征的差异：有刚有柔，有弱有强，有高有矮，甚至寿夭不齐，存在着筋骨强弱、肌肉坚脆、皮肤厚薄、腠理疏密的区别。在后天因素与人体体质形成的关系上认为，自然环境和饮食结构是体质特征形成的重要因素。自然环境包括地理环境和气象因素，“天地之气，四时之法”参与了体质的形成，从而形成了东、西、南、北、中等五方不同地域人群的体质特征；饮食习惯、饮食结构对体质的形成也产生影响，例如，肥胖体质与饮食结构过于“甘美”有关，过食酸味与脾胃虚弱体质的发生有联系。

人的体质不是一成不变的，会随着年龄的增长而发生变化。人的一生

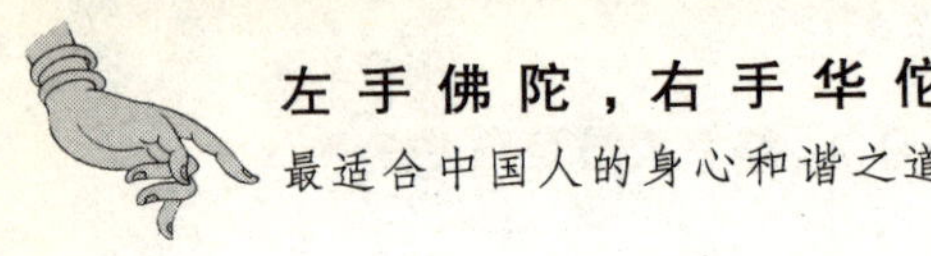

在少、小、壮、老等不同年龄阶段都会有不同的体质特征，并且具有普遍意义。例如，壮者正值气血盛足时期，脉道通畅；老者气血开始衰败，脉道自然迟涩；婴儿虽为纯阳之体，但又肉脆、血少、气弱。这些内容都客观地记录了年龄因素与体质变化的规律。

体质会因性别的差异呈现出不同的变化规律。就生长、发育、生殖、衰老这个生命过程来说，男性与女性之间就存在着“男八女七”的差异，男性周期的每个过程要比女性的长；并且认为，男性的衰老始于肾，女性的衰老始于阳明；而且根据女性生殖的特殊性，认为妇人常气有余而血不足，这些认识在临床上也得到验证。

社会环境也是影响体质形成的一个重要因素。由于不同社会地位和经济状况而形成的生活环境，对体质的形成和改变具有重要的影响，例如从“优越”到“衰落”，从“富有”到“贫穷”，只要波动起伏较大，就会影响体质与适应能力。因此，人们在社会环境的变动中，需要保持随遇而安的平和心态。

人的体质有寒热之分，如何区分人体属热证还是寒证，比较简单的检测方法是：若感到喝热水舒服，大体属寒证，一般来说，虚寒体质的人基础代谢率低，体内产热量少，四肢即便在夏季也是冷的，他们面色较常人白，很少口渴，也不喜欢接触凉的东西，包括进空调房间。

若感到喝凉水舒服，大体属热证，实热体质的人代谢旺盛，产热多，经常脸色呈红色，口渴舌燥，喜欢吃冷饮，易烦躁，常便秘。

体质还有虚实之分。“体质虚”是由生命活动力衰退所造成的，人的精神比较萎靡，心悸气短。“体质实”则容易发热、腹胀、烦躁、呼吸气粗，容易便秘。

除了以上分类外，体质还有寒热虚实交杂的可能，约略可分为“寒与偏寒”与“热与偏热”，又或以一般来区分。

对于体质，不仅有种族、地域间的差异，即使个体之间也存在着差异。中医将人体生命过程中先天禀赋和后天基础上获得的所形成的形态结构、生理功能和心理状态方面综合的、相对稳定的固有特质称为体质。同一种药物或方剂，对不同体质的人产生不同的效用，所以在用药时要根据情况进行加增减，这也是中医个体化诊疗的一个方面。现代很多人养生，在不了解自己的体质状况下，一味地跟风大补，结果补出了很多疾病。

同一种疾病，在不同的发展阶段，可能会出现不同的症状，而不同的疾病在发展过程中又可能出现同样的症状，因此在治疗疾病时可以“同病异治”，也可以“异病同治”。所以在日常养生中要先认识自己的体质，再配合相应性质的食物，才能达到保养身体之切实效果。

气血决定你的生老病死

气血是滋养皮肤、使面容保持年轻的重要条件。“血为气之母”，气血不足往往与体内血液不足，或血液运行失常、濡养功能减退有关。

一说起气血，一般人都觉得是难以理解的东西。中医学对气的解释是这样的：气是由先天之精华、水谷之精气和吸入的自然界的清气所组成。气的主要功能是：推动、温煦、防御、固摄和气化，即具有推动血液、津液的生成与运行，推动脏腑组织的各种生理活动的作用。

气血不足即中医学所说的气虚和血虚。气血不足的结果会导致脏腑功能的减退，引起早衰的病变。

气是运行在人体内的一种精微物质，具有极强能量的活动力，激发和推动机体器官的功能活动，因此也代表五脏之气和经脉之气。气的作用主要是温养机体和抵御外邪的入侵，同时参与脏腑功能的新陈代谢。气虚即脏腑功能衰退、抗病能力差。气虚则畏寒肢冷、出汗、头晕耳鸣、精神萎靡、疲倦无力、心悸气短、发育迟缓。

血是流动于经脉中的红色液体。血的功能有两方面。其一，即调养脏腑形体经络和骨窍。血盛则形健、面红润、皮肤光滑、毛发润泽、关节灵活。其二，血液是精神活动的物质基础。血盛则神清气爽、思维敏捷。血不足则精神恍惚、心悸不安。血虚是指面色无华萎黄、皮肤干燥、毛发枯萎、指甲干裂、视物昏花、手足麻木、失眠多梦、健忘心悸、精神恍惚。

气与血的来源有两个方面。其一，禀受于先天之精气。即父母的先天之精（生殖之精）。其二，即后天之精气，只通过脾胃运化的水谷之精气和自然之精气。气可以推动血液运行，血可以运载气，气血相互滋生，气虚则血少，血少则气虚，故在中医临床上一般是气血双补。

从中医的观点来看，一个人健康的标准就是气血充足。人体的脏器就如同人一样，吃得饱了，干起活来才有劲。而血就是脏器的“饭”。

当体内的各种脏器每天都能吃上满满一大碗干饭时，干劲就十足，工作就干得好。而当人体的总血量不够，也就是给脏器减了饭量，虽然它们都还在运转，但因为没吃饱，就容易疲劳、无力、抵抗力下降，就出现了人们常说的“亚健康”状态。时间一长，各脏器由于供血不足，各种疾病都会惹上身来。

心脏供血不足就会心慌、气短、胸闷，这时特别想休息；有时会出现间歇，心跳的次数就会越来越慢，心就开始痛。这是在提醒你，它饿了、累了，你没管它，或者只是给它吃了一些扩血管的药物，可根本原因并没有改善。当缺血症状进一步加重，血管不能充盈，就会造成闭塞、心梗，最后危及生命。

大脑没吃饱，轻者头晕、记忆力下降，重者因远端末梢的血管得不到充足的血液而干瘪、闭塞，继而出现脑缺血、脑梗塞，时间一长，脑子开始变

"瘦"，脑萎缩、老年痴呆症也开始发生。

肝脏吃不饱，这个"人体化工厂"的工作量就开始减弱，以前吃一斤肉，它都能转化成人体所需要的能量，而这时没劲干活了，一斤的肉，它只能转化7两，余下的3两只好以脂肪的形式弃置在肝脏里，形成脂肪肝，或者堆积在血管里形成高血脂。

肾脏也是一样，没吃饱，它就不能保质保量地完成排毒工作，如此一来，身体内的各种毒就不能及时排到体外，就容易引起尿酸、尿素过高。

胰腺也是一样，吃饱了才能供给人体充足的胰岛素，没吃饱时，糖不能被正常代谢，多余的糖就存留在血管里，血糖自然增高了。

中医认为，人的气色与脏腑气血的盛衰有关。气血是滋养皮肤、使面容保持年轻的重要条件。气使皮肤莹润光滑，血使皮肤颜色红润。若气血充足，则皮肤健美、容颜难以衰老。而气血虚亏则会显得面容憔悴、皮肤衰老。"血为气之母"，气血不足往往与体内血液不足，或血液运行失常、濡养功能减退有关。

一般人都错误地认为，血虚是女性的"专利"，因为月经、流产、分娩，都会使女性大量失血，自然也增加了血虚发生的可能。实际上，男性也有可能发生血虚。成年男性由于工作压力大、思虑过多导致精神压力大，再加上生活无规律，或因脾胃虚弱，饮食中营养不足，化生血液的功能减退而致血液化生障碍；或因久病不愈、慢性消耗等因素而致血液耗损，均可导致血虚的产生。现分别论述如下：

1. 失血过多

外伤失血过多，或其他慢性失血症皆可造成血虚。由于出血过多，日久则导致淤血内阻，脉络不通，从而影响新血的生成，继而加重血虚。

2. 饮食不节，损伤脾胃

暴饮暴食、饥饱不调、嗜食偏食、营养不良等原因，均可导致脾胃损伤，不能化生水谷精微，气血来源不足，导致血虚。

3. 慢性消耗

劳作过度、大病、久病消耗精气，或大汗、呕吐下利等耗伤阳气阴液；劳力过度易耗伤气血，久之则气虚血亏；劳心太过，易使阴血暗耗，心血亏虚等，均可导致血虚。

自检气血是否充足

健康的生活方式使生命受益如“春雨润物”，不健康的生活方式则是“冰冻三尺”。不知不觉中，正是我们自己决定着自己的健康。

《素问·四气调神大论》里，对中医的养生原则已经说得非常清楚了。有一句话叫：“不治已病治未病。”原话是这样说的：“夫不治已病治未病，不治已乱治未乱，此之谓也。夫病已成而后药之，乱已成而后治之，譬犹渴而穿井，斗而铸锥，不亦晚乎。”这也就是说：你已经病了，再吃药就晚了。日常生活工作也是这样，“乱已成而后治之”，如果一个企业、公司已经在管理上出现问题了，再去治理它就晚了。这样做就像是渴了以后再去找水源、再去凿井，战争来了再去铸造兵器一样，一切都晚了。

未病是说当身体已经出现阴阳、气血、脏腑的不平衡状态。通常为了区分，把这种不易觉察的“未病”称为“疾”。如果对“疾”不采取有效的措施，“疾”就会不断发展到可见的程度，就称为生病了。健康的生活方式使生命受益如“春雨润物”，不健康的生活方式则是“冰冻三尺”。不知不觉中，正是我们自己决定着自己的健康。如何从“未病”中发现“已病”呢？自检气血状况是很关键的一环。

自己的气血情况如何？是否通畅？可通过以下的自测来进行判断：

1. 觉得说话有气无力或中气不足，经常觉得疲劳、不想说话；

2. 脸色苍白或比较黯淡，头发干枯、掉发、发黄、发白、开叉；

3. 皮肤粗糙没光泽，发暗、发黄、发白、发青、发红、长斑，眼白的颜色变得混浊、发黄，有血丝；

4. 经常性的心悸、胸闷，或阵发心胸疼痛，唇暗，舌有紫气；

5. 出现胁肋刺痛、黄疸、纳差、腹胀等症状；

6. 肢体容易麻木甚至疼痛，手足逆冷或发热，手指指腹扁平、薄弱或指尖细细的；

7. 女性经前或行经时小腹胀痛，拒按。经量少或行而不畅，逐渐增多，经色紫黯有血块，血块排出后则痛感减少或消失，伴有经前胸肋胀痛；

8. 男性小腹、会阴、睾丸坠胀不适，或有血尿，血精；

9. 舌质紫黯或有瘀点，脉沉细；

10. 牙龈萎缩、牙齿的缝隙变大；

11. 入睡困难，易惊易醒、夜尿多，呼吸深重或打呼噜，运动时胸闷、气短、感觉疲劳。

如果以上症状符合 3 条以上，则要考虑是否属于气血不通畅。另外，血流瘀滞的程度，可通过检测凝血与出血时间及血液黏稠度等方法来知晓。血管内栓塞和血栓可采用彩色超声波、血管造影等方法，检查其栓塞的部位与血栓的大小。

学会读懂身体发给你的信号

你的身体对疾病的反应比你想象中要机警得多。每次身体发生异常状况时，它都会向你发出一些信号，试图引起你的注意，让你认识到身体正面临着健康危机。

你是否曾经面对一桌子美味佳肴却无动于衷，食之又无味？你是否在一觉醒来之后发现枕边湿透了？你是否有过突然间天旋地转头晕的经历……这些信号足以告诉我们身体的某些部位出现了疾病。我们的身体有其特定的语言。它经常会在我们某个部位发生问题时，向我们发出一些信号，以示警醒。不过，由于认识的不足，我们往往对这些“提醒”无动于衷。

你对健康所产生的危机是应该会有所觉察的，因为你的身体肯定比你想象中要机警得多。每次发生异常状况，它都会向你发出一些信号，试图引起你的注意，试图让你认识到身体正面临着健康危机。假如你是直到健康被“偷光”的那天，才开始纳闷健康怎么不见了，那只能说明你一直都没有接收到身体给你发出来的预警信号。如果你无法解读身体的语言，便无法和身体做真正的交流，当它说“救命！救命！现在是让我睡觉的时候！”时，你也许却在说“我还没吃饭”。你接收不到身体发给你的健康预警信号，那么时间便会开始胆大妄为起来，不断地、一点点地将健康搬出你的身体。

很多人，假如不能接受到身体的信号也就算了，但是偏偏又能感觉到一些问题，当感觉到这些问题时，又采取了令人哭笑不得的方法来解决。例如：

当身体发高烧时，我们第一时间想到的便是退烧，当烧退下来之后，却不去支持身体提高免疫力来清除对身体的有害因素。其实，退烧的动作是关闭“火警”信号的动作，而不去思考到底是因为什么引发了这次发烧，因此对健康有害的因素其实是被你忽视了，或者说有点儿类似“一叶障目”。

很多的疾病症状得到控制并不代表我们就可以设宴庆祝了，解决健康问题的关键并不在于是否能把症状控制住，而在于如何找到疾病发生的根源，然后根据疾病发生的根源来制定相应的解决措施，从根源上解决问题才是我们应该关注的。我们必须养成不断与身体做交流的习惯，而不是将身体传递给你的信号关闭。听听身体的述说吧，每时每刻她都在向你“吐露真情”：

1. 时常感到口苦：那可能是肝气郁结，（肝胆相表里）致使胆经淤塞，胆汁外溢造成的；

2. 觉得口干、咽喉干，喝水后还是觉得干：一般人情绪激动，动了肝火，心火盛，就会口干舌燥。即使不激动也觉得口干，说明你肝火旺、心火盛。也可能是肾虚，因为肾主水，肾气不足，无力推动水液上行至咽喉口腔，所以觉得干，而且心肾不交，心火盛和肾虚常常互为因果；

3. 皮肤干燥不润：肺主皮（肤）。烟瘾大的人，通常皮肤干枯，这好理解。不抽烟，皮肤也不好，说明肺热而焦，布水到皮肤的能力差。这又通常是肝火旺心火盛，（肝）木（心）火刑（肺）金的结果；

4. 虚胖的人，往往赘肉肥肉多，肌肉却越来越少，脾主肉，脾虚应是其中的原因之一；

5. 贪食冷饮寒凉，一方面表明人们虚火旺，燥热难当，身体渴望降温；另一方面会导致体内寒湿加重；

6. 饭后容易腹胀，或者大便不容易成型，常常拉稀，这是脾虚的缘故；

7. 嘴唇白淡，说明血气不足。嘴唇颜色深而暗，说明血气混浊。牙龈颜色深暗，也说明血气混浊；

8. 头发干枯无光说明肾气不足，所以头发干枯没有光华；

9. 牙釉容易掉落，露出内部深色部分。肾主骨，（牙）齿乃骨之余。说明肾气不足，牙齿滋养不够，所以变脆易落；

10. 伤口不容易愈合，说明血气营养差，无法很快修复伤口，脾胃乃营养化生之源，可能是脾胃不好；

11. 身体僵硬，不能做大幅度的弯曲。肝主筋，肝失疏泄，筋失润养，所以筋的柔韧度变差；

12. 脸上痘痘不断长，腿脚却总感觉冰凉。那是上热下寒，血气壅滞难下，虚火旺于上，真阳虚于下，正好引血气下行，引火归元；

13. 总是打嗝，却很少放屁。这说明脾胃不好，消化不充分。

身体的信号还有太多的没有罗列出来，五脏六腑、四肢百骸、皮肤毛发，甚至一颦一笑都在透露着身体目前的状况，就看你是否乐于倾听，善于读懂了。

饮食口味反映了你的身体状况与需求

我们的身体往往是我们最好的健康引导者，口味常常预示着我们身体的需要。

从中医角度看，各式各样的食物会进入不同的脏腑，天赐人以五气，地赐人以五味，人是靠天地来养活的。甘、苦、酸、辛、咸这五种味道进入你的身体会调补你不同的脏腑，比如说甜入脾，酸入肝，辛入肺，咸入肾，苦入心，任何口味皆不可过度。

当你口味出现改变的时候，其实就反映了你身体的状态。我们知道很多怀孕的女同志就特别爱吃酸的食物，这是因为她的血都去养胎了，造成自身肝阴不足，酸入肝，所以这时候她就特别想吃酸的。我们看到酸的就倒牙，她却像吃糖豆一样，这完全是人自己的感觉。

人对食物的口味除了受环境、情绪等因素的影响以外，还会受到疾病的影响。因此，人们的口味变化，能反映出身体的健康状况。人们对食物的选择和接受，很大一部分原因是取决于对味的选择。一般的味觉是指辨别食物味道的感觉，是由溶解于水或唾液中的化学物质刺激舌面的味蕾细胞，反映至大脑皮层而引起兴奋的结果。这叫化学味，包括咸、甜、酸、辣、苦、鲜、香和千变万化的复合味。当你突然爱吃某些食物时，可能是身体本能需求的自然反应，或是体内缺乏某种营养素时身体给你发出的警讯。

爱吃甜味

甜与脾脏关系密切。突然爱上甜食，可能是脾脏机能退化的征兆。当你脾虚的情况改善了，就不会那么爱吃甜食了。脾虚者宜食的甜味食物有：番茄、胡萝卜、南瓜、梨、桃、苹果、香蕉、西瓜、蜂蜜等，这些食物有补益、和胃、生津等作用。

爱吃酸味

首先联想到的就是怀孕，这是由于孕妇体内激素变化而改变了口味。此外，胆道功能和肝功能不佳者也会偏爱酸味。肝虚者宜食的酸味食物有：橙子、桔子、柠檬、枇杷、葡萄、芒果、石榴、醋等，这些食物有开胃、收敛、固涩的作用，但有脾脏病的人应忌食。

爱吃苦味

苦味入心，当心脏机能衰退的时候，会突然变得“能吃苦”或“爱吃苦”。心火较重的人，宜食的苦味食物有：苦菜、苦瓜、大头菜、百合、白果等苦味食物。这些食物有泻下、清热、燥湿、健脾、补肾、强筋健骨的作用，但是有肺脏疾病的人应忌食。

爱吃咸味

爱吃咸味的人，可能是体内缺碘或肾虚。口味过咸会有损肾脏，还会造成高血压。肾虚者宜食的咸味食物有：苋菜、紫菜、海带、海参、螃蟹、火腿等。

这些食物都有补肾等作用，但是患有心脏病、高血压的人应少食或忌食。

爱吃辣味

阴阳五行中有辣入肺的说法，即如果想吃辣的食物，则表示肺脏过虚。肺虚有寒、气血阻滞等症的人适合食用的辣味食物有：生姜、胡椒、辣椒、葱、蒜、韭菜、花椒等，但患有肝脏病的人应忌食。

摸清专属你的“驱压通道”

不了解自己的身体是现代人找到适合自己解压途径的主要障碍。驱散压力的办法多种多样，但人与人却是不同的。

有的人喜欢在运动中用汗水冲走压力，有的人只要静静地躺一会儿就能恢复精力，有的人看漫画让自己在笑声中忘掉烦恼，也有的人用眼泪告诉朋友我有多悲伤。

无论是哪种方式，都可以成为自己在重压之下得救的“良药”。身体上有各种各样的阀门，打开它们，释放出压力，才会觉得轻松。

面对各种各样的减压方案，有很多人致力于帮助压力过大的人减压。各种各样的减压方式可谓鱼龙混杂，很多时候不知从何下手是很正常的，主要原因是自己并不十分了解自己的身体。

第二次世界大战期间，德国法西斯将战火烧到了英国，他们的狂轰滥炸使伦敦变成了一片火海。可是在紧要关头，有人却发现英国首相丘吉尔居然坐在防空洞里织毛衣！消息传出后，人们议论纷纷，抱怨自己的首相是个不管事儿的人。

其实，织毛衣是丘吉尔的一种独特的驱散压力的办法。当时，这位最高统帅领导着全国人民与法西斯进行着艰苦卓绝的战斗，每天工作18个小时以上。敌人轰炸时，他不能处理公文，于是干脆趁此机会织织毛衣，放松身心，减轻自己的心理负担，以求能更好地投入到紧张的战斗中去。

像丘吉尔用织毛衣的方式给自己解压，我们也可以通过不断地了解自己，找到自己身体上最有效的驱散压力的通道。

1. 偶尔做个购物狂

女性喜欢在工作之余，约上自己的“姐妹淘”出去疯狂地购物一番，在购物中发泄心中淤积的不良情绪。

但有些女性出于厌恶商场嘈杂环境的缘由，不愿意外出购物，想在家做点儿什么放松放松，就可以选择在家练练瑜伽，既可以塑造完美的曲线，又可以减缓疲劳。

2. 男人痛哭不是罪

男士们出于自尊，在饱受压力的困扰之后，并不会像许多女性一样，去购物，找朋友们倾诉，或者痛痛快快地大哭一场。事实上，心理学家常常建议男性们想哭就哭出来。泪水可以缓解和洗涤内心的忧愁，是一种情绪的疏导剂，也是一种良好的心理治疗方法。英国作家狄更斯说过：“我们不应为流泪而惭愧，因为眼泪是洗涤心灵尘埃的及时雨。”因此，在苦于找不到解压方法的男性，也可以考虑一下偶尔大哭一场，也不是什么丢脸的事儿。毕竟，这种方式对身心都有益，总比借酒浇愁好得多。

3. 驱压也要顾及健康

不管采取怎样的放松方式，首先是个人兴趣，其次才是健康原则。对于兴趣广泛的人，随着年龄和阅历的增长，会逐渐选择健康的生活方式和放松方式，而年轻人往往不太在意，只要达到了预期的效果，采用什么方式是不做考虑的。殊不知，年轻虽说是一种资本，但在逐渐损耗的过程中，不懂得维护，只会给自己不久的将来频添烦恼。

了解自己身体的同时还得好好地爱护它，毕竟它将伴随着你度过漫长

的一生，并且直接制约着你的每一步路子。选择健康的驱压通道，是对自己的人生负责的一种最为理性的选择。当岁月慢慢地在你的额头上刻下痕迹的时候，在回首往事的时候，少一些惋惜，多一些满足，岂不更好？

第三章

左手佛陀，养出一双慧眼和一颗善心

柏拉图曾说："我们的心灵就像一座园圃，让它荒废还是让它洁净美丽，全在于我们的意志。"红尘滚滚，世事缠身，我们常常觉得好累，有时候也会神经兮兮、很紧张。要使你的心灵放松，最简单的方法就是自己去营造一颗简单的心，寻找一处灵魂的寄所。

多长点儿心眼，少耍点儿心计

聪明反被聪明误，机关算尽却未得要领，虽得而失。人们常见的小聪明，其下场大抵如此。

中国文化源远流长，从先秦诸子百家争鸣开始，中国的思想文化逐渐普遍地形成了派别，也形成了各种体系。这些体系中的文化形成了中华民族的核心精神。在先前诸子百家争鸣当中，有一派叫法家，有一派叫纵横家。这两家有一个共同点就是注重诡诈权术，两面三刀。商鞅将他的法家思想成功地应用到了中国古代的统治阶层，帮助秦国迅速成长为强国，为秦始皇最后吞并六国奠定了强大的基础。纵横家中的苏秦和张仪在那个战乱的年代，坐在颠簸的车中游说六国，把各国不可一世的豪强掌控于股掌之中。他们共同演绎了大事业大起大落，大人物大喜大悲。

虽说耍权术弄诡诈可以使人成功地驾驭很多对自己有利的条件，可以促使事业成功。但有了诚笃的品德和态度，就可以贯通多种仁义道德，成己成人，甚至能够尽人之性，尽物之性，赞天地之化育而与天地参，达到"天人合一"的境界。也就是说诚信是做人的保证。

在我们的理念当中，心计与诚信仿佛是矛盾的一对对立面，耍心计诡诈便得不到诚信，仿佛要好好做人便做不成事，要成大事便不能好好做人。但是现实生活中，我们却看到很多知名企业家在谈到他们成就大事业的原因时，都提到的一个重要的因素便是诚信。他们是怎样做到的呢?原来我们忽略了一点，做人是做事之本，要做事先做人。心计不代表坑人害人。心计只是一件利器，应用得不好便是以坑蒙拐骗偷来行凶作怪。应用得好了便成了我们在成就大事的路上披荆斩棘的利剑，为己为民造福。可以这样来比喻，一个江湖中人手持一把叫做心计的利剑，如果有诚信能做好人便能行侠仗义，成为一方侠士。如果没有诚信做不好人，就变成了无恶不作的恶魔。这也就是所谓的善与恶就在这一念之间。《孙子兵法》、《三十六计》等权谋之书均出自于中国名家之手，并不能说明中国人的不厚道、喜欢使诈，反而从一个侧面反映了中国文化的博大精深、包罗万象。

现在社会鱼龙混杂，商场更是如此，要想行走在商场当中，不懂一点儿权谋心计是极有可能要吃亏的，可是没有人规定我们用权谋心计来害人，所谓"害人之心不可有，防人之心不可无"。用心计来防冷箭，这就是心眼儿。心眼儿当然无所谓褒义贬义，一个人在社会当中的成熟程度，在某种意义上来说就是看他心眼儿的多少。所以要想成为一个成熟的社会人，成为一个成熟的企业家，就必须要在复杂的社会历练中，在商海的摸爬滚打中逐渐地丰富自己的经验，增多自己的心眼儿，心眼就如同百宝囊，往往在关键时刻能够救人一命。可是，心眼儿却往往是在人们吃亏之后才增长的，也就是所谓的"吃一堑，长一智"。

无论输赢，都把自己的心态调整到最佳状态

台湾海涛法师有一句名言："生命不是用来寻找答案，也不是用来解决问题的，它是用来愉快地生活的。"

人生多一分烦恼，就需要靠自我调整心态来舒展身心。每个人都想拥有一份完美的生活，但往往事与愿违，快乐不起来，幸福不到来，美好的事情与自己擦肩而过，心中的爱受到伤害。是的，人的一生不可能一帆风顺，总会碰到一些烦恼和不尽如人意的事情。这些事情如果用感觉去看待它，不是真的美好；但细心去体会它，或许就是真的美好。

在世间，有些东西是你的就是你的，但有些东西不是你的，你再烦恼也没有用。抛却这些对身心毫无用处的烦恼，快乐起来，做生活的智者。

有人问佛：为何不赐予我与美人一样闭月羞花的容颜？你真不公平！

佛曰：你怎么不知？外表只是昙花一现的东西，是用来蒙蔽世俗眼睛的障碍物，没有什么美可以抵过一颗纯静仁爱的心，我把它赐给每一个女子，可偏偏有人对它不屑一顾！

于是，那人又问：世间为何有那样多的遗憾？

佛曰：这原本就是一个娑婆世界，娑婆即遗憾，没有遗憾，给你再多的幸福，你也体会不到快乐！

那人接着问：如果遇到了可以爱的人却又害怕不能把握时，应该怎么办？

佛曰：留人间多少爱，浮世千重变，和有情人做快乐事，别问是缘还是劫！

此人大惊，乞求道：如何才能如您一般睿智？

佛曰：佛是过来人，人是未来佛，我也曾如你般单纯天真。

人们以为：佛陀来自天堂。但是，事实并非如此。

看一个人的性格，常常在大胆中蕴含了鲁莽，在谨慎中伴随着犹豫，在聪明中体现了狡猾，在固执中折映出坚强，羞怯会成为一种美好的温柔，暴躁会表现为一种力量与激情，但无论如何，豁达，对于任何人，都会赋予他们一种完美的色彩。

在美国一所医学院的两位医生，从1949—1964年毕业生里任意挑选了127人，按他们的性格可以分成两组，第一组人的性格小心谨慎、稳重、自信、适应性差、缺乏冒险精神；第二组人的性格特别活泼、主动、聪明、灵活。经分析研究，第一组人的患病率最高，死亡率也高——仅在这15年中，先后有13人去世，而第二组人全部健在。经过研究，这两位医生认为，脾气的好与坏、性格开朗和抑郁与发病率有密切关系，能直接影响寿命的长短。1978 年的一项调查资料表明：湖北地区 125 位 90 岁以上的长寿老人，他们的共同特点都是心情开朗、乐观和气，有一颗平常心。

如果要想在情绪上永久保持心情舒畅、精神愉快，那么就要学会回避一些烦恼、杂事，要做到心胸宽广、宽以待人。因为人在日常生活中很难避免一些不顺心之事，与周围的人也难免会发生一些误会、刁难、中伤、不合作等矛盾和斗争，甚至自己的亲人、朋友，有时也会同自己产生冲突。懂得养生的人就能够冷静、理智地处理好，非原则问题，该让的让，该忍的忍，该谅解的谅解。俗话说得好，“吃亏是福”、“得饶人处且饶人”，做到心胸开朗、乐观豁达，才能保持心情清静，幸福生活过百年。

女作家毕淑敏说：有一颗大心，才盛得下喜怒，输得出力量！淡泊是一种崇高的境界和心态，是对人生追求在深层次上的定位。有了淡泊的心态，就不会在世俗中随波逐流，追逐名利；就不会对身外之物看得太重，得而大喜，失而大悲；就不会对世事他人牢骚满腹，攀比嫉妒。一颗石头扔在水中就能激起涟漪波浪，但扔在布上就什么都没有。淡泊的心态使人始终处于平和的状态，保持一颗平常心，就能避免产生各种有损身心健康的因素。养生贵在养心，养成一颗平常心，知足常乐、知足就是最大的幸福。

助人便是自助

性格自私的人不愿意对别人付出任何关爱，所以他们永远都体会不到来自他人的友情和温暖。那些胸襟开阔的人则始终生活在幸福和关爱之中，这些幸福和关爱既来自于别人，也来自于他们自己。

美国一项权威调查机构的调查资料表明，全美最受人们关注的问题主要体现在两大方面：一个是健康问题，另一个是人际关系问题。美国石油大王洛克菲勒在谈到人际关系问题时说："应付人的能力也是一种可以购买的商品，正如糖或咖啡一样。我愿意支付酬金购买这种能力，它比世界上的任何别的东西都有用得多。"为什么人际关系问题受到人们如此重视呢？这是因为没有任何一个人可以脱离社会而独自生存，也没有任何一种事业可以只靠孤军奋战而实现成功。所以能否更好地处理与他人之间的关系，常常成为人们能否成功的决定性因素。

善待别人就是善待自己。性格自私的人不愿意对别人付出任何关爱，所以他们永远都体会不到来自他人的友情和温暖。而那些胸襟开阔的人则始终生活在幸福和关爱之中，这些幸福和关爱既来自于别人，也来自于他们自己。

一个漆黑的夜晚，一个远行寻佛的苦行僧走到一个荒僻的村落中。漆黑的街道上，络绎的村民们在默默地你来我往着。

苦行僧转过一条街道，他看见有一团昏黄的灯光正从巷道的深处静静地照射过来。身旁一位村民说："孙瞎子过来了。"

苦行僧百思不得其解。一个双目失明的盲人，他没有白天和黑暗的概念，他看不见高山流水，看不到柳绿桃红的世界万物，他甚至不知道灯光是什么样子，他挑一盏灯岂不令人迷惘和觉得可笑？那灯笼渐渐近了，昏黄的灯光渐渐从深巷游移到了僧人的草鞋上，百思不得其解的僧人问："敢问施主真的是一位盲者吗？"那挑灯笼的盲人告诉他："是的，从踏入这个世界开始，我就一直双眼混沌。"

僧人问："既然你什么也看不见，那你为何挑一盏灯笼呢？"盲者说："现在是黑夜吧？我听说在黑夜里没有灯光的照射，那么满世界的人都和我一样是盲人，所以我点燃了一盏灯笼。"僧人若有所悟地说："原来你是为别人照明了？"但那盲人却说："不，我是为自己！"

为你自己？僧人又愣了。盲者缓缓地问僧人说："你是否为夜色漆黑而被其他行人碰撞过？"僧人说："就在刚才，还被两个人不留心碰撞过。"盲人听了，就得意地说："但我就没有，虽说我是盲人，什么都看不见，但我挑了这盏灯，既为别人照亮了，也让别人看到了我自己，这样，他们就不会因为看不见而碰撞我了。"

苦行僧听了，顿有所悟。他仰天长叹说：我天涯海角奔波着找佛，没有想到佛就在我们身边。人性就像一盏灯，只要我点亮了自己的灯，即使我看不见别人，别人也会看到我。

帮助别人不一定要在他必经的路边放上金子，有时候提供的一点儿方便、一些提示、一句真心的话，也会成为别人跃过坎坷的机遇，也会成为别人成功的关键所在。一个人把自己想象成什么，他就会成为什么；相反，一个给予别人方便的人，自己也会得到别人给予的方便，正所谓送人玫瑰手留余香。哲学家莫尔在《乌托邦》一书里说过，金银远远比不上铁的用处大。为别人着想的人，即便自己给出的只是铁，于别人来说则会成为金，即便自己付出的一言是一眼真心的祝福，也会收获意想不到的结果。

小胜凭智，大胜凭德

《盐铁论·贫富》中说："故上自人君，下及布衣之士，莫不戴其德，称其仁。""智者千虑，必有一失"，君不见"机关算尽太聪明，反误了卿卿性命"！而一个有德行的人却是永远受人拥戴的人，所以说，"欲做事，先做人"！

小胜在智，智——聪明也。有很多人精于算计，总是想把最好的东西留给自己，想把事情做得很圆满。做每件事都要经过深思熟虑后才能定夺。并不是说这种人不好，这样做只能是小胜。人生太精于算计，最终成不了大器。

大胜在德，德——道德也。从小我们就接受品德教育，一个人可以无智但不可以无德。也许你成为不了一个成功的人，但却可以成为一个有德行的人，那么你就是一种成功。如果想成就大事，必须要有良好的道德素养。心装天下事，能容天下人。

古往今来的投资者，无论是投资商，还是中间商，能够成就大业者无不是以德取胜。

中国古代有两个最著名的富商——陶朱公和子贡，也是以仁德而闻名天下的。陶朱公为人为商的宗旨是："授人以鱼，不如授人以渔。"很多史料都记载了子贡掏巨资赎回一批鲁国奴隶的善举。《盐铁论·贫富》中说："故上自人君，下及布衣之士，莫不戴其德，称其仁。""仁德"是他们成就大商之业的根本所在。

近代晋徽商人看重"财自道生，利缘义取"、"人宁贸诈，吾宁贸信，终不以五尺童子饰价为欺"的道理，所以他们奉行"智巧机利悉屏不用，唯以诚待人"的商道。

德者，信为本。所谓信，就是不欺诈、不蒙蔽、不豪夺；不能以一时短利而做出损害客户和多数投资者的事情；还要在守法的前提下做到言必行、行必果。即使在投资活跃、投资者在乐观氛围中放松警戒时，也要自觉维护客户利益，维护市场公平，而不能利用自己的资金优势、地位优势做出有损诚信、违背道德之事。

步步高的缔造者段永平，就是靠着高尚品德来获得人心的。段永平曾说："我离开小霸王，肯定是有很大的不满，但是当我离开的时候，跟老板谈得很好。我没有忘记当年我一个穷学生初到广东，靠5元钱过了一个月，直到被老板收留。我和老板有一个口头约定，就是离开小霸王后一年内不做同样的行当，不和小霸王在国内竞争。这个约定是我主动提出的，老板也没有要求我必须履行。但我还是打算自己另干一番事业。"

离开时，他的老板问他："你想不想带人走？"

段永平回答说："你允许的话当然最好。"

老板说："你带6个人行不行？"

段永平说："好，生产3个，开发3个。"

也许在今天，有人会说段永平的决定是精明的，因为如今的学习机市场一直呈下滑的势态并且持续萎缩。但是在当时，对于一个重新开始的创业者而言，放弃已经十分熟悉的领域和各种人脉关系，是需要付出很大的勇气和决心的。像段永平这种"恩对旧主"的情怀，不仅是以一种和谐的方式化解彼此的矛盾，同时也为自己增添了强大的德商感召力。也许，这就是步步高快速发展背后的情感因素吧。有道是：小胜凭智，大胜靠德，不管是做企业还是做人，要想树立良好的形象和品牌，就必须做到这一点。

人际上有时也要适当绕个弯

人际关系上"直肠子"、为人处世"十头公牛也拉不回来"的人最该学点儿迂回术，让自己的大脑多转几个弯，使人际关系处理得更顺畅，工作更顺利。

远行之人，前有高山挡路、石头绊脚，自然会想办法绕过去，或动脑筋另辟蹊径。这种做法应用在人情世故里，便是绕个圈子达到目标。换个说法就是不走直线而走曲线。

有些话不能直言，便得拐弯抹角地去讲；有些人不易接近，就少不了逢山开道、遇水搭桥；搞不清对方葫芦里卖的什么药，就要投石问路、摸清底细；有时候为了使对方减轻敌意、放松警惕，我们需要绕弯子、兜圈子，甚至用"王顾左右而言他"的迂回战术，将其套牢。

生活中不少人是“直肠子”、“一根筋”，为人处世“不撞南墙不回头”，“十头公牛也拉不回来”。这样的人最该学点儿迂回术，让自己的大脑多几个沟回，肠子多几个弯，神经多长些末梢。用一句话来概括就是：绕个弯子，你也许就能在人际关系中得到实惠，工作顺利，生活美满。

记得从前有人说过，西方人是直肠子，中国人的肠子是弯的，所以西方人显得比较率直一些，中国人却显得城府甚深，往往把一件简单的事情弄得很复杂，尤其是在处理人际关系上，更是绕得人头昏脑胀，其实，这只是东西方不同文化背景下产生的不同思维。

话说孔子东游，来到一个地方感觉腹中饥饿，就对弟子颜回说：“前面有一家饭馆，你去讨点饭来。”颜回就到饭馆，向主人说明来意。

饭馆的主人说：“要饭吃可以啊，不过我有个要求。”颜回忙道：“什么要求？”主人回答：“我写一字，你若认识，我就请你们师徒吃饭，若不认识便乱棍打出。”颜回微微一笑：“主人家，恕我不才，可我也跟师傅多年，别说一字，就是一篇文章又有何难？”主人也微微一笑：“先别夸口，认完再说。”说罢拿笔写了一个“真”字。颜回哈哈大笑：“主人家，你也太欺我颜回无能了，我以为是什么难认之字，此字我颜回5岁就认识。”主人微笑问：“此为何字？”颜回曰：是认真的“真”字。店主冷笑一声：“哼，无知之徒竟敢冒充孔老夫子门生，来人，将他乱棍打出。”

颜回就这样回来见老师，说了经过。孔老夫子微微一笑：“看来他是要为师我前去不可了。”说罢来到店前，说明来意。那店主照样写下“真”字。孔老夫子答曰：“此字念‘直八’。”那店主笑到：“果是夫子来到，请！”就这样吃完喝完不出一分钱走了。颜回不懂便问曰：“老师，你不是教我们那字念‘真’吗？什么时候变‘直八’了？”

孔老夫子微微一笑：“有时候，事是认不得‘真’的啊。”

所以由此便可以看到，有的时候不讲究策略，一条道走到黑，确实是得不到自己想要的东西的，我们的目的便是要实现自己的目标，所以，我们就要围绕这个目标，或迂回或直接地去实现。

要去关爱别人，而不要老想着需要别人

君子之交淡如水，小人之交甘如醴。对于真心朋友，不必刻意去追求回报，而是首先要用真心去对待。

阿拉伯著名作家阿里，有一次和吉伯、马沙两位朋友一起旅行。三人行经一处山谷时，马沙失足滑落。幸而吉伯拼命拉他，才将他救起。

马沙于是在附近的大石头上刻下了：“某年某月某日，吉伯救了马沙一命。”

三人继续前行，来到一处河边，吉伯跟马沙为一件小事吵起来，吉伯一气之下打了马沙一耳光。

马沙跑到沙滩上写下：“某年某月某日，吉伯打了马沙一耳光。”当他们旅游回来后，阿里好奇地问马沙，为什么要把吉伯救他的事刻在石上，将吉伯打他的事写在沙上？马沙回答：“我永远都感激吉伯救我，我会记住的。至于他打我的事，我只会随着沙滩上字迹的消失而忘得一干二净。”

现实生活中，朋友有时会雪中送炭，为你带来温暖和感动，但有时也难免发生各种各样的碰撞和摩擦。“记住该记住的，忘记该忘记的”。马沙与吉伯的故事给我们最大的启发便是时刻保持对朋友的感恩之心，忘记与朋友间偶尔的不快，宽容朋友偶尔的冲动与错误。当然，真诚是这一切——包括感恩、宽容、忘记的基础，真心相交才会使友谊充满生机。

君子之交淡如水，小人之交甘如醴。对于真心朋友，不必刻意去追求回报，而是首先要用真心去对待。知心朋友是可遇不可求的。如果别人成为自

己的朋友，要用坦诚的情怀示于人，用自己的力量支持别人，用束人之心约束自己，用恕己之心恕人。帮助别人，不是为了取悦于人，不是为了要人说声感谢，不是追求功利，我们不能要求付出与回报同等，但要时刻提醒自己，对人一定要真诚。真正的朋友不在巧言令色，而贵在心灵相通。

友谊需要用忠诚去播种，用热情去灌溉，用原则去培养，用谅解去护理。想想看，人生弹指一挥间，能够深交的知己又能有几个？友情的弥足珍贵，值得我们用一生来呵护和珍惜。宽容朋友、懂得感恩的人，才能获得天长地久的友谊。

在学会宽容、学会感恩、收获友谊的同时，自己的生活中也会少了许多烦恼，少了许多不愉快，心境也会变得开阔。如果能以宽容对待朋友，以感恩对待生活，生活将会给你更多的欢乐。

不与人同甘，就不要奢求人与你共苦

在你飞黄腾达之时，你希望与朋友划清界限，没有经济往来；当你有一天败下阵来，却想着朋友能够施以援手。但是，朋友之间若不能同甘，又何来共苦呢？

我们总是向往同甘共苦的友情，像武侠小说中写的那样，两个人心心相印、肝胆相照，从草莽中起家，一步步赢得天下，坐拥江山。

我们渴望这样的友情，我们感动于这样的友情，可是有几人真正相信呢？历史给我们留下太多太多负面的例子，“共苦不同甘”似乎像一把利剑悬在你我的头顶。韩信为刘邦打天下，出生入死，立下了汗马功劳，但是最后却落了个“叛国”的罪名，株连三族。这就是“狡兔死，走狗烹”，这就是“过河拆桥”。这样的事例举不胜举，宋太祖赵匡胤当年发动陈桥兵变，被士兵黄袍加身，大家一路征战，终于平定中原。可是江山平定之日，也是“杯酒释兵权”之时。那些与他出生入死的将领一生戎马，好不容易可以安享荣华富贵了，却落得个解甲归田的下场。这是历史，也是事实。

在我们身边，随处可见这样的事情。翻阅一下企业的创业史，少不了看到这样的故事。留在辉煌顶点的始终只有一个人，那些曾经的伙伴、搭档，曾经的二把手，曾经的左右手，都消失在过往之中了。正是见到太多、听到太多、也经历过太多这样的事情，我们才感动于“同甘共苦”，但是却并不相信。

在苦的时候，大家没有金钱、没有地位，也就没有利益的争夺；可是一旦苦尽甘来，就会出现利益的分配问题。所有的友情一旦牵涉到利益，都免不了最终会导致破裂。我们害怕背叛或者被背叛，我们害怕失去好不容易建立起的友情，所以，我们应尽量地让我们的友谊纯洁，不涉及利益。这是现在很普遍的一种想法，甚至被很形象地概括为：要想做朋友，就别掺和借钱这种事，一沾钱，一沾利益，多深的友情也会早晚出问题。

朋友之间交流感情、交流看法，分享一切话题，但是不涉及经济，不谈利益。我过得好是我自己的，你过得好是你自己的。也许你现在诸事顺利，步步高升，根本不需要他人的帮助；但是你的朋友也是如此吗？也许他正在为找工作而发愁，也许他乡下的母亲看病急需用钱，也许他正需要一笔钱来投资他的梦想？在你飞黄腾达之时，你希望与朋友划清界限，没有经济往来；当你有一天败下阵来，却想着朋友能够施以援手。扪心问问自己，不能同甘，何来共苦呢？

霍去病是汉武帝的爱将，在攻打匈奴战役中立下了汗马功劳，但是却英年早逝，年仅23岁。可是，霍去病死的时候，手下的兵士并没有多少哀恸。在他们眼里，这是一个有谋略有胆识的大将军，但更是一个不懂得体恤人的王侯贵族。霍去病每次出征，汉武帝都会赏赐给他很多好吃的东西，他

吃不完随手就扔了，可是他手下的人却挨饿。这样一个少年英雄被赐将封侯，让历史铭记，但是却没有得到他身边最近的兵士的爱戴。同样，一直没有封侯的李广却博得了一世英名。大凡有颁奖犒赏，他都平均分配给军官小吏，一点儿都没有私心。李广的治军威信是最高的。他逝世的时候，认识、不认识他的人，无不扼腕悲伤。

感情是相互的。不与朋友同甘，莫奢望朋友与你共苦。无论喜悦还是忧伤，都可以拿来分享；无论成功还是失败，都可以互帮互助。真正的友情不需要害怕利益的侵蚀，不需要躲避金钱绕道而行。朋友就是两个人心心相印、肝胆相照，从草莽中起家，一步步赢得天下坐拥江山的那种人。这不是武侠小说，而是现实生活的真实，只要你愿意放开自己的心，真诚地对待，你就能获得好人缘，并在自己困难的时候得到朋友的帮助。

把对手变成自己的朋友

击倒对手靠的是勇，把对手变成朋友，把对立的力量协调成一致才是无上的智慧。

20 世纪初，美国的凯巴伯森林约有 4000 只鹿在林间出没，还有它们的天敌——狼。美国总统西奥多·罗斯福很想保护凯巴伯森林里的鹿，于是，他宣布凯巴伯森林为全国狩猎保护区，并决定由政府雇请猎人消灭那里的狼。经过 25 年的猎捕，6000 多只狼先后毙命。得到特别保护的鹿成了凯巴伯森林中的“宠儿”。它们开始自由自在地生长繁育，很快，森林中的鹿就超过了 10 万只。

10 万多只鹿在森林中东啃西啃，灌木丛吃光了就啃食小树，小树吃光了又啃食大树的树皮……森林中的绿色植被一天天在减少，大地露出的枯黄一天天在扩大。灾难终于降临到鹿群头上。先是饥饿造成鹿的大量死亡，接着又是疾病流行。两年之后，鹿群的总量由10万只锐减到4万只。到1942年，整个凯巴伯森林中只剩下8000只苟延残喘的病鹿。

罗斯福无论如何也想不到，他下令捕杀的恶狼，居然是鹿的保护者！这是因为，狼吃掉一些鹿后，就可以将森林中鹿的总数控制在一个合理的程度，从而维持生态平衡。同时，狼吃掉的多数是病鹿，又有效地控制了疾病对鹿群的威胁。这就是大自然生命的自然规律。

狼消灭了，鹿也会消亡。你的敌人有时候是你生命的动力。没有朋友的支持、帮助会感到生活的寂寞；没有敌人的较量、追赶，你会感到死亡的威胁。所以，我们要接近朋友，更要接近敌人。

众所周知，微软和苹果两大公司自80年代起就一直处于敌对状态，约伯斯和比尔·盖茨为争夺个人计算机这一新兴市场的控制权而展开了激烈的竞争。到了90年代中期，微软公司明显占据了领先优势，占领了约90%的市场份额，而苹果公司则举步维艰。但让所有人都感到意外大吃一惊的是，1997年，微软向苹果公司投资1.5亿美元，把苹果公司从倒闭的边缘拉了回来。2000年，微软为苹果推出Office2001。自此，微软与苹果真正实现了双赢，它们的合作伙伴关系进入了一个新时代。

比尔·盖茨的成功源于很多因素，包括他对商机的把握、他的天才设计能力，但还包括他对他的敌人所采取的态度。面对敌人，一定要不屈不挠，咬紧牙关，迎面而上，绝不退缩———这似乎是共识。但明智的比尔·盖茨选择了另一种方式：站到敌人的身边去，把敌人变成自己的朋友。

现代社会竞争的法则是双赢，而不是一方压倒另一方，更不是两败俱伤。首先，当你决定打败敌人的时候，敌人也想着打败你。他既然能成为你的敌人，就一定跟你实力相当，不好对付。退一步来说，就算你历尽艰辛终于将他打败，可是谁能保证某天他就不会东山再起？到时候你又要提起十

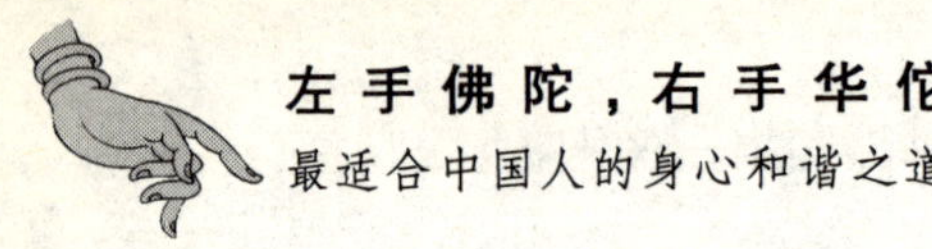

二分的精神，积极地备战。所以，最好的办法不是打败他，而是像比尔·盖茨那样，友好地站到敌人的身边去，把他变成自己的朋友，实现双赢。比尔·盖茨"接近敌人"的做法为他赢得的不仅是商机，更多的是人气。是那种"振臂一呼、应者云集"的号召力。越来越多的竞争对手开始信服他，表示愿意与他合作。

有人总结曾国藩的治人之术，是"自立立人，自达达人"，在最关键的时刻把对手变成朋友，联手打天下。我们处在一个市场环境下，处处存在着竞争。竞争促使人进步，协作使社会发展。能够成为竞争对手的都有相当实力，打倒一个对手，需要花费巨大的力量，况且，"杀敌三千，自损八百"。击倒对手靠的是勇，把对手变成朋友，把对立的力量协调成一致的是智。有竞争，必有合作，合作中有竞争，竞争中有合作，才能形成一个互惠互利共同发展的格局。

第四章

右手华佗，读懂身体部位的每一个警示

人体从头发到肠胃、肾脏、血液、心脏等等，都有着千丝万缕的联系，无不充满了百思难解的奥秘。打开这本书，就是打开了一扇知晓健康的智慧大门。学会解读自己的“身体语言”，进而自测疾病、远离病痛，让身体更健康，这正是“察颜观色”的价值所在。

察颜观色不是神奇的技艺，而是生活常识

身体中一点点微妙的不适很可能是隐疾的先兆。不要等到身体有了难以承受之痛才去求医看病。通过疾病的早期自测，找出病因并加以防治，当然比病重了再亡羊补牢高明些。

随着经济条件的改善，人们的物质生活和精神生活都得到了一定程度的提高，现代人关心的不仅仅是有多少存款或者有什么牌子的汽车，而是更关注于身体的健康。有了健康的体魄，我们不仅能够吃得好，睡得好，同时，我们的心情也好，我们在享受生活的同时，用精力充沛的体力和脑力去实现自己的宏图大业。

健康与疾病是身体的两个状态，人们追求健康的过程，其实就是在预防、治疗和摆脱疾病缠身。追求健康，首先就要认识健康，而只有通过认识人体自身，才能够真正明确健康在哪里。

"总是睡眼惺忪，睡不醒的样子"、"最近小便很黄，是不是上火了？"、"最近常掉眉毛，这也是一种病吗……"很多人在为遇到这样的小毛病需不需要看医生而烦恼，原因是为了这些不值一提的小毛病，上医院看病，等了半天，医生往往三五分钟就把你给打发了，尤其当等候的病人多时，和医生的沟通也就更短了。患者即使将症状完整地描述给医生，医生也无法在仓促之间真正掌握病况。反之，如果不去看医生，又总是忐忑不安，放心不下。

还有很多朋友对一些小常识因为一知半解而困惑不已，例如："眼圈发黑是肾虚吗？"、"严重脱发是重大疾病的前兆吗？"、"大便发黑是由于内出血造成的吗？"等等。的确，许多疾病早就有迹可循。别忽略了生活之中看似不怎么起眼的小征兆，因为这可能就是身体在向你发出警报。

早期治疗是运用先进的西医理论知识，同时也结合了上下五千年智慧结晶的中医知识。例如：中医认为，面部是脏腑气血的外荣，又为经脉所聚。《灵枢·邪气脏腑病形篇》中说道："十二经脉，三百六十五络，其血气皆上于面而走空窍。"面部脉络丰富，气血充盛，加之面部皮肤薄嫩，故色泽变化易显露于外。《望诊遵经·五色相应提纲》云："尝考内经望法，以为五色形于外，五脏应于内，犹根本之与枝叶也。色脉形肉，不得相失也，故有病必有色，内外相袭，如影随形，如鼓应桴。"故脏腑气血的盛衰，邪气对气血的扰乱，都会在面部有所反映。再如：《医述》引柯韵伯论亦日："医者欲知病人脏腑寒热虚实，必要问其以内走出者，故凡病当验二便。"古人的经验不但获得现代医学的肯定，如今大、小便更是成为医师眼中窥知人体健康的一扇窗户。

每个人不可能时时刻刻有医生跟随左右，然而我们可以创造条件，让自己把握自己的健康。像偶然出现皮肤变色、眼睑水肿、舌苔异常等不起眼的小毛病，往往都是癌症、脑中风、尿毒症等严重疾病的警讯。一点点微妙的不适很可能是隐疾的先兆。不要等到身体有了难以承受之痛才去求医看病。通过疾病的早期自测，找出病因并加以防治，当然比病重了再亡羊补牢高明些。即便是上医院看病，也可以通过学习先了解、辨别异常征兆，清楚地把症状向主治医生陈述，将可得到最适当、有效的治疗。

皮肤小毛病，内脏大病兆

皮肤是内脏的一面镜子，一个人的健康情形如何，从皮肤即可循得有价值的线索。

皮肤是人体最大的器官，总重量占体重的 5%~15%，总面积为 1.5~2

平方米，厚度因人或因部位而异。皮肤对人体健康的重要性不言而喻，一方面，对内防止体内水分、电解质和其他物质的丢失；另一方面，对外可以阻挡污物、病菌、毒素、化学品及辐射线等侵入体内，在生理上起着重要的保护功能。

皮肤有触觉、冷觉、热觉、痒觉及痛觉。一般说来，某些疾病和许多皮肤病，在患病之前及病变的过程中，皮肤常会随时向我们发出各种疾病的信号，除了痒痛等可轻易自觉为生病的症状外，皮疹更是常被大家忽略的疾病征兆。

皮疹是皮肤疾病或全身疾病的重要征兆之一。皮疹常通过其特有的不同形式、生长部位、出疹时间，传递出身体健康与疾病的信息，督促我们引起重视，赶快去看医生。

皮肤上出现蜘蛛痣的色素疹，多见于脸、颈、胸部，这种如细小蜘蛛张爪般的红色斑点，称为蜘蛛状血管肿，多见于肝硬化、慢性肝炎或肝功能障碍患者。其特点是痣的中央有一小红点，周围放射出许多细红丝，痣的直径约0.2~2厘米，用坚硬物压迫痣的中央，蜘蛛网状即消失，待尖硬物移去又可重新出现，各人蜘蛛痣的数目不同，少的只有几个，多的可达数百个不等。

皮肤和黏膜的表面有出血点、瘀斑（按压其上面不褪色），可见于流行性脑膜炎。皮肤上出现玫瑰色的斑疹（按压后可褪色），严重者皮疹可为出血性，并会波及手心和脚底，多见于伤寒病。

皮肤出现紫色斑疹，表示血小板减少。

皮肤出现鲜红或略带水肿的红斑，多位于面颊两侧，常呈蝴蝶或蝙蝠状，即是红斑性狼疮。此病以年轻女性居多。

皮肤上出现圆形或椭圆形、边缘清楚的固定性红斑，多为药物过敏所致，是药物性皮炎中最常见的一种，可重复出现在口唇、包皮、阴唇等部位。

皮肤皱褶处出现瘙痒丘疹，常见于疥疮感染。

皮肤有黄色的斑点或结节，出现在眼睛四周或身体其他部位，表示体内胆固醇过高或脂质代谢异常，易患心脏血管疾病。

皮肤出现变硬且隆起，特别是后脑及颈部，提示有患糖尿病的可能，这类病人常伴有肩部酸痛、肛门及阴部瘙痒，且有手脚知觉发麻，较迟钝，甚至脚趾尖端变紫等现象。

头皮部位皮肤发红，且会生出油性发痒的皮肤，大半是患染了溢脂性湿疹。肩胛、胸口和腋窝出现红褐色斑，可能是帕金森氏病(Parkinson's disease)的征兆，这是一种淋巴结癌，约30%常合并出现泛发性瘙痒症，病情愈严重，皮肤就会愈糟，有些持续数年后，真正的帕金森氏病才出现。

块状皮疹先在一处出现，继而在别处也出现同样皮疹，提示胰脏可能有问题。脸上突然长出细细而淡淡的汗毛，显示有肺癌、结肠癌或消化道癌症的可能。

腋下长结节性皮疹，是结肠下段有增殖性病变的信号。

散布于躯干的色素疹超过25个，提示身体潜伏有发生肿瘤的危险。色素痣型的皮疹迅速增大、变色，疹旁出现较小的卫星痣，常是恶性病变的信号。

其实皮肤的问题，并非只是皱纹、干裂、美容等“肤浅”的东西，皮肤是内脏的一面镜子，一个人的健康情形如何，从皮肤即可循得有价值的线索，只要多留意皮肤透露的信号，并将可疑的变化告诉医生，或可在其他更为严重病症出现之前及早发现，及早诊治。

除了显示衰老，白头发还可以预示更多

正如李商隐所云："夕阳无限好，只是近黄昏。"头上有白发不免让人增添几许伤感，但是你知道吗？除了衰老，白发还可以告诉你更多。

头发主要是由角质蛋白分子组成的角质纤维通过螺旋式的组合缠绕而成，其中含有20多种氨基酸及铜、铁、锌等十几种微量元素。决定头发颜色的是头发中色素颗粒的多少，黑色素含量越多，头发的颜色就越黑；反之，黑色素含量越少，头发的颜色就越淡。随着人体的衰老，毛囊中的色素细胞将停止产生黑色素，头发也就开始变白。头发由黑变白，一般是毛发的色素细胞功能衰退，当衰退到完全不能产生色素颗粒时，头发就完全变白了。

"白发解密之一"——该白的时候不白

人到了一定年纪，头发总会变白，然而，如果人老了却还是满头黑发，那么除了归功于好的基因外，就病理而言，也极可能是疾病的警讯。

医学上称为"爱迪生氏病"的内分泌疾病，就是由于双侧肾上腺皮质结核、萎缩所导致的，即使进入高龄，毛发也很少变白。此外，据西方医学报道，头发太黑或原本不黑，却突然变黑的人，可能还是罹患癌症（特别是黑色素瘤类的恶性肿瘤）的征兆。

"白发解密之二"——不该白的时候却早白

"白发除不尽，春风吹又生"。很多年轻人在满头乌发中却总能发现几缕恼人的白发。他们认为，拔了白发反而会长出更多，这是毫无根据的。俗话说："笑一笑，十年少；愁一愁，白了头。"的确，心理因素也会影响荷尔蒙的分泌，造成白发。雨果的小说《巴黎圣母院》中的巴尔杰，因忏悔自己的罪恶，使头发在一两天之中因懊悔而变白；再如，法国大革命时，双双被捕

而上断头台的法王路易十四与玛丽·安特妮王妃，就因忧愁和恐惧，头发在一夜之间竟全变白了。再如春秋战国时伍子胥过昭关一夜急白头的故事。伍子胥乃楚国大夫伍奢次子。楚平王即位，听信少师费无忌谗言，伍奢被杀，伍子胥逃走。楚平王下令画影图形，到处捉拿伍子胥。伍子胥一路逃难，路过陈国，东行数日，便到昭关(今安徽省含山县北)。昭关在两山对峙之间，前面便是大江，形势险要，并有重兵把守，过关真是难于上青天。走投无路之际，伍子胥一夜便急白了头。所幸名医扁鹊弟子东皋公的巧妙安排，伍子胥更衣换装，混过了昭关。

青年白发，除了要考虑遗传或精神因素所造成之外，其他如结核病、再生障碍性贫血、胃肠病、营养不良以及动脉粥样硬化等，都能引起青年白发，应值得注意。

中医认为，毛发与肾有密切的关系，肾气盛，则毛发黑亮有光泽；肾气虚，则发易枯且易脱落，使鬓发早白。《医述》云："察其毛色枯润，可以现脏腑之病。"可见通过头发色、质的变化，还能作为诊断疾病的参考。

无论何种年龄段的人，都会因为白发而影响到心理与美观。因此染发遂成为白发族的因应之道，站在医学的立场，当然能免则免，因为大多数染发剂中含有酸化染料。而这类染料已证实具有毒性，若长期染发，将对肝、肾机能造成危害。

耳朵说给你听的"悄悄话"

耳朵具有感音、平衡的作用，它距大脑皮质近，感应极佳，可说是身体的雷达站。

中国医学对耳朵的看法非常考究，认为耳朵就像倒置的胎儿，人体五脏六腑、四肢百骸的病态都能通过耳朵呈现出来。只要详细诊察耳朵即可诊断出全身的疾患，利用针刺耳朵的某些穴位亦能治疗全身诸疾，这种疗法早在公元前 4 世纪左右，中国第一本医书《黄帝内经》上即有记载，足见祖先的精心研究及智慧。

“耳朵悄悄话之一”——耳屏

我们从解剖学来看，耳朵是由褶叠的软骨薄片所构成，其外包裹着一层外皮，靠最外侧的边缘部分叫耳轮，当耳轮出现粗糙不平的棘突状时，即表示有腰颈椎骨质增生的现象。位于外耳道入口处的突出部分则叫耳屏，在“耳穴疗法”中就常以指压耳屏一带，来抑制饥饿达到减肥的目的，同样的方式，对止喘、强心也有具体的疗效，不妨一试。

当出现耳屏向外展、前方凹陷，耳屏软骨变硬、变大时，即有耳硬化症及血管硬化的可能，并常会发生耳鸣、眩晕的现象，特别是位于耳屏前方中段处凹陷者，一般均有听力障碍，像失聪的乐圣贝多芬、波西米亚音乐之父史麦塔纳及发明家爱迪生，他们不但耳屏前的听宫区下陷，而且出现多条皱纹。这点在日常生活中，我们也可看见带助听器的朋友出现同样状况。

“耳朵悄悄话之二”——耳垂

耳垂是耳朵唯一肉多的部位，当我们的指头被烫到时，常会不经意地用手夹住耳垂，这的确是很有道理的做法，因为耳垂上正巧是耳穴麻醉的止痛点所在，因此不但能散热，还能止痛。

国外许多医院的医师针对冠心病患者和耳垂有皱褶的人做过研究，结果发现冠心病患者耳垂上有皱褶的人，其平均的死亡率较无皱褶的高，尤其是有冠心病同时又出现皱褶的人，据统计，其 8 年内的死亡率高达 8%，至于有耳垂皱褶而没有冠心病的患者，其 8 年内的死亡率则为 72%，要比有冠心病而没有耳垂皱褶的患者，8 年内的死亡率 57%高出许多。这项研究还发现，耳垂皱褶患者可于单耳或双耳同时发生，且经耳垂活体检测发现，患者耳垂的弹性蛋白质有明显减少，从这点也说明体内弹性蛋白质的降低与动脉硬化息息相关。

“耳朵悄悄话之三”——耳朵颜色

也许大家不知道，耳色的变化也会透露出疾病的讯息。总结耳朵的形态和颜色，我们可以归为以下几种情况：耳朵肉薄且血管像网一样透明浮现时，常见于呼吸器官疾病的患者；耳垂肉薄且呈咖啡或焦黑色泽的人，易患糖尿病或肾脏病；若是耳垂由于受寒常变为紫红色，并因肿胀甚至溃疡，且易生痂皮者，这是体内糖过剩的表征，是糖尿病的警讯；幼儿耳朵凉、耳背有红络，即为出麻疹的先兆。此外，如果耳面的皮肤常血管充盈明显者，即要提防高血压、冠心病、心肌梗塞以及支气管扩张等疾病的发生。

10分钟搞定凭“鼻”问诊

鼻子是人体呼吸道的大门，通过观察分析我们的鼻型，可以了解我们的健康体征。

印堂之下，两眼之间，称山根的部位是疾厄宫，是鼻子的起点，又称健康宫，是观察一个人健康、遗传、体质、抵抗力的部位，所以山根应以宽广和丰满适中为佳，一般以能嵌进一只眼睛为标准，太宽或太窄都不妥。杜雷巴在其所著《疾病与人》一书中，即将各种症状与面貌的关系作了介绍，特别是两眼间的距离长短，更是疾病的关键所在，简略如下：

肾脏型：此类人脸孔狭长，两眼及瞳孔之间的距离特别大，据统计，这类脸型的人易患肾脏病，又因肾脏萎缩或动脉硬化，会造成血管狭窄，引起“肾性高血压”。由于对脑部影响颇大，所以这类病人常为失眠、头晕、健忘等症状所苦。

胆囊型：此类人脸庞大且呈圆形，瞳孔间隔较小为其特征，一般患者体格肥胖，经常红光满面，当脸色带有黑色则易患胆结石；若呈苍白色，则表示肾脏系统有障碍。

结核型：此类人脸孔狭长、下鄂削瘦，两眼距离较窄，这类脸型的患者易受结核菌侵犯，呼吸道较弱，所以易患肺结核。由于肺结核是一种慢性消耗性疾病，因此这类病人要尽量避免体力消耗过多和过分劳累。

贫血型：此类人脸部下方宽大，下巴呈锐角。两眼瞳孔间隔非常大，由于贫血而导致脸色苍白，身体有些部位还会长出斑点。

按传统说法，鼻子山根或年寿出现暗色时，即是胃肠或脊髓疾病的特征，其中年寿有斑点，大半以痔疮或便秘居多；山根特别高时，其足踝常有疼痛感；若于山根浮现青筋，表示肠部静脉扩张，有消化障碍之嫌。此外，幼儿衣服穿得过暖或泡热水时间过长时，也常在山根出现发青，必须留意。

鼻部运动与形态的改变，在临床上也具有重要的意义，以鼻翼翕动为例，常为呼吸不利的表现，所以当呼吸时看到鼻孔扩张和缩小，或鼻翼翕动，就要防范小儿哮喘、心力衰竭、重症肺炎及大叶性肺炎等疾病的发生。

研究发现，鼻子的形态和癌症也具有密切的关联。例如：鼻子扁平的人，易患脑癌和淋巴腺癌；鼻子尖挺的人，易患肝癌和乳癌；鼻子大而肥的人，最易患胰腺癌和结肠癌；至于钩鼻的人，则易患肺癌和喉癌。

当然，由于不同的人种、基因、生理等因素，上面所述的分类也并非绝对，但是，如果能够多留意一些，多了解一些，并加以防范，将对我们自身大有裨益。

默读"唇语"，了解自身的健康状况

当口唇颜色异常时，往往即是身体的疾病在向你发出警报，不可忽视。

生活中需要经常留意我们的嘴唇，辨别不同的唇色，能为我们早日发现疾病提供良好的线索。

"唇语第一句"——唇色苍白

生活中，我们常可看到一些体虚、贫血或失血过多的病人，会出现唇色苍白的情况，这是唇部血液供应不足所致，若为上唇部苍白者，多见于大肠病，临床伴有腹胀、腹痛、腹泻、胀气、不寒而栗、冷热交加等症状出现。反之，下唇苍白者，则以胃病居多，患者常有胃痛、上吐下泻，胃部发冷等症状。

"唇语第二句"——唇色深红

唇色深红者，表示血中含氧和血红蛋白不足，这是肺炎、肺心病伴心力衰竭及哮喘发作的表现。至于血液循环不良而造成的口唇青紫，则普遍发生于血管性疾病患者，如中风、肺心症、血管栓塞等危急病症。上唇颜色焦枯或黯红为大肠病变，并伴有肩膀不松爽、口臭口疹、喉咙不畅、耳鼻不通等症状。下唇呈绛红色为胃热，并见于胃痛、肢体重滞、噎呃、腹胀等症。唇内呈红赤或紫绛色，为肝火旺，脾气急躁，胁下胀痛，吃食不下。

另外，当煤气中毒时，唇色则会呈现特有的樱红色，严重者还会出现神志模糊、步态不稳、昏迷、晕倒、呼吸和心率加速，甚至因呼吸循环抑制而死亡。因此，当发现有上述现象时，首先应迅速将中毒者搬到室外空气流通处，并送医院急救。

"唇语第三句"——唇色发黑

唇色发黑而浊，除原本肤色较黑造成外，大多都是消化系统有问题，黯黑而浊的人，会有腹泻、腹胀痛、食欲不振、便秘等症；若唇上出现黑色斑块，口唇边黑色素沉淀者，则是肾脏机能不全所引起的爱迪生氏病，患者易出现疲倦、厌食、恶心、呕吐等症状，须多注意。

"唇语之四"——唇色发黄

唇内如果呈现黄色，则应该有肝炎迹象，如果黯浊，肝胆一定不佳。

从古到今都灵验的舌苔诊病

俗话说："观舌诊病，中医一绝。"有经验的中医看了病人的舌头后，就能察知病症的关键所在。

舌是人体暴露在外部的唯一内脏组织，在疾病的发展过程中，舌的变化迅速而明显，犹如内脏的一面镜子，因此舌诊常作为医师诊断疾病、观察病情、制定治疗方案、评估预后的重要依据。

为什么观舌就能诊病呢？因为口腔黏膜特别是舌头的表皮细胞，和体内更新最快的小肠黏膜上皮一样，新陈代谢和更新速度都极快，大约每3天即可更新一次。由于代谢旺盛，生长迅速，故当细胞发生代谢障碍，或体内缺乏某些营养物质时，很容易就会反映在舌头上。

其实每个人都可以做到观舌诊病。早晨洗漱之时，不妨在镜子前把舌头伸出来，好好地自我检查，以便早期发现疾病，防患于未然。

正常的人，舌肌呈红色，但透过舌头表面的一层白色半透明角化黏膜面，而呈现出我们肉眼所能见到的淡红舌质。舌头颜色的变化关系到体内正气和邪气的消长进退，当颜色由正常的淡红变化为红色或深红色，即表示火气愈来愈大。

舌苔是指舌面上的一层薄垢，好像阴暗潮湿的地上生长的苔藓一样，是由正常舌背黏膜的表皮细胞，特别是丝状乳头的表皮细胞，经脱水与角化所形成的，当丝状乳头表皮组织角化及角化不全的脱落物，混合了唾液、细菌、食物残渣及渗出的白血球，即形成了正常的白色薄苔。

观舌苔包括苔色和苔质两部分。

苔色即舌苔的颜色。其原理与病原微生物的种类、及身体的反应特性有关。舌苔颜色的变化，可受舌头活动少、唾液分泌减少或精神因素所影响；临床上，舌苔由白至黄灰转黑，即表示身体免疫力减弱，病情加重。

当疾病种类或疾病时期的不同，苔色可由原来的薄白苔，变化成白苔、黄苔或灰黑苔，在诊断上具有重要意义。

舌苔症状一——白苔

白苔除可见于正常无病的人以外，多见于轻微病、病症初期以及疾病的恢复期。疾病早期或局部病灶，未影响全身的局部病变，如青春期甲状腺肿大、外伤、足癣、梅核气、早期的乳房癌、子宫颈癌等。由于早期缺乏症状或病灶局限，尚未影响全身的气血流通而反映到舌上，所以舌苔仍呈薄白色，属于正常范围。但当体内病变又趋活动或急性发作，例如肾盂肾炎又发高热时，舌苔可迅速由白转黄，或转红绛色。

舌苔症状二——黄苔

黄苔一般多见于热性疾病的过程中，表明邪正相争十分激烈，病已入里，邪已化热。舌苔从薄白色变成黄色，表示病情由浅入深，由正常体质转变到火气大，如果舌苔由黄色变化到舌苔剥落，则表示体质已虚，且火气又大，即一般为常听到的“虚火”，病人伴有疲倦乏力、失眠等症。黄苔多半与炎症感染有关，因为在炎症感染患者的舌黏膜上，容易产生和病灶感染相同的炎症细胞浸润，使舌头本身也有炎症感染存在，舌表面聚集有大量细菌及炎症渗出物。炎症细胞的堆积和口腔菌族中某些细菌急剧增殖，附着于延长的舌丝状乳头而使舌苔转成黄色。

舌苔症状三——灰黑苔

古书中记载“舌见黑色，百无一治”，因此有些人在镜中发现自己的舌苔发黑，便惶恐不安，以为病入膏肓、无可救药。其实，古书上所记载的黑苔，是指热极化火、烧灼津液所引起的黑苔，临床上常见于肺癌及消化道癌的晚期患者以及尿毒症、恶性肿瘤等，在病情恶化时，亦会出现黑苔，这些都是病危之兆。至于有些人因精神处于高度紧张，如担心自己患了癌症的“恐癌症”患者，或某些慢性病，如腰膝酸软、头晕耳鸣、性功能不全等，也会使舌苔变黑，其实，这些人只要排除顾虑，或经过治疗，黑苔自然就会消失。

特别值得一提的是，许多正在使用广效性抗生素的人，因抗生素把寄生在舌苔上的正常细菌消灭，对抗生素不敏感的霉菌就趁机大量繁殖，由于霉菌大多是棕黑色，于是舌苔也就发黑了。所以当发现舌苔变黑时，除了弄清楚是否使用过抗生素外，不要过分紧张，应到医院检查，以确定诊断。

眼睛是人身体状况的窗口

我们常说，只要看一个人的眼睛，捕捉人眼神中流露出的神态，即能掌握他的内心世界。眼睛除了可以帮助我们洞悉他人外，其颜色的变化，对于诊断疾病也有重要的参考价值。

健康的人，眼巩膜（眼白）部应当是洁白光彩的。而很多时候，我们会发现身边朋友的眼睛有各种异样。

“眼疾之一”——红血丝

白眼球充血发红有可能是由于细菌、病毒感染，或过敏等发炎所引起。除了两眼发红，还会出现眼痛、发痒、流泪、有异物感和黏稠分泌物等症状。要避免红血丝的出现，我们应当保持充足睡眠，同时要注意清洁眼睑，以免因残屑、油脂、细菌、化妆品等尘屑导致眼睛发炎，布满血丝。

“眼疾之二”——眼白异色

眼白部位因不明原因而出现的异色或斑点，可能是内脏疾病的讯号，如眼白部位常出现血片，就是动脉硬化的征兆，特别是脑动脉硬化。有些患者常因血液循环不良，视网膜受损，而产生视觉上的障碍，其症状为眼前有阴影或闪烁不定，偶尔眼前会有黑点或部分视野昏暗等。

若有严重失眠、心脏功能不全、癫痫发作或高血压时，则会出现眼结膜充血的现象。至于糖尿病患者，由于毛细血管末梢扩张，也常于眼白部位出现小红点，有些罹患肠梗阻塞的病人，眼白甚至出现绿点，不容忽视。

“眼疾之三”——眼白黄浊

仔细观察成年人的眼睛，不难发现一个共同的特点，那就是比起儿童黝黑明亮的眼睛来略显混浊。原来是由于随着年龄的增加，眼部的脂肪沉淀所致，也算是正常老化现象之一。但是，有的人一眼看上去，眼白明显呈现鲜黄色，这时，就要怀疑是否患有黄疸。黄疸是由血液中的胆红素增多造成，常见于肝病及胆道疾病，而其他像怀孕时期的妊娠中毒及溶血性疾病，也会出现黄疸。

“眼疾之四”——眼白发蓝

许多有经验的大夫通过眼白的颜色，可以大致判断病人是否贫血以及贫血的严重程度。人的巩膜是由胶原组织组成，而体内的铁元素又是合成胶原的重要辅助因子。如果体内缺铁，胶原合成不足，巩膜就变薄，无法有效地掂掩眼球内棕黑色的脉络膜，在自然光下看去就呈浅蓝色了。眼白发蓝在儿童及孕妇中最容易出现，这时需要尽速补血。

识别手掌内的颜色乾坤

暂且不论手相学的真伪虚实，根据手掌来判断一个人的健康与否确实有一定的依据。

人的手就像一个显示屏，全身的脏器、四肢关节，都如小小的微缩景观在手中体现得淋漓尽致。手是全身感觉最灵敏的部位之一，光一只手就有8块腕骨、5根掌骨、14节指骨，还有三大神经干系、59条肌肉、以及发达的血管系统。有句古话叫做："十指连心。"手不仅通过皮、脉、肉、筋、骨与肢体相连接，更重要的是通过经络与人体的五脏六腑相关联。经络是气血运行的通路。经络内联脏腑，外通四肢百髓，周流全身无处不到。因此身体的局部可以反映整体，手的气、色、形态可以反映五脏六腑的生理与病理的变化。人们可以通过看手来检测身体的健康状况。

皮肤的颜色与皮肤营养状态、皮下组织、血管等密切相关联。手色也是皮肤营养状态和血液循环状态的反映，所以观手色具有一定的临床意义。正常人的手部颜色呈淡红色或粉红色，润泽光亮、色调均匀、富有弹性。

人的肢体末端供血量是随着血液中某些激素浓度的变化而上下波动的，这些激素对肢体末端的血流量，以及血管对体温的反应性变化，均有明显的影响。如果出现异样颜色的手掌，则表明身体有可能潜在的疾病。

1. 手掌呈红白相间色

红白相间的是气滞型手掌，此掌色的人易得鼻、咽、气管、支气管、肺、肺叶等疾病，常见的是咽炎和过敏性鼻炎。

2. 手掌呈红色

此手掌的人一般内热、血热、肝胆火过旺、喜欢吃冷的食物，有时早上起来感觉咽喉干、口苦。

手掌呈红色后又逐渐变成暗紫色，常见于心脏病。因原本手掌部皮下血管血流旺盛，但受到心脏方面的障碍，又出现血流减缓，血管内血氧饱和度降低而呈暗紫色，这是一种危险征兆，预示或已经发生心脏疾病，病情危重，此时应尽速抢救，千万不可乱搬动病人，以防猝死。

3. 手掌呈白色

手色变白，是贫血、血量循环不足、心脏功能衰弱的表现，由于血红蛋白量减少，微血管灌流不足，因此呈现苍白色。手掌部皮肤色浅，呈淡白色，常见于贫血、慢性出血、血液系统疾病或营养不良性疾病。若血色素偏低的人，需要大量补充蛋白质和铁。

4. 手掌呈青紫色

手掌部呈青紫色，是体内缺氧和发绀的征兆，多因氧气摄入不足、血氧的饱和度降低所致。从生理学来看，患者交感神经抑制，肾上腺素、肾上腺皮质激素和甲状腺素等均分泌减少，代谢率及产热量亦降低，心脏功能减弱，血液呈浓、黏、凝、聚的状态，静脉回流不易，细小静脉和毛细血管内血量增加。由于血流迟缓，血液中氧消耗过多，导致还原血红蛋白增多，因而使掌面呈现青紫色。

青紫色是掌部淤血的症候，临床上常见于感染性休克、重症感染、心力衰竭等危重病人，不容忽视。

5. 手掌呈咖啡色

有此手掌的人一般是肿瘤患者，如果手掌变成偏黑色的就是濒临死亡的人。

6. 手掌呈黄色

排除因进食引起的发黄，正常的手掌应呈微黄色，略带红润，并稍有光泽。若手掌出现黄色，则要警惕某些慢性疾患，如慢性贫血、营养不良、慢性萎缩性胃炎等。

有些内脏肿瘤末期及长期慢性中毒患者，手掌也可呈土黄色，须多留意。手掌呈金黄色，掌色鲜黄而艳丽，多见于早期肝病患者，如急性黄疸性肝炎、药物中毒性肝损害等。

7. 手掌呈黑色

手掌呈黑色，常见于肾脏疾病，如慢性肾炎、尿毒症等病。

手掌中间呈黑褐色，常见于胃肠病。

从手腕到小鱼际处出现黑色或暗紫色，常是因风湿得了腰部疾病的信号。这时，左脚踝内侧同时也会出现这类颜色。

从汗液与尿液透视疾病的隐患

流汗是正常的生理现象。但是，如果天气酷热却不流汗，或是天气不热却汗流浃背，则是疾病的征兆。

汗液是皮肤汗腺所分泌的液体。受自主神经支配，其中枢位于大脑下视丘，发汗中枢的作用，即在控制流汗的多寡。正常的人，全身汗腺每天可分泌500~1000毫升的汗液。汗液中90%是水分，其余为尿素、尿酸、乳酸、无机盐等，与尿液成分相似。汗液之所以带咸味，主要是因为汗液中含有0.3%~0.4%的氯化钠。

汗与人体的生理、病理都有着密切的关系。古人说“体若燔炭，汗出而散”。是指身体发热的人，一出汗即退烧。此话虽非绝对，但汗的散热作用（每排出1CC的汗水，可减少200卡路里的热量），却是众所周知的。除了调节体温，它同排尿一样，能把体内代谢的废物，如含氮物质等排出体外，冲掉体表微生物，并润泽皮肤，使皮肤表面维持酸性，以防止细菌对人体的侵袭。

人体汗腺的主要作用在于控制汗液的排泄，而控制汗液的排泄有两种因素，一是环境的温度和湿度，控制着全身躯干、四肢的汗液排泄，以调节体温；另一种是受情绪和神经的刺激，手脚掌会大量出汗。有些人在气温低的情况下也会出汗，就属于病理性的出汗，常见于下列几种病因：

1. 甲状腺机能亢进：临床上除怕热多汗，还伴有易怒、失眠、手颤抖、多食反瘦、心情烦躁、目光惊恐等合并症状；

2. 休克：引起休克的原因很多，常见症状为昏厥多汗，并伴有喘气、作呕、脉搏加速和皮肤苍白湿冷等现象；

3. 低血糖症：病人在发作时血糖会突然下降，刺激交感神经兴奋，由于儿茶酚胺（Catecholamine）的分泌，造成出汗、颤抖、心搏过速、焦虑与饥饿。中枢神经系统的症状包括：眩晕、神智不清、视觉异常以及全身痉挛；

4. 植物神经功能失调：多发于年轻人，因青春期植物神经功能失调，常见大汗淋漓、面部潮红等现象，房事后也易流汗，尤其是下半身最为显著。有些体质虚弱、妇女更年期或肥胖症病患，也会出现出汗异常增多的状况。本病患者除多汗外，还伴随有发热、食欲不振、玫瑰糠疹、腹胀、脾肿大及反应迟钝等症状；

5. 急性心肌梗塞：此类病人可出现类似心绞痛的胸痛，且强烈而持久（超过 30 分钟），可在休息或服用三硝酸甘油酯（nitrlglycerine）后得到完全的缓解。常有多汗、恶心、心搏过速、焦虑不安等症状；

6. 嗜铬细胞瘤：此病患者汗量极多，可呈现阵发性或持续性出汗。发作时常出现头痛、血压突然升高、面部惨白或时而潮红，并伴有心慌、手抖、四肢冰冷等症状；

7. 药物中毒：服用某些毒药，如有机磷农药、铅、汞、砷等，均可在中毒后出现多汗现象。

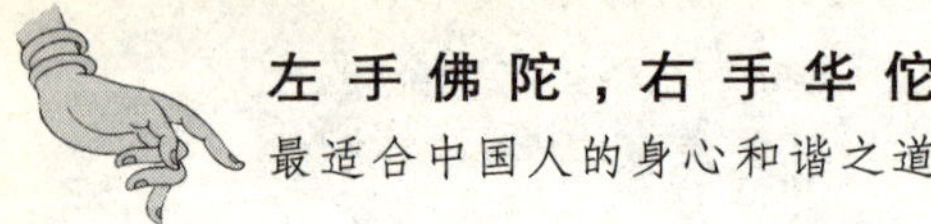

至于有些人服用药物后会突然出汗，这是因为发汗中枢在解热时很容易受到刺激，所以发烧时会流很多汗，以达到退烧的作用。其中又以肾盂肾炎、败血病、急性肺炎等疾病退烧时流汗最为明显。

男看精液，女看白带

通过仔细辨别男人的精液和女人的白带是否正常，可以发现身体的一些征兆。

精液由精子和精浆组成，其中精子占10%，其余均为精浆。它除了含有水、果糖、蛋白质和脂肪外，还含有多种酶类和无机盐。精液中含有锌元素。有些男性受到封建迷信的影响，对自己的精液特别重视。古人有“一滴精，十滴血”之说。其实，这是完全错误的说法，是没有科学根据的。

但在日常生活中，常有不少人对精液的量、浓稠度以及颜色等常识问题懵懵懂懂，引起许多不必要的恐慌。

一个男人从第一次遗精起到生命的终止，体内一直存在着精液，一个人的精液多少是无法计算的。梦遗、手淫和性交次数多则精液消耗量大，但精囊、前列腺、尿道球腺与身体其他腺体一样，只要功能正常，就会源源不断地分泌精液，所以精液不会枯竭。精液过少的原因可能是由睾丸功能异常，内分泌紊乱，精囊、前列腺疾病或尿道狭窄造成的。这类的精液过少容易鉴别，只需禁欲或禁止手淫5~7天后再排一次精液便可查知，精液较前增多者没有疾病，否则为病理性精液过少症。

那么，精液过多好不好呢？与精液过少的情况相似，精液过多（超过7毫升）也是一种病态，大多由精囊炎症引起。精液过多的实质是精浆分泌或渗出过多，而精子的总数并没有变化。这样很显然会引起精液中精子的密度降低，影响受孕机会。过量分泌的精浆因炎症等病理因素的影响，会干扰精子的活动和功能。

一般来说，正常的精液应该呈半透明蛋清样乳白色。久未射精的人的精液可呈淡黄色，且较黏稠。但是，也有不少男子发现自己的精液有时呈乳白色，有时呈淡黄色，还有时呈红色或淡红色，这是怎么回事呢？

当男子生殖道有炎症时，精液可呈黄色，在显微镜下可见大量脓球。有些男子在某次射精后可能发现精液变成粉红色，或者混有血丝，这常使他们大吃一惊，以为得了绝症。其实，这种情况大多数是由精囊的炎症引起的，是一种症状轻、预后好的疾病。精囊罹患炎症引起充血、水肿时，很容易出血，当精囊的分泌物和精液通过精囊时，就会与血液混合产生血精。另外，前列腺炎常累及精囊，也可产生血精。对此，只要暂停房事，在医生指导下服用抗生素和止血药，病情多能得到控制。

白带是女性进入青春期后，从阴道里流出的少量带黏性分泌物，它是由阴道黏膜渗出液、脱落的上皮细胞、子宫颈黏液、白血球和少量的前庭大腺分泌液组成。正常的白带为乳白色，无气味，无刺激性，量不多，呈蛋清样或稀糊状。

白带是女性生殖器官有益的“防御武器”，它流出时可以滑润、保护阴道，抑制致病微生物的生长。更重要的是，可以通过白带的颜色、气味、多寡的变化，了解生殖器的病变情况，辅助诊断妇科疾病。

正常情况下，白带的质和量随月经周期而发生变化。月经干净后，白带色白、量少，呈糊状。在月经中期、卵巢即将排卵或妊娠期，由于子宫颈腺体分泌旺盛，白带增多，透明、微黏、似蛋清样；排卵 2~3 天后，白带变混浊、黏稠而量少；在行经前后 3~4 天内，因骨盆腔充血，阴道黏膜渗出物增多，白带往往比平时增多且黏稠。此外，性生活时，生殖器官充血，分泌液增加以润滑阴道，白带也会增多；体力劳动或长途旅行时，由于子宫颈内膜细胞分泌旺盛，白带也会增多。

不过，如果白带的颜色改变、数量增多，白带中混有脓血，甚至发出气味或臭味，即预示某些妇科疾病或其他疾病的发生。

泡沫性白带

这种白带多数是由滴虫阴道炎引起的。除了白带增多外，往往伴有外阴、阴道瘙痒，倘若有合并感染化脓性细菌，则白带会呈黄脓样，且有泡沫。血性白带即白带内混有血液。出现这种白带，应警惕患恶性肿瘤的可能，如子宫颈癌、子宫体癌等。有些良性疾病也可出现这种白带，如黏膜下肌瘤、阴道炎、子宫颈息肉、重度慢性子宫颈炎及由子宫颈内节育器所引起的副作用。

脓性白带

白带过浓，多由脓细胞、炎症渗出物、坏死的上皮细胞等，加上细菌的作用，使白带呈黄色或黄绿色，且有臭味，由生殖器官发生感染所致。脓性白带常见于子宫内膜炎、慢性子宫颈炎、子宫腔积脓、滴虫性阴道炎及老年性阴道炎等。

豆渣样白带

白带中混有豆渣样白色块状物，有时，这种白色物质可粘附在阴道壁上，不易脱落，这是霉菌性阴道炎的表现，常伴有奇痒，糖尿病人特别容易罹患本病。

无色透明黏性白带

性质与鸡蛋清相似，或稍有混浊，但除白带增多外，很少有其他症状，这种白带多见于慢性子宫颈炎及使用动情激素后。

第五章

左手佛陀，帮自己超脱尘世间的琐碎烦恼

心灵宁静方能致远。真正的精神寄托应是人与自然的天人合一，灵性融合才能回归自然，才能回归质朴无华的童真。在现实中，守一份真，守一份诚，去一份浮，去一份躁，无论在哪里，无论在什么喧嚣的环境之中，都能有一片属于自己的精神家园。

90%的烦恼是由于追求错误的事物所致

审时度势，因地制宜。选择正确的，放弃错误的，人类的大智慧就尽情彰显在这一放一收之中，回报给你的将是一个平和快乐的心境。

人活着是要有追求的，但是如果追求的东西是错误的，那么人生就会痛苦。人之所以痛苦，常常是因为追求错误的东西。这个时候，人最重要的是学会调适自己；如果你对目的太急切，把目标定得太高，你就得赶紧调整一下，然后再循序渐进地进行下去。如果你追求的方向有偏差，那就赶紧拨正航向。人生应该有追求，但是应当追求适合自己的、正确的东西。

在魏晋时期，人们不把功名与财富当做追求的标准，而是重视人们内在的修养，所以才有王羲之的《兰亭集序》；两千年无出其右者，所以才有竹林七贤让当代人津津乐道的故事。而当年的达官显贵，早已不见了踪迹。

而现在，人们的追求中有很大一部分不一定是对的，这是因为人们的欲望太强了，总是不知道满足，想得到更多的不切实际的东西，于是会有更多的痛苦产生。

在现实生活中，总有一些人喜欢用别人的标准来衡量自己，当发现自己不如别人时，便会产生心理不平衡感，进而苛刻地要求自己一步步地接近这个标准，甚至超过这个标准。殊不知，这种做法是非常不可取的。别人的标准未必适合自己，这就如同穿小鞋，怎么穿都不合脚。

老陈年轻时，就在县机关里上班。那时，他和他的一位同学都是从机关的基层干起，可是没过几年，人家就被调到市里去了，后来又一路顺风地调到了省里，官是越做越大，人也越来越意气风发。

可是老陈呢，他的运气就不那么好了，他在那个位子上一待就是20年，从年纪轻轻眼看熬到了斑斑白发，却还只是个小公务员。他一想起和自己同时毕业的那位同学，如今已经是省领导了，心里就非常嫉妒，自己哪方面比他差？想当初在学校的时候，自己门门功课都比他好。再想想俩人有着天壤之别的今日，老陈就极为憋气，心里就像猫抓一样难受。

有一天下班后，他心情不好就去了一家餐馆，一个人在那里喝闷酒。因为人多，有人就坐在了他的对面，看他闷闷不乐就问他："看您心情不好，为啥事发愁呢？"

老陈一仰头，把一杯酒喝了个底朝天，叹了一口气说："你不知道，我这辈子真够倒霉的，我在机关里熬了20年了，如今还在原地踏步。"边说边给自己的酒杯倒满酒，"可是和我一起毕业的同学早就爬到省机关当头儿了，你说我怎么这么命苦呢？他有什么能耐？他凭什么就受重用？不就是嘴巴甜一点吗？"

老陈看到并不比自己优秀的同学却步步高升，而自己却没有任何进步，便产生了严重的心理不平衡。试想一想，如果他没有与他的同学相对比，即便不能升官，他也不至于如此斤斤计较，也不会如此的失落。说到底，这是老陈在拿别人的标准衡量自己、要求自己，这就如同穿了一双不合脚的小鞋，越往前走越觉得不舒服，如果还要一味地往下走的话，那么就会有更大的痛苦在等着自己！

人的一生是短暂的，所以不应该把时间浪费在错误的追求目标上，人在不同的阶段有不同的目标和任务，认清自己在不同时期应该追求的东西并为之不懈努力，这样人生才会有价值，人生才不会有痛苦。自己不断地超越自我，就会不断地得到升华，也就会使自我价值不断实现，人生才能走向完美。

知足之人会常感快乐

知足则常乐。永无休止的贪欲只会蒙蔽了自己的心灵，走向痛苦不堪的境地！

《老子·俭欲第四十六》中说道："罪莫大于可欲，祸莫大于不知足；咎莫大于欲得。故知足之足，常足。"意思是说，罪恶没有大过放纵欲望的了，祸患没有大过不知满足的了；过失没有大过贪得无厌的了。所以知道满足的人，永远是觉得快乐的。

知道满足才会获得快乐，满足是最真实的财富，而贪婪则是罪恶的谢薮，最真实的贫穷。

有一位农民，他常年住的是漆黑的窑洞，顿顿吃的是玉米、土豆，家里最值钱的东西就是一个盛面的柜子。可他整天无忧无虑，早上唱着山歌去干活，太阳落山又唱着山歌走回家。别人都不明白，他整天有什么好高兴的？他说："我渴了有水喝，饿了有饭吃，夏天住在窑洞里不用电扇，冬天热乎乎的炕头胜过暖气，日子已经过得无比幸福了！"

这位农民能珍惜自己所拥有的一切，从不为自己的贫困而苦恼，这也许就是他感到快乐的原因。其实，很多人所拥有的远远超过了这位农民，可是，他们却很难注意到自己所拥有的东西，而更多的是关注与渴望一些自己还不曾到手的东西。

其实，每个人都在寻求着自己所谓的幸福。而幸福原本就在我们的身边。只是由于人们过于追求物质上的富裕，太追求一种形式化的生活，而将"真正的幸福"给忽略了。

《伊索寓言》告诉人们，"贪婪往往是祸患的根源"，"那些因贪图大的利益而把手中的东西丢弃的人，是愚蠢的”。欲望是催促我们前进的动力，这种欲望来自我们对事业的追求、对生命的渴望、对家庭的责任，为此哪怕付出一生代价都心甘情愿。当我们一切如意时，甚至是处于人生巅峰时，是否还不满足于现实而需要用贪婪来满足自己的欲望和一己私欲。电视上有时会播放对监狱服刑人员的采访，采访中，这些人都流露出后悔的心情。这也让我们深深地感受到了“知足与贪婪仅有一步之遥，知足方常乐”。仅此一步，他们就丢掉了工作、地位、名誉，重要的是失去了家庭、亲人、朋友，让自己身败名裂，一生追求都离他而去。

托尔斯泰写过一个故事：有一个农夫，每天早出晚归地耕种一小片贫瘠的土地，累死累活却收效甚微，一位天使可怜农夫，就对农夫说，只要他能不停地跑一圈，他跑过的地方就全部归其所有。于是，农夫兴奋地朝前跑去。跑累了，想停下来休息一会儿，然而一想到家里的妻子儿女们都需要更多的土地来生活，又拼命地再往前跑……有人告诉他，你到了该往回跑的时候了，不然你就完了。农夫根本听不进去，他只想得到更多的土地、更多的金钱、更多的享受。可是，终因心衰力竭，倒地而亡。生命没有了，土地没有了，一切都没有了，欲望使他失去了一切。

泰戈尔说：“顶不住眼前的诱惑，便会失掉未来的幸福。”所以，我们不应该因一时的贪念而做出错误的决定。应该学会满足，在满足中寻找快乐。满足是在一定程度下达到自己欲望的目标，不为嫉妒和不安所困扰。“知足者，方常乐”。我们应该以积极、审慎、正确的态度去对待人生，不应恣意膨胀自己的欲望，去追求那些不现实的目标，甚至于不择手段、不计后果、不惜代价，我们要学会在欲望中不断追求、不断满足。

走入山中，感受心灵的开放与宁静

人类是如此渺小，自己犹如山径旁的一株小草、一朵野花，只是随着自然的法则生灭罢了。

禅宗说："一年春尽一年春，野草山花几度新；天晓不因钟鼓动，月明非为夜行人。"明月不因夜行人而明亮，黎明不因钟鼓的催促而来临，大自然从不为谁而停止运转！活在俗世的我们，总以自我为中心，往往以主观的好恶来诠释外在事物，任何外境稍不如己意，就嗔恨恼怒或怨怼无量，好像世界必须依"我"而转动似的。

在杳无人烟的深山，山壁野花怒放灿烂，林中叶片迎风舞动，树下野果静静掉落满地，悠扬鸣唱的山鸟，在眼前蓦然展翅而去……万物是如此怡然自得，依其自然的轨道生活，何曾因"我"而改变？不论"我"喜欢与否，它们依旧这般生起、消失，"我"又岂能掌控外境的一分一毫呢？

行到无路处，躺在寂静无人的山径，仰望天光云影，静听风声竹涛，感受万物来去生灭……霎时，仿佛那个执著的"我"，以及所执著的对象——"我所有"，都消失得无影无踪了！天地间，只剩下无常的自然法则，而无一个常存、主宰的实体，一切都在生灭、生灭之中。

世间的名位、金钱、权势，是人人希望获取的，烦恼的产生，往往在于欲求不满、贪心不足，以致汲汲营营、惶惶度日。若能对世界无所求，随缘任运，就能心无挂碍，平静安详。想起有些人因世间带来的痛苦而厌世自杀，但问题不在世间，而是自己的心被世间所转，该学习的是置身其中，而不是着于世间！

有人问大龙智洪禅师："什么是微妙的禅？"

智洪禅师回答："风送水声来枕畔，月移山影到窗前。"

空中，梧桐落叶飘零；眼前，萧瑟秋花凝霜。一位秀才问赵州禅师："此情此景，如何感悟人生？"

赵州禅师淡淡地说："不雨花犹落，无风絮自飞。"

投子大同禅师与嵇山章禅师在室外品茶。大同禅师指着茶杯中倒映的青山绿树、蓝天白云说："森罗万象，都在里边。"

章禅师将茶水泼在地上，然后问："森罗万象在什么地方？"

大同禅师说："可惜了一杯茶。"

这就是禅，禅者的态度，禅者的智慧。

一位禅僧向赵州请教："怎样参禅才能开悟？"

百岁高龄的老赵州像是有什么急事，匆匆忙忙地站立起来，边向外边走去边说："对不起，我现在不能告诉你，因为我内急。"

刚走到门口，赵州忽然又停住了脚步，扭头对禅僧说："你看，老僧一把年纪了，又被人称为古佛，可是，撒尿这么一点儿小事，还必须亲自去，无法找到任何人代替。"

禅僧恍然大悟：禅是一种境界，一种体验，如人饮水，冷暖自知。禅的感悟，是别人无法替代的——想要知道梨子的滋味，你必须自己亲口尝一尝。

真正的精神寄托应是人与自然的天人合一，灵性融合，回归自然，回归质朴无华的童真。培养心灵的宁静，能使人化气宽心、大量谦恭、灵光独耀、言语道断。学会独自享受心灵的宁静之美，让我们从红尘喧嚣、物欲弥天的烈焰中走出。

能常常拥有宁静是一种非凡的气质，尤其是全神贯注地独享时，你能感觉她的力量足以穿透一切事物，让我们愈发触及到生命中心灵的冰冷和温暖，从而开阔自己的胸襟，让心灵直达"心随长风去，吹散万里云"的境界。她以坚韧无比的力量呵护着内心，克服着不安、烦扰和躁动的追求，守候着内心的静谧。

回归大自然，寄情于山水吧！天地在大自然中变大变宽，那是因为心灵可以自由地飞翔了，精神可以在这里自由地舞蹈了。在这里，你可以卸下白天的面具和压力，给心灵找一个舒适的休息处。

观照"心的天空"，让欲望自生自灭

人们执著于什么？为何执著？因为见过，所以他们执著于曾见过的事物或人。如果当它们生起时无法观照，执著即生起。

真正摆脱了纷杂欲望的人，是明白于自己生命的展现方式，而不是在于语言的表达！你的身心活在这个世间，你得大自在，不偏不倚、不染不住、不取，而万法对你都没有妨碍。"若能无心于万物，何妨万物常围绕"。

所谓精进，现在的社会只能用如实观照的方法：从早上起床到晚上睡觉，不管做什么事情，只要加上一个观照。开始我们的习性很强，容易散乱，容易被外境干扰，所以辛苦一点，专注力较强，跑掉了，抓回来，又跑掉了再抓回来。但是，如果你慢慢地把这个观照力加强的时候，你就不用起心动念再把它抓回来，它不会跑掉的。我们只要时时系念在前，习惯了，路熟了，这个时候的观照力就不用起心动念了。你觉得：你活着，从你意识醒来的那一刹那开始，你就开始观照了，你不会离开观照的。当你能够做到这样时，你就会发觉：其实修行也不难！如实观照就是在这个社会中时时刻刻摄心的方法。

观心伊始，就是观照自己的起心动念，也即所谓的"妄念"——心中的念头、情绪、思想、感受、想法、观念、见解等等。尽量不加评判地看清这些念头在心中的生灭来去，而不为之所动，只是静静地"看"。

一般人的生命，根本就不属于自己，而是完全随着环境在团团转，为了别人的错误而自我折磨。我们不要把错误当做是一种罪恶，如果错误是一种罪恶，那么一个成功者，就是一个累积满身污秽的人。

世界上种种的繁荣虚华，并不能使你得到真正的快乐，因为刺激只能是片刻的，无法享受永恒。运用眼、耳、鼻、舌、身、意所求来的快乐，通通都是暂时性的。好比看一场电影，听一场演奏，场散、曲终，终有结束的时候。而人们总妄想在片段中抓住永恒，奈何依然做不到。因为世间的真相就是无常，有生必有灭，有合就有离，一切皆如梦、幻、泡、影。

人的一切行为无不是念头在操纵与左右着。而我们从没有学习过如何去认识自己的起心动念，更谈不上去管理与控制了。因此，就形成了我们无可奈何的人生际遇。所以，我们应当了解，找回自己内心的宁静，念念观照一切皆是无常。这样，遇到任何逆境就自然放得下，而能解脱自在、远离烦恼，这样才是懂得享受生命的人。

维持心境平衡，如屹立山谷间的一棵树

心理状态的好坏直接影响心境状态的变化。不同的心境可以使人对周围的一切都染上各异的感情色彩，以致影响到个人的一生，同时还辐射其生活和工作中的群体。

心境就是心情，是指人的感情状态。它是一种从心理上反映出来的苦与乐、悲与喜。人在不同的内心活动下会表现为兴奋或者不快的情绪，这样一来也就有了不同的心境。心境展现一段时间里相对持续的情绪状态，但同时又受头脑反映客观现实的过程所拨动。

中国自古以来就讲阴阳平衡，但是这种平衡是相对的而不是绝对的。

人生病了，总体上来说阴阳不平衡。阴盛阳衰、阳盛阴衰、阳气不足、阴虚火旺。大自然也是一个阴阳平衡体。天为阳地为阴，日为阳月为阴，只有大自然平衡了，才能给人类提供生存的环境。

当心灵处于平衡状态、长时间沐浴阳光时，即使寒冷突袭，心灵的阳光也会融化霜雪。乐观阳光的人，常常悦纳于现实，并把困难挫折当做磨炼意志、增长能力、发展提高与完善自我的大好时机，在困难挫折面前，精神抖擞，兴奋异常。这愈挫愈坚、笑对困难的乐观情怀，使他们赢得了更多发展与成就自我的机遇。

倘若心灵即将走过漫漫冬夜，正要步入平衡状态时，偏偏却又吹来一阵狂风，阳光也不见踪影，此时，若不及时调节，仍有可能再酝酿一场心灵风暴。此时正处于从失衡走向平衡的临界点，此时正需要特别关注。向前一步，也许心海会风平浪静；退后一步，心海会浊浪滚滚。此时，若能得到他人的关注、引导和扶持，若当事人愿意接受这善意的援助，也许会在经受住这一次考验后，走过心灵的黑夜。如若灰心丧气，再遇上外界的负面刺激，心态则有可能再次彻底失衡。

一个老僧人总结了自己的养生之道：

一是心要怡。人生旅途不可能一帆风顺，只有保持快乐的心境，坦然面对生命的挑战，笑对人生，就会做到自寻其乐、自得其乐；

二是心要静。在心灵的深处要保持一种恬淡安谧和自在的境况，面对钱财名利不动心；

三是心要善。善良可以说是养生之源，多说善言、多行善事，久而久之，心灵便有一种欣慰之感，一个惯于乐善好施的人，心境无疑永远是平衡的；

四是心要安。当一个人内心世界安详的时候，就不会有太多的烦躁与不安，这就要做到淡泊名利，永葆一颗平常心，这样必然就会与快活相伴；

五是心要宽。心宽的人能包容一切，不仅能接纳外在的世界，而且内在的世界也是开放的，常常宽厚多恕地待人处世，人际关系自然就十分宽松和谐；

六是心要诚。诚字值千金，千金难买一片心。你拥有诚心也就拥有了朋友，可排遣不良情绪，倾诉的对象就会多起来，缓解了生活之压力，就会拥有乐观向上的心态；

七是心要正。有句老话叫做“不做亏心事，不怕鬼敲门”，只要我们一步一个脚印，堂堂正正地生活，清清白白地做人，就必然会顶天立地，活出滋味来、活得潇洒。

老僧人的养生之道或许能给我们一些启迪，只要我们能用心地去守住我们的那颗心，无论何时何地，让心房充满阳光，我们的灵魂以及伴随灵魂前行的万物也就会暖意融融、春之盎然。

一个人若心态好，世界上一切都会变得很美好。人的一生，从来都会是不是天堂就是地狱、非此即彼的选择，而总是在这两者之间有一种平衡力量的显示。寻找这样的平衡，便会寻找到生活的艺术，寻找到生命和人生的意义。

把欲望握得太紧反而会一无所有

握得紧并不代表你已经完全拥有。怀着平和的心态，淡看世间的得失，让紧缩的心舒张开来，对着世界大声地喊：“我不怕失去，因为我不会失去。”

社会变化得越来越快，人心也变得深不可测，生活在其中，表面上风平浪静，实际是如履薄冰。我们总是希望能抓紧所有的幸福，但是正因为抓得太紧，反而事与愿违。就像手中的沙子，你越用力握紧，流失得越快。手心的压力让沙子不堪忍受，迫不及待地想要逃；同样，如果你把人生过得太紧

绷，不允许有任何的失误，那么世界就像沙子一样从你手中溜走。你害怕打开手掌，你害怕它们并不是自愿跟随你的，你害怕自己一无所有。所以，你握紧了手，用尽心力和各种手段。不管任何时候，都不敢有丝毫的松懈。

但是，握得紧就是拥有吗？在男女朋友分手的千万个理由中，有一条不可忽视，那就是自由的呼吸空间。比如说，你好不容易找到一份工作，特别满意。既是自己的兴趣所在，又工资高待遇好。你一下子像进了天堂，简直不敢相信自己的眼睛。你是这样在乎，所以任何时候都不敢有丝毫的松懈，唯恐一眨眼就没了。你事事抢风头，你连夜加班，你提出尽可能多的方案，你把能想到的事情都做了。这样，自然获得了公司的认可。但是，你不是铁人。如此高强度的操劳，使你很快就累倒了。而这个时候，你还没有转正。公司会养一个需要在病床上呆一年半载的人吗？自然不会。你的小心在意反而令你越快地失去了工作。

有的时候，你自以为抓紧了，却反而在失去，而且失去得更快。越在乎，就越想抓住，越抓得紧越失去得快。这是一个必然的过程。凡事都看得淡然一点，为人要自信一点。是你的就是你的，不用费尽心力去抓紧；不是你的就不是你的，你再去伸手抓也不会得到。

人生有时就像弹钢琴，你不可能只触黑键不碰白键就能奏出美妙的音乐。所以，真正精彩的人生，就好比经典的围棋棋局，黑白交错，互相打入互相侵削，互相渗透。在几十年的光阴之中，说长也不长，说短也不短，人们都尝过痛苦也享受过快乐，并且悟出了一些道理：知足知不足，有为有所不为。

你的世界是你开辟出来的，是以你为核心而存在的。你只需要摊开手掌，慢慢欣赏就好。怀着平和的心态，淡看世间的得失。如果你觉得过得太过紧绷，如果你想轻松地开怀大笑，如果你想像一个孩子一样无忧无虑地吃顿饭，那么，请把你的手掌打开，让紧缩的心舒张开来，对着世界大声地喊：“我不怕失去，因为我不会失去。”

第六章

右手华佗，情志是身心健康的调度室

所谓情志，就是指人从事某种活动时产生兴奋的心理状态。不良的情绪会刺激人体器官、肌肉或内分泌腺分泌出使我们身体器官、组织和细胞感觉不舒服的化学物质，伤害我们的身体。而愉快的情绪会刺激人体器官、肌肉或内分泌腺分泌出使我们身体器官、组织和细胞感觉舒服的化学物质，有利于我们的健康长寿。

情志是如何影响你肉体的

人是有思想有感情的，中医认为，喜、怒、忧、思、悲、恐、惊七情的活动是人们正常的精神活动，人的思想感情往往会受到周围环境变化和自身健康状况改变的影响。

任何疾病的发生、发展与人的精神状态都有着密切的关系。七情内伤既可以直接致病，又可以引起脏腑阴阳失调、气血亏损而间接导致病邪入侵，或由于七情内伤而致原有病情因之加重和迁延难愈。身心医学认为："疾病，不仅是发生在细胞和器官之上，更是发生在人的心理之上。"这句格言就是为了说明，尽管疾病直接表现在身上的某个部位，但完整意义上的疾病概念却是包括身心二个方面的，是人体整体功能发生了改变，因此要以整体观念对待疾病。

情志与健康有着密切的关系。所谓情志（绪），就是指人从事某种活动时所产生兴奋的心理状态。情绪可归纳为两大类：一类是不愉快的情绪，如愤怒、忧虑、恐惧、思念、悲哀、不满等。这种不良的情绪刺激人体器官、肌肉或内分泌腺分泌出使我们身体器官、组织和细胞感觉不舒服的化学物质，不利于我们健康长寿，因此疾病就产生了。另一类是愉快的情绪，如欢喜、快乐、高兴等，这种良好的情绪刺激人体器官、肌肉或内分泌腺分泌出使我们身体器官、组织和细胞感觉舒服的化学物质，有利于我们的健康长寿。

中医学中，七情即是指喜、怒、忧、思、悲、恐、惊等七种不同的精神情志变化。在正常情况下，随着外界不同因素的刺激，而有不同的精神情志变化。有节制的精神情志变化，属于正常生理范围，不会引起疾病。相反，当刺激过度，持续过久，超过了正常的适应能力，就成为一种致病的因素，便可产生疾病。

七情致病伤及内脏，主要是影响脏腑的气机，使脏腑气机升降失常，气血运行紊乱。不同的情态刺激，对气机的影响也有所不同。七情影响脏腑气机的病变规律，《黄帝内经·素问》中将其概括为："怒则气上，喜则气缓，悲则气沉，恐则气下……惊则气乱……思则气结。"七情致病的表现虽病证各不同，但基本病理在于气机的失常，有的是气滞不行，有的是气机紊乱，有的是升降反作。

情志伤心。喜可使气血流通、肌肉放松，益于恢复机体疲劳，使人心情舒畅。但欢喜太过，则损伤心气。气血突然急剧涌动，容易引起心脑血管破裂。如《淮南子·原道训》曰："大喜坠慢。"阳损使心气动，心气动则精神散而邪气极。出现心悸、失眠、健忘、老年痴呆等。

情志伤肺。忧（悲）则伤肺，若过度悲泣之后会出现周身倦殆，气短乏力等肺气不足的症状，以致长期下去会严重损伤肺的功能。忧和悲是与肺有着密切牵连的情志，人在强烈悲哀时可伤及肺。出现干咳、气短、咳血、音哑及呼吸频率改变，消化功能严重干扰之症。

情志伤脾胃。中医认为："思则气结"，大脑由于思虑过度，使神经系统功能失调，消化液分泌减少。出现食欲不振、纳呆食少、形容憔悴、气短、神疲力乏、郁闷不舒等。

情志伤肾。惊恐可干扰神经系统，出现耳鸣、耳聋、头晕目眩、阳痿，甚至可以致人死亡。在生活中，通过恐吓的语言或恐怖的场景而把人吓死的事例是很多的，由此可见恐则气下的危险性。

如今，心理养生已引起人们的足够重视，想要健康长寿，其中最重要的经验是，祖畅情怀、精神豁达、情绪乐观，杜病于未萌。为此略举数则，以供参考。

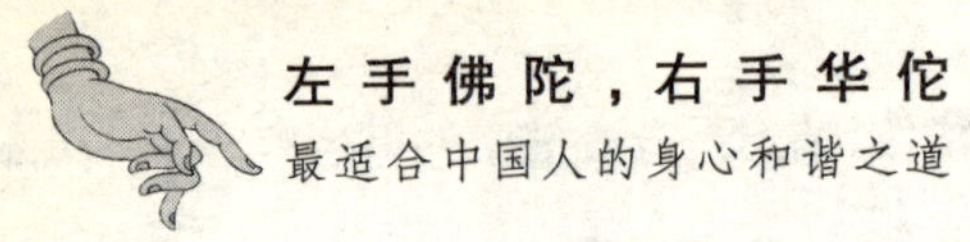

一则制怒

《内经》指出："百病之生于气也，即则气上"，"怒伤肝"，说明怒可致病。要保持健康，应克制发怒，大凡养生有素的"老寿翁"无不忌怒，应时刻铭记："长寿应止雷霆怒，求健须息霹雳火。"

二则解忧排愁

著名文学家冰心说："人生在世，不为个人私利操劳所累，心胸就会宏大起来，精神就会充实起来，心情自然就可以乐观，情绪自然就会昂奋。"当出现忧愁时，切不可"闭门独自忧"，而应走出庭院，跑步、打球、练拳、听音乐，以舒畅情怀。

三则摆脱悲伤

人们在欢乐的激流中，也难免会遇到一两件令人悲哀的事。如事业的挫伤、亡亲的悲痛、疾病的磨难、失恋的苦恼等，都会使人产生悲感，应以自发的精神来调节自我，驱散各种悲伤的情绪，树立雄心壮志，展望未来，使忧愁如云开雾散，开阔胸怀。

七情六欲与五脏六腑

世界著名长寿学者胡夫德兰在《人生延寿法》中强调指出："在对人的一切不利影响中，最能使人短命夭亡的，莫过于不好的情绪和恶劣的心境。"

中国医学向来重视心理卫生，强调生理卫生与心理卫生的统一。两千年前的第一部医书《黄帝内经》，重点阐述了精神因素和健康与疾病的关系。如《素问·上古天真论》指出："恬淡虚无，真气从之，精神内守，病安从来，是以志闲而少欲，心安而不惧。"这就说明了情志可影响脏腑躯体，消除私心杂念和各种烦恼，可永葆健康。

七情六欲是人类基本的生理要求和心理动态，是人性基础的基础，是人人皆有的本性，也是生活中的最基本色调。但人与人并不一样，七情六欲的表现也就有五花八门，正所谓七情六欲人人有，千差万别各不同。

何谓七情？三教九流各有不同说法。《礼记·礼运》说："喜、怒、哀、惧、爱、恶、欲七者弗学而能。"可见，情是喜怒哀乐的情感表现或心理活动，而欲是七情之一。奇怪的是，佛教的"七情"竟与儒家的"七情"大同小异，指的是"喜、怒、忧、惧、爱、憎、欲"这七种情愫，把欲也放在七情之末。中医理论稍有变化，七情指"喜、怒、忧、思、悲、恐、惊"七种情志，这七种情志激动过度，就可能导致阴阳失调、气血不周而引发各种疾病，令人深思的是，中医学不把"欲"列入七情之中。

那么，什么是六欲呢？《吕氏春秋·贵生》首先提出六欲的概念："所谓全生者，六欲皆得其宜者。"那么六欲到底是什么东西？东汉哲人高诱对此作了注释："六欲，生、死、耳、目、口、鼻也。"可见六欲是泛指人的生理需求或欲望。人要生存而不愿死亡，要活得有滋有味、有声有色，于是嘴要吃，舌要尝、眼要观、耳要听、鼻要闻，这些欲望与生俱来，不用人教就会。后来有人把这概括为"见欲、听欲、香欲、味欲、触欲、意欲"这六欲。但佛家的《大智度论》的说法与此相去甚远，认为六欲是指色欲、形貌欲、威仪姿态欲、言语音声欲、细滑欲、人想欲，基本上把"六欲"定位于俗人对异性天生的六种欲望，也就是现代人常说的"情欲"。

中医里的五脏是指心、肝，脾、肺、肾，六腑是指胆、胃、小肠、大肠、膀胱、三焦。五脏主要是贮藏精气，六腑主要是消化食物，吸取其精华，祛除其糟粕。

中医学在"形神合一"整体观的指导下，以五脏为中心，把七情归纳为喜、怒、忧(悲)、思、恐(惊)为五志，并分属于五脏。五脏藏有五神。即肝"在志为怒"藏魂，心"在志为喜"藏神，脾"在志为思"藏意，肺"在志为忧"藏魄，肾“在志为恐”藏志。“心藏神、肝藏魂、肺藏魄、脾藏意、肾藏志”——人的七情六欲都从这里发生，素质与性格也由此而形成。“挺起胸膛”是鼓起勇气；“挺胸拔背”表示自信十足，潜意识与显意识强盛且统一；“卑躬”则魄气短缩，委屈自我；总爱“满腹狐疑”的人经常意乱，脾胃难以舒放，易生溃疡，性格也不会开朗。

中医以七情、五志、五神与五脏相配应，用来说明人的情志活动是以脏腑作为生理基础的，特别是以“心神”来概括和总统人的精神情志活动。可见，人的七情活动是对客观外界事物刺激的反应。而腑功能活动的表现又要依赖五脏精气化为物质基础。故而陈无择论述七情病机。说：“喜伤心，其气散”、“怒伤肝，其气击”、“忧伤肺，其气聚”、“思伤脾，其气结”、“悲伤心，其气急”、“恐伤肾，其气怯”、“晾伤胆，其气乱”。人们常因工作、学习、生活以及突发事件等逆境或变故，使之不能适应相互变化且无力调整波动的情绪。特别是那些意志薄弱的人，受到七情中某种情志过于强烈、持久、频繁的刺激，造成脏腑功能紊乱、气血不和、阴阳失调、经脉阻滞，容易发生多种心身疾病。现代医学研究证实，原发性高血压、冠心病、支气管哮喘、癌症等疾病的发生，都与包括七情在内的心理因素有关。

健康真谛：勤动脑体不动心

养生先养心，大喜、大悲、大怒，各种过激的变化都会扰乱人体的契机，契机紊乱了，各种疾病就会侵害我们，所以我们要“调情志，勤动脑体不动心”。

中医有一句话叫做勤动脑体不动心。人在社会中就得生活，就得工作。人要做事，脑子是“首领”，四肢是工具，脑和体是必须动的。你看老年人退休回家了，不看书不看报，老年痴呆来得快。天天动，老年痴呆就来得慢。

凡是长寿的，真正活到90几岁甚至100岁的老人，思维都非常清晰。他们几乎天天都在读书看报，经常出去活动。因为人老腿先老，四肢如果不运用，时间长了就开始衰退。有很多老年痴呆病人，一天傻吃闷睡，他的脑子越不用，他的记忆力就越差。

《黄帝内经》中说道："头为诸阳之汇，四肢为诸阳之末。""阳气者若天与日"，阳气需要动，不动就会老化。因为脑袋是用的首领，四肢是用的工具。因为它是用的范畴，你不用它，它就会坏。所以四肢要经常用。但是五脏藏精而不泄，心不能动，心要一动就会导致五内俱焚。因此要勤动脑体不动心。

怎样才能做到不动心呢？在中国的文化中，舍的后面跟着的就是得。你只有舍掉了，你的得跟着就来了。得到的时候，得的后面就是失，所以得的时候你别太过高兴，因为得的后面可能就是失，得到的同时跟着的就是失。所以，如果你在自己的一生中，对待你的财富，对待你的事业，能够正确地看待得与失，你的心就会非常平稳。

中医讲，情志中最主要的是心。中医的文化中，说心之官则思，心主神明，神明就是思维活动、情绪变化。中国文化中，把人的形体和五脏分成了两个部分，一个叫做体，一个叫做用。说五脏为体，头、四肢等是用的部分，体的部分就是它最基础的部分，是五脏，如果你五脏安和，你的血脉就运行通畅。

所以，我们所产生的情绪变化，不仅仅跟大脑有关，它还跟心有密切的关系。当你觉得情绪不好的时候，如果心不觉得堵的话，你的病就不重；如果你觉得心堵得慌了，你的病就重了。"尽人事，智于圆，而行于方"。我们在考虑问题时尽量全面，处理问题时尽量果断。自己的事情做完了，谋事在人，成事在天。如果你觉得一件事无论是吃饭还是睡觉都舍不了、放不下的时候，这时候其实你就已经"动心"了，当你为一件事天天"动心"不已时，便离生病不远了。所以说，尽心但不动心才是做事做人的真谛。

更年期女性更要注意心神调养

女人在更年期会发生很多情志变化，保持一个良好的心态是重要的。拥有一份好的心情，经常和自己信任的人谈心，把心中的烦事、不顺心的事都说出来，必要时可以痛痛快快地哭一场。

人的生命过程中有两个阶段，一个是青春期，一个是更年期，这两个阶段都是情志最容易发生变化的阶段。因为这两个过程都是身体的重新组合，这时候重在调而不在治。

女人一过中年，便会无情地被时光卷入更年期的多事之秋中，也许，每一个女人都会对衰老产生恐惧。在我们这个崇尚年轻的社会中，衰老本身对她们来说就是一种心理压力。焦虑不安、心神沮丧、失眠健忘，这种感觉让经历过的人深有感触。

女人在更年期会发生很多情志变化。更年期中，随着女人的精血越来越亏，气血运行越来越弱，就会出现情绪波动，这时候千万不要把这个当病治，不要睡不着就吃安眠药，血压上去就吃降压药，情绪不稳定就用镇静药。因为这两个过程都是身体重新组合，这时候重在调而不在治，如果这时候你只用药物去压制它，会更加不调。因为本来是变化的阶段，过了这个阶段，自身调养适当，就会进入自然状态，但用药物控制就适得其反了。

很多女性都不明白，同样是更年期，为何有的人就能若无其事地安然度过？专家说，实际上更年期是否会出现不适症状，与本人的性格、家庭关系、社会环境等因素有密不可分的关系。有资料表明，75%左右的更年期妇女会发生轻重不一的不适症状，其中需要治疗的仅占 13%左右，有相当部分更年期妇女没有任何不适，而有症状的更年期妇女可以通过自身的心理调节和适当的调理来顺利度过这一生理过渡期。保持一个良好的心态是重要的，拥有一份好的心情，经常和自己信任的人谈心，把心中的烦事、不顺心的事都说出来，必要时可以痛痛快快地哭一场。因为悲伤时所流的眼泪能排除体内的毒素，哭泣后，情绪强度一般可减低 40%，健康状态会有所改善。

郁闷了要疏散。对女士来说，如果跟你先生吵架了，什么时候把你气哭再走，别气半截，因为生气的时候肝气特别旺，一哭，肺气便上来了，肺属金，肝属木，金克木，肺气一通肝气就通达了，如果气一半，肝气没下来，回来还得接着吵不说，还容易得病。我们说五脏是相互制约的，如果可以很好地调整情志，就可以少得好多病。女人在特别抑郁的时候大哭一场，或者大骂谁一顿，若能自如地嬉笑怒骂，疾病就不会找到你。有很多女人三四十岁的时候，甲状腺、卵巢、乳腺都会出现一系列的病变。为什么？因为 35 岁到 42 岁这个阶段，阳明脉衰，自身运化的能力弱了，而且这个年龄，上有老，下有小，在家里不能那么随心所欲了，在单位是顶梁柱，没人理解她，郁闷得不到疏散，这类疾病的发病率就非常高。这说明了情志和疾病的关系。所以过了 35 岁的女人要自觉地调整自己的状态，调整自己的情绪，这是有益于养生的。

在更年期的日常调理中，有些食物对缓解更年期的这些症状有一定的作用，是天然的更年期补药，如以下这 3 种食物，可以配合更年期女性的心神调养，让女人越吃越健康。

百合

亦为一种清补食品，有润肺、补虚、安神的作用。若女性在更年期出现心神失常、虚烦惊悸、神志恍惚、失眠不安等症状，最宜使用。《日华子本草》就曾说它具有安心、安胆、养五脏的功效。

莲子

性平而味甘涩，有益肾气、养心气、补脾气的功效。《本草纲目》中说："莲子交心肾、厚肠胃、固精气、强筋骨、补虚损、利耳目。"适宜女性更年期心神不安、烦躁失眠，或夜寐多梦、体虚带下者食用。

桑椹

当5~6月份桑椹呈紫黑色时，更年期女性宜常食些新鲜的桑椹果。正如《随息居饮食谱》中所说，它有"滋阴补肾、充血液、息虚风，清虚火"的作用。女性更年期出现肝肾阴亏、头晕腰酸、手足心热、烦躁不安、心悸失眠、月经紊乱时，常吃些桑椹，可以收到补肝、益肾、滋阴、养液的功效。虚液退而阴液生，则肝心无火，魂安而神自清宁。

养出好睡眠，远离亚健康状态

很多人认为睡眠只是一个生理过程，为了节约时间，他们认为少睡也没有什么不好。其实睡眠与健康是息息相关的。

亚健康从字面意思理解，就是介于健康和生病之间的一种状态，随着工作节奏的加快，生活压力的加大，人们容易紧张、苦闷，加之种种现实问题的困扰，许多人时常感受到身体的不适，包括失眠头痛、胃胀、身体局部的不适、食欲差。但在医院却检查不出任何问题。这些症状如影随形地对人身个体造成严重的困扰，使大脑的高级神经中枢和植物神经功能紊乱，伴随头痛、呼吸、循环、内分泌、消化等多个系统的不适症状，这就是医学界所称为的"亚健康"。

先自己做做测试，看看你是否也是"亚健康"一族：

1. 早上即使醒来也不愿起床，总想在床上，感到情绪有些抑郁；

2. 体重呈明显的下降趋势，眼眶深陷、下巴突出，经常出现早上起床有较多的头发掉落；

3. 昨天想好的事，今天怎么也记不起来了；

4. 害怕走进办公室，对工作厌倦，工作效率下降；

5. 不想面对同事和上司，工作情绪始终无法高涨。有自闭症趋势；

6. 不再像以前那样热衷于朋友的聚会，和同学交谈时有种强打精神、勉强应付的感觉；

7. 工作一小时后，感觉身体倦怠，胸闷气短。最令人不解的是，无名之火很大，但又没有精力发作；

8. 一日三餐进餐甚少，排除天气因素，即使口味非常适合自己的菜，近来也经常味同嚼蜡。感觉免疫力在下降，春、秋季流感一来，自己首当其冲，难逃“流”运；

9. 晚上经常睡不着觉，即使睡着了，又老处于做梦的状态中，睡眠质量很糟糕；

10. 对城市的污染、噪声非常敏感，比常人更渴望清幽、宁静的山水，渴望得到休息，盼望早早回家睡觉，却无法入睡。

如果有 5 个症状符合的话，就说明你已经进入了“压健康”一群了，而且符合的症状越多，表示你的症状越来越严重，需要及时地进行改善。

调查发现，导致人群处于“亚健康”状态的罪魁祸首就是睡眠不足。很多人认为睡眠只是一种生理过程，为了节约时间，他们认为少睡也没有什么不好。他们无法理解睡眠与健康息息相关，睡眠不足往往容易引起人体免疫力低下、情绪烦躁、焦虑不安、记忆力下降，同时还可能引发神经衰弱、高血压、心脑血管意外以及心理疾患等，甚至造成猝死；熬夜对健康损害极大，而健康损害了就很难再修复，仅仅是因为熬夜，导致身体疲劳和心理抑郁的亚健康状态——早衰、早病、早逝的现象也在不断地增多。

首先要正确认识到睡眠的重要性，睡眠不足或者作息时间不规律的危害，对精神的影响比身体更严重。睡眠时间一定要保证在6到9个小时，才是健康科学的睡眠。

有的人认为自己睡觉的时间达到了6至8个小时，第二天却依然没有精神应对工作，这是因为这类人群对自己的健康过分关心，心理暗示非常严重，认为一定要无梦、沉睡才是高质量的睡眠。过分关注梦感反而会增强梦感，梦感增强的结果反过来又加重对健康的担心、对失眠的恐惧，以致形成恶性循环。根本就无法获得安睡，睡眠的作用也没有充分发挥。

保证充足的睡眠，提高睡眠质量，是抵抗"亚健康"强有力的盾牌。在中医学中已经被证实，通过药材促进睡眠，改善亚健康状态，是行之有效的方法。人参、黄芪、茯苓、白术、山药、莲肉、砂仁、沉香、檀香、甘草、酸枣仁、龙齿、车前子、麦冬、茯神、茯苓、天冬、熟地、山药、五味子，远志、人参、肉桂、朱砂、甘草……都适用于多梦失眠、神疲困倦、惊悸不宁、精神恍惚、胸闷气短，达到养血益气、壮胆镇惊、安神精心的作用。

激发快乐想象，由心及身大松绑

我们可以尝试各种各样的方法，试图让自己的心情得到放松，但我们更应该懂得，正视烦恼，或者不把烦恼看得过重，快乐自然就会源源不断地来了。

亚里士多德在《论快乐》中认为，"快乐是正常品质的完善实现活动，当感觉能力和感觉对象都处于这种状态时，就必定产生快乐。"快乐是一种与灵魂的情绪、感受相关的东西，与实现活动息息相关，因而，我们甚至可以大胆从中得出结论，想要获得快乐，就必须展开积极的行动。想象，便是这种积极行动中的一种，利用想象来获取快乐，不但可以为我们带来真正的身心愉悦，还能让我们的头脑变得更加聪明。

激发快乐的想象，并不是一件很难的事情，只是常常在不经意间被大家忽视了，甚至有不少人根本就没有这个概念。

憧憬美好的未来

人类的潜能是一种非常奇妙的东西，人常说，人的潜能是无限的，就是等待着被激发。当自己感觉到疲倦困惑的时候，好好运用一下我们的意志力，乐观进取一些，想象经过努力之后能够带来成功的这些美好的憧憬，不仅可以使自己摆脱消极的情绪，缔造出一些积极的思想，还会在不知不觉中让你和成功走得更近。

对于未来美好的幻想，常常被人讥笑为“做白日梦”，但美国心理学家却给出了不同的答案，美国心理学家彼特说:“想象力是解决问题的钥匙，当人们百思不得其解时，‘白日梦’能为你提供钥匙。”在现实生活中，我们的言谈举止大多都是中规中矩，心理学称此现象为“人格面具”。而幻想往往超越现实，伴有一定的欣慰感，让人们的心绪变得更宽广。当人们沉浸其中时，现实世界变得很遥远，我们也不由自主地进入了一种梦幻般的陶醉状态。很多时候，这种陶醉的幻想可以让我们的视野变得更加开阔，也能令我们的心情放松。

但是，幻想毕竟不是现实，沉迷其中不能自拔对自己是不利的，但偶尔用来调节一下心情还是很好的。

想象爱与温情

现代医学研究证实，爱不但能健康养生，还能创造出许多美丽的人间奇迹。因为人在爱着和被爱时，体内免疫功能最重要的 T 细胞处于最佳、最兴奋、最健康活泼的状态，以致病毒无法入侵。当我们为一些事情伤心难过、一蹶不振、心情低落到谷底的时候，想象一下自己所获得的他人的关爱，可以让自己在最短的时间里获得新的崛起的力量，在安抚情绪的同时，还能令紧张焦灼的心情瞬间变得轻松愉快起来。

追忆美好时光

怀旧是一种常见的心理状态，可以以一种正常并且健康的方法来阐释，只要不过分，怀旧的积极意义还是对人们有很大的帮助的。它不仅可以帮助人调整心态，使人变得平和、返璞归真，还能帮助人从过去中认识自我，宣泄情感。就像我们通过游览名胜古迹去缅怀古人一样，从中可以汲取到很多宝贵的东西。

现代人的生活方式变化无穷，物质消费变得越来越普遍，积极健康的怀旧成为都市生活的新主题。因为过去的时光不会重现，因而变得美好，在对过去的人、事缅怀的时候，我们可以暂时忘却眼前的烦恼。有不少人喜欢保存自己儿时的玩具、友人的照片、同学间互赠的小礼物，还有不少人热衷于组织同学会、老乡会，不仅仅是为了缅怀，更是为了把目前的生活过得更好。

暗示潜意识的情志调剂术

心理暗示与人的潜意识心理息息相关，每个人都能通过积极的心理暗示，让激发人斗志的言辞产生作用；每个人也可能通过消极的言辞产生消极的心理暗示，让自己变得萎靡不振。

心理学家经过多年的研究发现，人们的心理力量是非常巨大的。人的心理主要是由有意识和无意识的两部分组成，而人的有意识心理只占据了很少的一部分，绝大部分的心理状况都属于潜意识的范畴之中。而心理暗示就与人的潜意识心理息息相关，每个人都能通过积极的心理暗示，让激发人斗志的言辞产生作用，同时，每个人也可能通过消极的言辞产生消极的心理暗示，让自己的境况变得很糟糕。

德国一家著名的研究机构发现，如果患者真的相信药物会发生作用，那么即便在不使用任何药物的情况下，也可以导致患者的大脑释放出止痛的物质，从而达到跟使用药物止痛几乎一致的效果。这一研究，从生理学角度进一步证实了心理暗示对于病人潜在的积极影响。

其实，早在 1932 年，欧洲生理学家舒尔茨和路德就引进了这种自我暗示的方法，并把它运用在放松疗法当中，叫做自律训练。自律训练，也即自我暗示训练，是要求人把意识信息传递到全身各部位来感受温暖和负重感，某些身体部位本来就应该有温暖和负重感，这个效果源自于这些部位的血管舒张。通过这两种最容易被感知的感觉训练，可以使人达到减轻压力、放松身体的效果。

尽管自我暗示具有相当大的功效，但具体到每个人还是会有不同的反应。心理暗示功能的强弱也是因人而异的。女性比男性较容易接受心理暗示，性格内向的人比自信开朗的人较容易接受心理暗示，因此心理暗示对于治疗许多消极情绪有着很明显的功效。

自我暗示的潜力不可估量，但更应该结合每个人的具体情况来使用。而自我暗示的放松疗法又是非常容易掌握的一种方法，每个人都可以根据自己的状况，在适当的时候，给自己一些积极健康的自我暗示，相信紧张的情绪会在瞬间得到释放，压力也会随之消失。

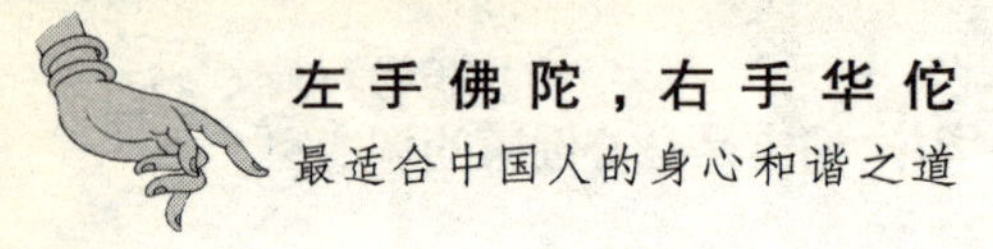

自言自语也是一种情志培养

当你遇到令你不满的事情，与其对别人发泄一番心理的郁积，弄得人际关系紧张，还不如自我倾诉一番。

自言自语，是小孩子们经常会表现出的一种行为方式，许多心理学家和教育学家发现，孩子们的自言自语，其实是一种无意识的自我调节。而成年人若是偶尔也能自言自语一番，可以帮助缓解压力，调节和放松紧张的心情。

当成年人有意识地通过自己跟自己对话的方式，或者假想有一个聆听者在聆听自己的倾诉时，那么这种自言自语本身也融入了自我暗示的因素。自己的声音可以帮助自己保持镇静。在进行一次大型演讲之前，很多人会在独自准备的时候假装自己站在台上，自己对自己演讲一遍，然后分析效果，以便发现一些需要改进的地方。这种方式也可以算是一种自言自语，在紧张的状态下，通过自己与自己对话，换个角度看问题，反而能把问题解决得更好，也安抚了紧张焦虑的情绪。

自我大声对话也是自言自语常见的一种形式。有的人在自己犯下了愚蠢的错误时，悔恨不已，一直将自己陷在内疚的情绪中而难以自拔。这个时候，他就很希望有个人站出来把自己大骂一顿，让自己心里好受些。找个无人的地方扮演这个骂人的角色，大声骂自己一顿，这对于克服自己的内疚心理很有帮助，也是一种很好的自我认识行为。特别是自己在为一些事情钻牛角尖，如果及时发现，并及时自我对话，有助于帮助你脱离困境，也有助于帮助你换种思维方式，也许问题就迎刃而解了。

心理学家还发现，睡觉之前躲在被窝里，自己跟自己发泄一番一天里的不满情绪，给自己讲些悄悄话，会非常有利于睡眠。这样，你就可以卸下一些负担，变得轻松很多，很快就能进入睡眠状态。

特别是当你遇到十分令你不满的情况，与其对别人发泄一通心理的郁积，弄得人际关系紧张，还不如自我倾诉一番。无论是你觉得委屈也好，愤怒也罢，都可以把自己当做聆听者。不少人在自我倾诉的过程中，委屈和愤怒的情绪会淡化很多，甚至还能从中找到自身的问题，很快就能原谅对方。这是因为，在自我倾诉的过程中，身体逐渐放松了下来，神经不再紧绷了，也能冷静而全面地思考问题了。

第七章

左手佛陀，行路时要纠正自己的错误观念

人一生中，需要在行路时不断地修正自己的方向，无论是在爱情、婚姻上，还是在工作、事业上，不同的选择会导致命运的迥异。人生的道路往往不是一条直线，而是一条跌宕起伏，形态万千的曲线。弯路虽然让我们懂得更多，但它毕竟会使我们追求幸福的旅程更长更苦。错误的选择会让人走尽弯路，辛苦一生却一无所获，或走入歧途，酿成人生悲剧。在行路的同时看清前方的路，做出明智的选择才会让人一辈子走得一帆风顺。

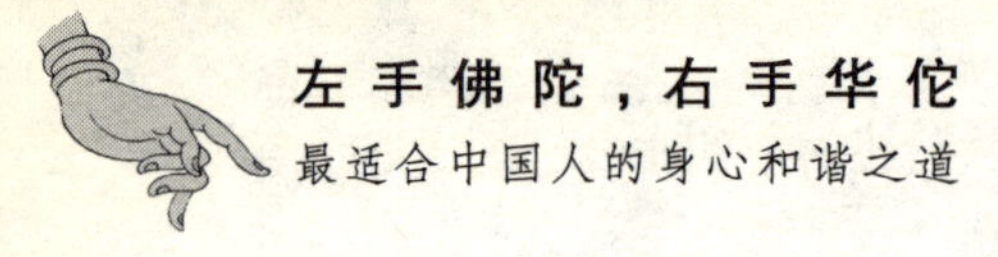

学会转弯也是一种人生的智慧

丢弃那些困扰你思想的小事，让我们把精力放在值得做的事情上，去设定伟大的目标，去经历人生的风雨，去做必须做的事情吧。

我们常常让自己被一些应该不屑一顾和忘却的小事情弄得心烦意乱……我们活在这个世上只有短短的几十年，所以，我们不该浪费那些珍贵的时间。丢弃那些困扰你的小事，让我们把精力放在值得做的事情上，去设定伟大的目标，去经历人生的风雨，去做必须做的事情吧。

事实上，抓住了大事，小事自然会顾及到。一流的人物大多具备无视"小事"的能力，在通往成功的奋斗之路上，他们是不会太在意路边"小老鼠"的挑战的。他们明白，如果要先搬走所有路上的障碍再行动，那你就什么也做不成，最好的办法，就是绕个弯子、避开钉子，不把时间浪费在无谓的牺牲上。

一个人每天都要做很多事情，其中有大事情也有小事；有令人愉快的事，也有令人心烦意乱的事。但是什么事才是最重要的呢?不在小事上浪费时间，是学会绕个弯子、避开钉子这门课的第一步。当你明白要把精力放在哪里最恰当时，智慧的人生已经离你不太远了。

弯路让我们走得更长、更苦，但让我们懂得更多。笑对弯路，收获更多。人生的弯路，均是走过方知其弯，因此，你若不会能掐会算、未卜先知，就难保不七弯八拐地偏离目的地，也许走了一程又一程却又回到原地，甚至倒退到距目的地更远的弯路上。很多人都希望走直线而不愿意走弯路，然而人生的道路往往不是一条直线，而是一条跌宕起伏、形态万千的曲线。

我有一位朋友现在身价过亿，他的公司旗下有十几个子公司，均涵盖了旅游、娱乐、餐饮、服装等行业，在商界影响极大。有一天他向我感慨，年少时他从南方的一个小山沟里走出，面对着繁华世界，有过迷茫、失落、恐慌、不甘，也有过激情、抱负、梦想。为生存跑过很多地方，也曾穷到全身上下只有5毛钱，也曾在太阳下扛水泥，豆大的汗珠湿透了全身。短短六七年的时间，做了将近100份工作，跑了七八个省份，最终选择开创自己的第一家小饭馆，后来有了自己的第一家公司，再后来有了第一家子公司，直到近些年来公司规模越来越大，发展得越来越好。朋友说，人们常感叹人生没有一帆风顺的时候，但有没有人想过，我们的人生怎会有那么多弯路？或许刚开始时我们确实绕了大弯，走错了方向，但走着走着，弯路也就变成了直路。你以为我们走过的那些路都没有用么？你以为我们所经历过的那些看似不必要的失误和难以避免的挫折、艰苦都没有用么？当然不是。它们早已在潜移默化中，成了促进我们发展的积极内驱力，也在潜意识中警告我们不要再犯同样的错。如果没有那七八年的东奔西跑，没有那么多弯弯曲曲的路哪有现在的苦尽甘来？

是啊，贫穷、厄运、失败、挫折、磨难、困苦、艰辛、付出而无所得，无时无刻不在困扰着我们的生活，人生路漫漫，希冀的平坦道路何来之有？而我们的力量又是那么微弱，难以与命运、与外界环境相抗衡，更难以改变什么。既然如此，我们唯有改变自己、适应环境，一步步走下去，在崎岖小径上更能磨砺自己，历练自己，提高自己。终有一天，你会发现，那些弯路早已被你走成了直路，而在豁然开朗处，是柳暗花明的又一村，是海阔天空的无尽生机。

多走一些弯路，未必就是浪费时间。别为此生气或过于不平，脚踏实地地走下去吧，把路走直，你就会有另一番的收获。

山不过来，我就过去

我们应该随着外在环境的变化而调整适应能力。不能改变别人，就改变自己；不能改变事情，就改变对事情的态度！

有一位大师，几十年练就了一套“移山大法”，许多年轻人慕名前来学艺。3年过去了，徒弟们却从来未能学到一句移山口诀，也未能一睹大师的移山绝技，可谓失望至极。

一天，众徒弟远望高山时集体发问：“从师多年，勤勤恳恳，师傅为何不教我们移山大法呀？”师傅说：“好吧，今天为师就教你们移山大法。”话音刚落，众徒雀跃。大师说：“仰望高山，闭目凝神，疾步奔走，谨听吾令！”众徒依令行事。少许，大师道：“好了，请徒儿们睁眼细看，是否已经临近高山？我的移山大法就是——山不过来，我就过去！”

至此，众徒方如梦初醒。

“山不过来，我就过去”八个字振聋发聩，足以让整天抱怨命运不济、世道不公、怀才不遇的才子们汗颜。有太多的事情就像大山一样，是我们无法改变的，至少是暂时无法改变的，在此种情况之下，随着外在环境的变化而调整适应能力，要比一厢情愿地抛出自我的呐喊，来得有智慧多了。

不能改变别人，就改变自己；不能改变事情，就改变对事情的态度！有这样认知的人，他的生活一定过得多姿多彩。

有位摄影师，年年给大会拍照。人数少则几十人，多则上百人。可是有个问题总是困扰着他：拍照片时老有人闭眼。为了统一步调，摄影师按照常规做法，高声叫道：“大伙儿请注意，我喊1、2、3！”这些人看了照片之后很郁闷：我90%以上的时间都是睁着眼的，你为什么偏偏在我闭眼的时候照呢？

后来，这位摄影师换了一种思路，大获成功。他请所有参加拍照的人都闭上眼，听他的口令，同样喊一二三，在“三”字时一齐睁眼。果然，照片冲洗出来一看，不仅一个闭眼的都没有，而且全都显得神采奕奕，于是皆大欢喜。

毋庸置疑，任何人遇上困难和不幸，情绪都会产生巨大的波动，然而当做任何尝试都无法再改变什么的时候，不妨学着适应。有时这种来自于适应后的融入，反而更能激发生命的潜能。等到你具备了一定的条件与能力的时候，该适应你的，自然就会被你臣服了。

看似最快的路实际并不一定是最短的路

两点之间，直线未必最短。把你的目光放远一点，去找最快的方法、最有效的途径，而不能被表面的长短所迷惑。

有一天，一家公司的一位职员匆匆忙忙去上班，他有一个非常重要的会议，是关于他个人晋升的事宜，偏偏今天早上起得迟了，今天若迟到，他的晋升肯定泡汤了。

所以，今天他不能迟到，最糟糕的是，他现在只剩下30分钟的时间，一般情况下坐公交的话，要坐一个小时。这个职员只有坐出租车，希望能来得及参加会议。

好不容易才让他拦到了一辆出租车，匆匆忙忙上车后，他便对司机说：“师傅，我很赶时间，拜托你走最短的路！”

司机问道：“先生，是走最短的路，还是走最快的路？”

职员好奇地问：“最短的路不就是最快的路吗？”

“当然不是，现在是上班高峰期，最短的路都会交通挤塞。你要是赶时间的话便得绕道走，虽然多走一点路，却是最快的方法。”

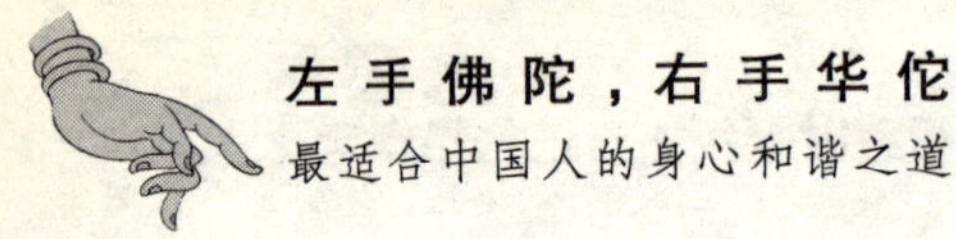

职员最后还是选择走了最快的路。

途中，他看见不远处有一条街道挤塞得水泄不通，司机解释说那条正是最短的路。司机所言没错，多走一点儿路果然畅通无阻，虽然路程较远，少花了点儿时间，多花了点儿费用，却很快便到达了目的地。

我们的人生同样是这样，最短的路未必是最快的。所以，两点之间，不一定直线最短，要考虑好各种因素再做出选择。

一只黑蜘蛛在后院的两檐之间结了一张很大的网。难道蜘蛛会飞？要不，从这个檐头到那个檐头，中间有一丈余宽，第一根线是怎么拉过去的？后来，我发现蜘蛛走了许多弯路——从一个檐头起，打结，顺墙而下，一步一步向前爬，小心翼翼，翘起尾部，不让丝沾到地面的沙石或别的物体上，走过空地，再爬上对面的檐头，高度差不多了，再把丝收紧，以后也是如此。

如果蜘蛛走直线，将永远没有办法到达另一面墙。它没有飞翔的翅膀，却有着飞翔的心灵。它知道如何通过走弯路到达目的地。这是一种智慧。两点之间，直线未必最短。把你的目光放远一点，去找最快的方法、最有效的途径，而不能被表面的长短所迷惑。

如果你想进一家大型外企，可是你没有过硬的学历，没有相关的工作经验，也没有特别的技术。与其想方设法挤进去，不如退一步，换个进去的方法。选择一个相关的行业，踏实干几年，做出成绩来，然后带着经验和策划再进去，身价自然不一般。如果你特别喜欢一个女孩，但是被拒绝了，与其紧追不舍，倒不如选择迂回招数，先弄清楚自己到底差在哪里。

如果硬件不好，就努力提升自身的能力和魅力，以最好的形象站在他人面前；如果性格不够温柔，就从小事做起去关心别人保护别人，如果是没有感觉，就从朋友做起慢慢培养感情。与其非要一个答案，倒不如给自己时间去争取。

放弃是一种智慧，缺点是一种恩惠

放弃不能承受之重，放弃心灵桎梏，放弃是一种超越而不是懦弱的表现，而是重新出发的起点。

《菜根谭》里有这样一个故事。

上古时期的古公亶父和他的部落先是居于邠地，他们不时受到狄人的侵扰。狄人来犯，亶父便以皮裘、丝绸相与；狄人再犯，又以好狗名马相与；亶父采取的是不抵抗政策。亶父不抵抗，是因为亶父的部落很弱小，完全不具备抵抗的条件。但是，如此几次三番，狄人仍然没有停止侵犯。亶父明白了狄人的意图，便召集邠地长老，对他们说："狄人所要的是我们的土地，土地本是养人之物，我不能因为它而使人遭害。我们只好离开，放弃它了。"于是亶父将自己的部落迁到岐山，最终不仅保存下来，而且发展了强大的基业。孟子认为，亶父在不得已时采取的暂时规避，正是智者成事之心。

面对自己部落弱小的事实，亶父没有为了一时意气用事而刀剑相向。而是不断避让，甚至放弃领地以求得种族的保全。最终在岐山发展了强大的基业。孟子说亶父有智者成事之心。

这种"智者成事"之心，其实就是一种"以退为进"的心态。与其强求、硬拼，倒不如放弃，从头再来。并不是所有的事情你拼尽全力就能成功，要讲究方法和机遇。实在行不通的时候就退一步，何必往南墙上撞。

人一生中，需要做出太多选择，无论是在爱情、婚姻上，还是在工作、事业上，不同的选择导致命运的迥异。错误的选择会让人走尽弯路，辛苦一生而一无所获，或走入歧途，酿成人生悲剧；量力而行，睿智选择，才会让人一帆风顺，成就完美人生。

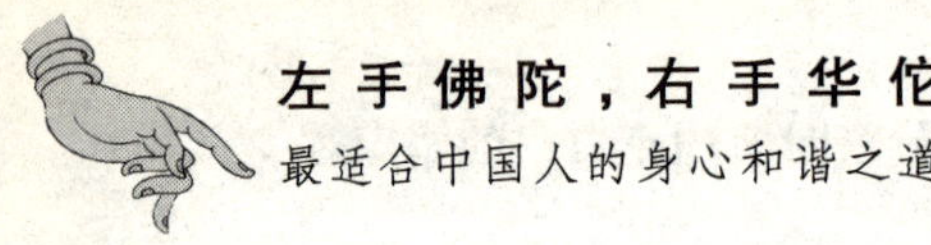

同样，人一生中需要放弃的太多，放弃不能承受之重，放弃心灵桎梏。放弃是一种超越，一种生存智慧。不懂放弃常使人背负沉重压力，长期被痛苦困扰；懂得放弃让你避免许多挫折，生活得更顺利。

每个人的时间和精力都是有限的，与其花太多的心血在自己不擅长的领域，倒不如放弃，重新选择适合自己的工作和生活。

你天生语言表达能力不佳，却非要做口语翻译，当然你有可能通过坚忍不拔的努力而获得口译的资格，但是这样多的心血如果花在你的优势上，说不定早就功成名就。社会竞争这样激烈，时间意味着一切，没有人会等着你“闭关修炼”；也没有人会给你机会让你慢慢成长。拿来就能用，成为这个社会的择才标准。如何看清楚自己，准确地把握自己的优缺点，从而找出最佳的生活路径，已经成为成功与失败的关键。如果你曾经无意中选择了错误的路径，那么请尽快放弃，重新寻找出路。

有些人就喜欢较真儿，越是哪方面弱偏偏就选择在哪个方面磨炼自己。何必跟自己的缺点较劲儿呢？你嘴笨，并不是你的错，也不是上天的错。你没有发现吗？正因为说话不流利，你才更喜欢写。你的文笔优美，思想深邃。这就是你的优点。是你在嘴笨的缺点基础上发展出来的。所以，缺点是一种恩惠。因为这种缺点，你才能更清楚地明白自己的优势。

那些通过艰辛努力、克服障碍达到成功的故事总是给我们一种误导，好像只有那种靠艰辛拼搏换来的成功才是成功，而顺着自己优势发展的成功就不被人重视。其实，这是一种错误的观念。成功并不是那么难，也并不是那么死板，与其在错误的位置上拼命努力，倒不如轻松地选择在自己的天空飞翔。

放弃并不是懦弱的表现，而是重新出发的起点。缺点并不是上天的惩罚，而是发现自己美丽的契机。在漫长的人生旅程中，要尽快地认识自己，明白自己的优势和弱点，并依据自身的条件正确选择、适时放弃，走好人生每一步棋，把握好自己的命运，早日实现成功。

用悠闲的态度去做忙碌的事情

点燃一盏小桔灯，冲上一杯浓香咖啡，再开着柔和的灯光坐在木桌前静读一本好书，你会发现，忙碌的生活中也有快乐悠闲的香甜滋味。

要想实现你的人生愿望，总是要付出很多艰辛的代价。因为生活是很现实的，有很多时候我们对生活不满，往往并不是因为生活本身有毛病，而是我们自己的态度有问题。我们应该时常想想：自己对生活的期望是否能实现？

无论悠闲还是忙碌，对于我们的生命来说，都像流星一样，划过即逝。那么与其整天忙得没有时间去好好观察这个世界，倒不如悠闲一点儿，去好好看看我们身边的一景一物，让人生活在时间的隧道中，流逝得有点色彩。

小和尚和师傅蹲在院子里的大树下喂鸽子，凉风从树梢间穿过，数影婆娑，虽然是夏日的午后，却也感觉十分清凉。

小和尚对老和尚说：“我们如果能像树那样悠闲，整天让凉风吹拂，也是很好的事情呀。”

老和尚说：“徒儿，你错了，树其实是非常忙碌的。”

“怎么说？”

老和尚说：“树的根要深入地下，吸收水分，树的叶子要和阳光进行光合作用，整个树都要不断地吸入二氧化碳，吐出养分，树是忙得很呀。”

停了一会儿，老和尚接着说：“你看，地上的鸽子悠闲地踱步，鸽子其实是在觅食，也是很忙的。当咱们把玉米撒在地上时，悠闲的鸽子就忙碌起来了。”

小和尚想了想，说：“师傅，我明白了！如果我们有悠闲的心，那么所有忙碌的事情都可以用悠闲的态度完成。”

老和尚听后，微笑地不住点头。

近几年，在越来越多的商务人士开始厌恶那无休无止的饭局的同时，“休闲办公理念”飞快地闪现出来。在周末，很多人从办公室走向绿地，在风景如画的大自然中体会着这种理念所带来的愉悦。

悠闲、安逸的生活，那种日子像微风拂面，似绵绵的细雨，如缓缓的溪水、露珠斑斑的花瓣。但是现实的日子总是这么忙碌，事情一件接一件，尽管有的是重要的，有的是不重要的，但都是必须去做的事情。对生活抱怨还是微笑都取决于我们的心态，相信不同的心态会产生不同的结果。面对忙碌的生活和工作，保持一颗平静的心，平静让自己变得平和，平和让自己少了怨气，多了憧憬。既然无法选择不忙碌，那么只有保持良好、积极的心态面对身边的人和事，总会有所收获，就能在忙碌中感受心灵的宁静。

忙碌让我们失去很多，我们应该学着悠闲。想想整天忙得焦头烂额的样子，何必呢？其实，仔细看看周围的世界，多美好。就像路边转角处风中摇曳的花，多么恣意，多么逍遥，不因即将凋谢而忧伤，不因秋风萧瑟而哀愁。几度风雨几度秋，几度人生白了头。光阴虽然短暂，急于赶路也未必比慢慢欣赏风景的人得到更多。

认真地享受生活中的一切

有云的日子里，不要悲伤；辉煌的岁月中，不要激情、不要贪婪，更不要困死在金钱、权力、美色中。

人的一生是丰富多彩的，有太多美好的事物值得我们去追寻和享受。除了工作、学习等本然的事情外，可口的饭菜、温馨的家庭生活、蓝天白云、花红草绿、飞溅的瀑布、浩瀚的大海、雪山与草原、大自然的形形色色，都是值得我们去珍惜和享受的。

有一次，孔子和几个学生在一起谈心，他鼓励大家说出自己的真实志愿。

子路最为志大，说："一个有 1000 辆战车的国家，面临内忧外患，我去治理它，只用 3 年时间，就能使大家充满勇气，并且又很守规矩。"

冉有说："方圆六七十里或五六十里的小国家，我可以在 3 年之内使人民富足，至于礼乐教化，还要靠别人来帮忙。"

公西华说："我的本事还不够，但愿意不断地学习，在祭祀和外交典礼上，我可以穿戴整齐去做个小司仪。"

最后轮到曾点，他"铿"的一声停止了弹琴，站起来说："我认为最好的事是：暮春三月，穿着轻便的休闲服，和五六个朋友一起，带上六七个小孩，在溪水里洗洗澡，在舞雩台上吹吹风，然后一路唱歌，一路走回家。"

孔子听了，深有感触，长叹一声说："我的志愿是与曾点一样啊！"

享受生活中的快乐和幸福，实在是没有一个固定的模式，到底怎样生活才算快乐？挨饿受饥的人，一顿粗菜淡饭就是美味佳肴了；而养尊处优的人反倒食欲不振。在骄阳下耕作的农民，到田头树阴下喝杯茶吸口烟，就是莫大的享受。终日坐在书堆中苦读的疲倦学生，想倚靠在床头小睡一会儿，以及久卧床榻的病人，能到花园里散步或能在运动场上小跑，已算是奢求。

享受生活，并不是只享受风花雪月的轻松，也不是只享受诗来歌往的浪漫。有时，我们也会像一棵耸立在峰顶的松树，要经受那漫长冬季里风摇冰压的磨砺。如果在这样的岁月里，你还能用断枝作笔，在大自然的扉页上写下充满激情和灵感的生命之诗，那么，你便悟透了生活的真谛，你便成了一个真正能享受生活的人！

人每天都在努力着，努力的目的无非是想让自己生活得更好一点儿，把自己的人生经营得更美丽一点儿，无论是伟人还是平民，甚至街头的乞丐，都是如此。

人生是短暂的，更是宝贵的，人每天都在拼命地奋斗，就是想有一天能够好好地享受一下生活，然而，假如你能静下心来回首一下过去，你可能会感到很惭愧，因为你每天都在付出，却没有享受的机会；你每天都在奔跑，却从不敢让自己歇息片刻。

曾听说过这样一件事，一个美国老太太和一个中国老太太在临终前对话，美国老太太说："我买房子的钱终于还清了。"中国老太太说："我终于攒够了买房子的钱了。"这是两种生活观念，一种是享受在前，努力在后；另一种是努力在前，享受在后，这好像也是中国人普遍的生活观念，我们总是在想"现在加倍地努力是为了将来更好地享受"，然而，以后是何等的遥遥无期！

"今朝有酒今朝醉"的思想尽管有点儿消极，但在我们积极地工作之余，稍稍消极一点儿也在情理之中。一个懂得生活、善于生活的人，应该是在奋斗的同时尽可能地去享受生活。"奋斗每一天，享受每一天"，那样他的人生历程一定非常美丽！

享受生活吧，从现在开始！

做事情不要着急上火

人生在世，不可能事事如意，也不可能一口吃成胖子。不断努力，不断积累，坚持下去，最终将会获得成功。

上个月，在我上班的路上，曾经发生过一起令人唏嘘的车祸，死者是一个初为人父的男子。据说是婴儿的尿布在那个阴雨天都用完了，头天洗的尿布还没干，于是孩子的母亲让父亲买一些尿布来救急，那男子把自行车骑得飞快，结果过路口的时候迎面被一辆卡车撞了。事故现场的目击者都说，他的自行车确实骑得太快了，他赶路实在是太急了。

最近流行的一句话，“不要太急”，对现代人来说，这是一句绝妙的好话，是不多见的、具有劝世意义的流行话语。急躁不是美德，几乎是我们共有的思维和行为方式，每次急躁都有其自然而然的理由，正如你的小宝贝没有尿布换了，尿不湿这种新产品还没有面世；正如你的孩子高烧 40℃，病因却不详。你有理由着急，但我们总是容易忘记这个常识：急有什么用？

古人云，养生不如养心！佛家有言“象由心生，象随心灭”，可见心之重要，故说养心实则是自己希望迈出的第一步。《菜根谭》里有一句话“风来疏竹，风过而竹不留声；雁度寒潭，雁去而潭不留影。君子事来而心始现，事去而心随空”，则是讲的这个道理，随时都让自己能够很好地控制自己的心态，真正让心灵做到“动若脱兔，静若处子”这种境界。

社会在发展，人口在增长，我们不得不面对快节奏生活带来的一系列难题，诸如住房紧张、交通拥堵、环境污染以及抚养子女、赡养老人、支付医疗保险等等。现实生活中，很难避免种种利益冲突，人际关系也因此变得越发复杂，情感交流也在日益减少。如何舒缓压力，保持良好的心态，促进身心健康呢？答案就在于养心。现代社会，压力形形色色，无处不在。社会大众主要面临 3 大压力：学习压力、工作压力和生活压力。随着压力的增大，养心在养生中的比重越来越大。

用恬淡来滋养生命，就应胸怀坦荡、自信刚强。不因别人的诋毁而愤恨，不因别人的无理而气恼，用宽容来化解敌意，用超脱来驱走不快。不因小小的得意而沾沾自喜，也不因小小的困难而心烦气躁。更不应拿一知半解的事情，来喋喋不休地说道。不因追逐个人的利益，让自己终日像上紧的发条；不因成就个人的虚名，而目无他人、冷酷无情。

从容自在是最好的活法，不抱怨、不叹息、不堕落、胜不骄、败不馁，只管奋力前行，只管走属于自己的路。中国有句俗话叫做“谋事在人，成事在天”，而这种“成事在天”便是一种从容自在。只要自己努力了，问心无愧便知足了，不奢望太多，也不会失望过大，心情永远处于一种平衡的状态。

人生如同一艘在大海中航行的船，偶遇风暴是无法改变的事实，只有从容自在、学会适应，才能战胜困难。现实生活中，我们应该学会从容自在，学会到什么山唱什么歌。在生活中培养这种好心态，让这种好心态落实到具体的事务中，时时提醒自己要从容。这样，当面对人生纷繁复杂的烦恼与不幸时，我们才能超然并且超越它。

第八章

右手华佗，随时随地都可做的身体自我“修复”

每个健康的人都具有完善的免疫系统，它由各种具有免疫功能的细胞组成，对人体健康的作用极大。人的健康，关键还在于增强自己免疫系统的功能。而要增强免疫系统的功能，一是要保持精神愉快与健康，因为精神因素与人体免疫功能密切相关；二是养成良好的生活习惯；三是要坚持适当的体育锻炼，以增强自身对疾病的的抵抗力，达到延缓衰老、健康长寿的目的。

人体中藏有妙药，但你要用心去寻找

我们都知道这样一句俗语："心病还需心药医"。可见心药是有大作用的，其力量是无穷的，是人体妙药里的奇特之药，可以决定你的生死的药，就看你怎么去用心，怎么在你的心里去找到它，开发利用它。

你知道吗？人世中最好的药都藏在我们的身体里面。

我们都知道这样一句俗语："心病还需心药医"。可见心药是有大作用的，其力量是无穷的，是人体妙药里的奇特之药，可以决定你的生死的药，就看你怎么去用心，怎么在你的心里去找到它，开发利用它。你去问问那些戒过毒的人，那些九死一生的人，那些身患绝症多少年、突然癌细胞全都消失的人，他们每人都会对你讲他们的故事，那些故事都像神话，因为他们讲的是他们"心"的历程，他们又是在"用心"来讲，所以，有时听着听着，我们也就"动心"了。

藏在人体中的心药，是妙用无穷、起决定作用的。中医以"心"为人体中的"皇帝"，是人体"最高统治者"。中医讲"心"，不是单指心脏这个器官，而是一个系统，认为心主神志，也就是大脑的主管。中医的"心"是指大脑神经和与之有密切联系的心脏，是人体的总指挥部。

心药的力量是无法估量的，可以决定人的生死与健康。在"杯弓蛇影"的故事中，客人以为酒杯里有蛇，回去疑心中了蛇毒，从而生命垂危，无药可救；而当他知晓饮下的不过是"弓影"而已，便立即恢复健康。《红楼梦》中的林黛玉，当她得知宝哥哥与宝钗结婚，便魂归西天，可见心药比砒霜还厉害，害命于弹指之间。心病还得心药医，此话十分有理。

人体有一定的免疫力，这是人类在长期进化过程中所获得的，它保证了身体各器官的正常运行和生命体征的健康稳定。

每个健康的人都具有完善的免疫系统，它由各种具有免疫功能的细胞组成，对人体健康的作用极大。它们能识别、破坏或者消灭侵入人体的细菌、病毒，防止疾病发生；它们能发现和清除体内发生癌变的细胞，防止发生癌症；它们还可将体内的有害物质转变为无害物质，避免对人体组织器官的伤害。如果人体免疫系统受到损害，人就会生病，甚至危及生命。人的健康，关键还要靠增强自己免疫系统的功能。而要增强免疫系统的功能，一是要保持精神愉快与健康，因为精神因素与人体免疫功能的潜力密切相关；二是要养成良好的生活习惯；三是要坚持适当的体育锻炼，以增强自身对疾病的抵抗力，达到延缓衰老、健康长寿的目的。

另外，正是由于人体有着强大的自身免疫功能，所以生病吃药打针时要格外注意，滥用药物可能会干扰正常的功能。有的人身体稍有不适就像惊弓之鸟，赶快吃药打针，这种做法是不科学的，应当用这种不适来提高自身免疫力，用自身的正气驱除体内的邪气。

人体在疾病痊愈过程中的主导地位，永远不可能被其他外在的力量取代。人体自身对疾病全方位、及时、精确地进行判断和处理的能力，当今医学水平暂时还无法达到。人体自身就是一个最好的“医生”。由于有这样一个无时不在的优秀“医生”，许多时候我们对自己的身体健康应该具有充分的自信。

一般来说，体质好的人，先天平衡力强，体质差的人，先天平衡力弱。这种平衡力在人体内默默无闻地工作着，我们平时身上的一些小毛病，比如感冒、腰酸背痛等，不打针吃药，没多久就好了，这实际上就是它在起作用。人们平时的养生保健，比如锻炼、注意饮食、补充微量元素、修身养性，其实都是在增强这个先天平衡力。可是，当我们的先天平衡力因后天的失调而受损之后，应该怎么办呢？当人体的不平衡由小变大、由量变发展为质变时，人体就会发生大的病变，要么是持续不断地出现亚健康状态，要么是百药难医的慢性病。人体单靠先天平衡力是不足以保证健康的，这时，我们就要调动“后天平衡力”了。

我们需要记住，自己才是最好的医生。养成正确的生活习惯，每天按时吃饭，早睡早起，适当地锻炼，保持愉悦的心情，就能保证体内的元气充足，使自身的修复及再生系统发挥作用，这样就能有效地预防疾病的发生，这也是克服慢性病的有效途径。

现代人应该冲破知识界限，把医学当成自己也能学习的一门学问，将身体和疾病的管理权交给自己，懂得如何去管理自己的健康。虽然不是每一个人都能成为医生，但是每个人都能成为自己健康的主宰者。

消除脂肪肝不必先找灵药

脂肪之所以堆积在肝脏，是因为肌体虚弱导致消化功能不好，消化不了过多的脂肪。如果消化功能好了，脂肪自然会减少，病情自然也就好了。

迄今，临床上尚无满意的药物可用于治疗脂肪肝。一般的药物治疗均作为辅助治疗。药物合理的辅助治疗是在医生指导下进行的。许多降血脂药可能趋使血脂更集中于肝脏代谢，反而促使脂质贮积并损害肝脏功能，因此应用降脂药治疗脂肪肝在临床上有异议。

目前，脂肪肝的治疗仍以去除病因为主，减重、饮食治疗并辅以药物治疗，可有效地控制病情的进一步发展，并可使病情好转。通过调整生活习惯和科学饮食，包括戒酒、多吃高纤维、低胆固醇的食物，加强运动锻炼，控制体重以及合理治疗，脂肪肝是可以治愈的。

中医学认为，脾虚湿聚是脂肪肝发病的中心环节，或可兼夹肝气郁滞、肝胆湿热、肝火上炎、肝胃不和等不同病理机制。

围绕脾虚湿聚这个中心环节，脂肪肝的养护关键就是健脾祛湿。那么是选择药物治疗，还是选择生活方式干预配合治疗呢？这要根据脂肪肝的严重程度而定。一般来说，大多数人完全可以通过改变生活方式来治愈脂肪肝。即使选择了药物治疗，也要坚持生活方式配合治疗，才能事半功倍，战胜脂肪肝。

那么从何处入手生活方式配合治疗呢？中医学认为“正气存内，邪不可干”。治慢性病首先要“扶正”，其次是“祛邪”。针对脂肪肝，“扶正”就要健脾养肝，“祛邪”必须祛湿疏肝。而休息既可健脾，又能养肝。这里说的休息不是单指四肢、肌肉需要休息，包括胃肠、大脑、肝脏、肾脏等等器官都需要适当地休息。

首先要想到自己在休息，想到即中医养生理论中常说的“心到”（即“意到”），自己意识到正在休息，才能全身心地投入到休息当中，才能得到真正的休息。否则，很可能会发生人躺在床上，脑子里却在继续反复思索各种问题而久久不能入眠的情况。

锻炼可以治愈脂肪肝，要将它长期坚持下去，使脂肪肝一去不复返。锻炼本身就是最好的活血化瘀药，同时也是最好的行气解郁药。

正常人的肝脏内含有少量脂肪，约占肝重的2%~4%。在正常情况下，脂肪在人体内合成、分解、储存与运转呈动态平衡，肝脏在这一系列过程中起着重要作用。有些人体内脂肪代谢异常，致使过量的脂肪聚积于肝脏，并超过肝重的5%以上，于是形成了脂肪肝。所以脂肪肝患者要养成良好的生活习惯，改正不良生活习性，在日常生活中应该注意以下几个方面：

（1）首先必须戒酒，以促进脂肪肝的好转；

（2）少吃动物内脏，避免食用高胆固醇食物，如鸡皮等；

（3）忌食辛辣如辣椒、胡椒、咖喱；

（4）少喝肉汤、鸡汤、鱼汤等，含氮浸出物高的食物也要尽量避免食用；

（5）限制食盐的摄入量，每日以6克为宜；

（6）控制油的摄入量，不吃动物油，植物油的摄入量也要限制。

白领电脑病的自我防治法宝

电脑既然有如此多的弊端，那么我们该如何预防呢？远离电脑是不现实的，了解怎样才能更科学地应用电脑、更健康地使用电脑，才是重中之重。

自从这个世界上出现了电脑，我们的生活发生了巨大的变化。很难想象离开电脑，我们的工作又将何去何从？然而，就在越来越多的白领一族在享受电脑带来的高速便捷时，却也频频遭遇到了“电脑病”的困扰：颈椎病、干眼病、鼠标手、萝卜腿正渐渐向我们靠近，令我们备受伤害。

微软MSN中文网发布的《MSN白领健康调查研究报告》显示，近9成的白领存在着不同程度的亚健康问题，其中13%的白领存在着严重的亚健康问题，甚至需要治疗；近8成的白领在最近6个月内出现过心理抑郁的情况，精力减退或持续疲乏、不开心、失眠是白领中居前三位的抑郁现象，比例均超过3成。年龄在26~35岁的白领亚健康情况严重超过其他年龄段白领，达14%。报告认为，这是由于这一年龄段的白领正处于事业上升期，家庭组建初期，有孩子的白领家庭正处于孩子早期教育的关键阶段，在经济、生活上自然承担着更多的压力。

此外，38%的白领患有颈椎、腰椎、骨质增生等运动系统疾病，这是由于多数白领长期伏案工作、加班严重、工作压力过大、且运动量不足造成的。另外，长期不规律的作息和饮食规律，导致32%的白领存在肠胃、肝脏等消化系统问题。而由于长期生活在压力中，失眠等神经系统问题也困扰着广大白领，比例达到22%。

怎样才能更快地恢复健康？或者我们换一个角度，怎样才能更加科学、健康地使用电脑？最重要的方法就是了解和使用正确的工作方式，不要认为自己现有的习惯是正确的，认真想一想，自己是否有相应的电脑症状出现？如果有，那就没有理由志得意满，而应该认真地进行自我反省，努力纠正错误的姿势，让自己在今后的工作中能够以正确的姿势健康地工作。

除了保持正确的姿势外，要想成为一名健康的电脑族，还有一个非常重要的因素：要加强营养——根据自身的情况加强个人的营养。有的人可能会认为，将营养与电脑联系起来非常奇怪，因为这毕竟不是传统意义上的工作，并不像人们印象中的重体力劳动那样需要付出太多的辛苦，殊不知，这种全新的工作对电脑族而言同样具有非常重要的挑战，如果不注意加强营养，身体很难吃得消，健康自然也会在不知不觉中远离自己。

下面谈谈如何自我缓解5种常见的电脑病：

电脑病症状一：干眼症

致病原因：8小时内目不转睛地盯着电脑，回家还要继续在“网游”中“搏杀”，眼睛酸痛、干涩，最终导致干眼症。

缓解方法：1.距显示器要在70厘米以上；2.把屏幕亮度调整到适宜；3.工作时，房间的亮度应该和屏幕的亮度保持一致。

电脑病症状二：鼠标手

致病原因：连续几年长时间的加班工作，食指或中指疼痛、麻木，大拇指肌肉反应迟钝无力，引发“腕关节综合征”。

缓解方法：1.避免上肢长时间固定、机械而频繁地活动；2.使用鼠标时，手臂不要悬空，以减轻手腕的压力；3.不要过于用力敲打键盘及鼠标的按键。

电脑病症状三：颈椎病

致病原因：如果使用电脑时高高地架着胳膊，低着头，那么工作 1 小时后就会感到腰背酸痛、肩膀麻木。

缓解方法：1.在空调间颈椎要保暖；2.略微低头，电脑桌也不要高于 70 厘米；3.每天坚持做 2 次颈椎操。

电脑病症状四：屏幕脸

致病原因：无论大事小事，全依赖电脑记录，面无表情、肤色暗沉。

缓解方法：1.不要在电脑周围摆放杂物，以免灰尘被皮肤吸附；2.使用电脑前在面部擦些保湿霜；3.经常清洁键盘。

电脑病症状五：萝卜腿

致病原因：常常一坐一整天，繁忙的工作导致腿部肿胀，小腿肚上有血管凸起，这可能就是静脉曲张的前兆。

缓解方法：1.一旦发现双腿酸沉、憋胀要及时就诊；2.每隔 1 小时要起立做 10 次简单的下蹲运动，改善下肢静脉回流。

熬夜奋战后的补救术

人若经常熬夜，所造成的后遗症，最严重的就是疲劳、精神不振；人体的免疫力也会跟着下降。自然的，感冒、胃肠感染、过敏原等等的自律神经失调症状都会找上你。而且，更糟糕的是长期熬夜会慢慢地出现失眠、健忘、易怒、焦虑不安等神经、精神症状。所以，在不得不熬夜时，事先、事后做好准备和保护是十分必要的，至少可以把熬夜对身体的损害降到最低。

生活在节奏紧张的现代社会，没有熬过夜的人是幸运的人。熬夜会使身体的正常节律性发生紊乱，对视力、肠胃及睡眠都造成影响。夜里是人们气血生成的时间,也是肝脏工作的时间,对人体的健康极为重要。从经络上讲,夜里11点至凌晨3点乃胆经和肝经的流注时间,此时肝胆经气血最旺。但这些气血是用来进行重要的人体代谢工作的,如果挪为他用(如过多地供应给大脑、四肢或肠胃),人体推陈出新的工作就无法正常完成,体内陈旧的废物不能及时排出,新鲜的气血也无法顺利生成,所以对人体造成的危害很大。

那么,经常熬夜的人应该怎样自我保健呢?在这里有一个保健口诀送给“夜猫”一族。

“少吃米面多吃鱼肉,捂捂眼睛仰头漱口”,对于不得不熬夜加班的人来说,可以在一定程度上降低熬夜给身体带来的伤害。

A 护眼

隔半分钟捂捂眼睛

面对电脑或书本,苦战一夜容易导致视力下降,当眼睛感到疲劳时,可双眼微闭、全身放松,将两手搓热后轻轻捂住眼睛,搓热的手所产生的高电位与眼部的低电位接触,能起到“滋润”眼球的作用,使其明亮起来。隔半分钟后,再搓、捂一次,如此反复4~5次,最后把手放下,慢慢睁开眼睛,向远处眺望一会儿,双眼会感到比原来轻松舒服多了。

B 解乏

仰头漱漱口

熬夜时无论多累,中途最好不要上床休息,否则就像机器突然开关一样,对身体非常不好,一定要等事情忙完再休息,感到非常疲倦时可用“漱口法”。

用桔子皮泡水来漱口,使口腔感到清爽,自然会感觉精神些。漱口时,最好仰着头,用喉咙和胸部往上翘的姿势,这样对于弯曲脊柱的修复也是有益处的。

C 提神

少吃米面多吃鱼肉

据研究表明，妨碍交感神经功能兴奋的能量来源于米饭和面食。如果准备熬夜的话，在晚餐时最好少吃米饭和面食，多吃鱼肉类和蔬菜。高蛋白可有效补充体力消耗。其中，动物蛋白最好能达到蛋白质供应总量的一半，因为动物蛋白含人体必需的氨基酸，对提高工作效率有好处。当然，这种晚餐在经过大约3小时后会开始感到饥饿，在饥饿时可以多喝牛奶，或吃鸡蛋、杏仁、腰果、胡桃等，不但能充饥，还可以迅速恢复体能。

D 护肤

晚上十点涂营养霜

一般而言，皮肤是在22~23时之间进入晚间保养状态的。这时是皮肤吸收养分的好时机。如果有条件，在这段时间里一定要进行一次皮肤清洁和保养。用温和的洁面乳清洁后，涂抹一些保湿营养乳液。这样，皮肤在下一个阶段虽然不能正常进入睡眠状态，却也能正常得到养分与水分的补充。如果觉得头皮发紧，可以做个头部按摩，以较好的状态应对当天的工作。

补气养血的十全大补汤

中医学认为，气和血是人赖以生存的两种基本元素，先天体质虚弱、或劳累过度、或病后调养不当、或失血过多等，均可导致气血两虚。十全大补汤能温补气血，从根本上改善上述症状。

听到“十全大补汤”这一名字，很多人会误以为凡是身体虚弱的人都可以服用，实则不然。所谓“十全”，是强调该方共由十味中药制成，而“大补”，则是在突出其有气血双补的作用。

十全大补汤，由人参、肉桂（去粗皮，不见火）、川芎、地黄（洗、酒蒸、焙）、茯苓（焙）、白术（焙）、甘草（炙）、黄耆（去芦）、川当归（洗，去芦）、白芍药熬成的大补汤。

功用：温补气血。

主治：诸虚不足、五劳七伤、不进饮食；久病虚损、时发潮热、气攻骨脊、拘急疼痛、夜梦遗精、面色萎黄、脚膝无力；一切病后气不如旧，忧愁思虑伤动血气，喘嗽中满、脾肾气弱、五心烦闷；以及疮疡不敛，妇女崩漏等。

用量：上药十味，锉为细末。每服6克，用水150毫升，加生姜3片，枣子2个，同煎至100毫升，不拘时候温服。

此方出自宋代我国第一部由国家颁布的成药方典《太平惠民和剂局方》，是由补气基础方“四君子汤”与补血基本方“四物汤”合并而成的“八珍汤”，再加补气之黄芪、补阳之肉桂二药熬煮而成。全方具有温补气血的功效，适用于气血两虚，而偏有阳虚寒象的患者。

中医认为十全大补汤是补益气血的良方，对于因为过于劳累而导致的种种疑难疾患，往往有意想不到的疗效。此药在一般药店都有成品出售，名为十全大补膏或者十全大补丸。

中医学认为，气和血是人赖以生存的两种基本元素，先天体质虚弱、或劳累过度、或病后调养不当、或失血过多等，均可导致气血两虚，引发各类疾病。可出现面色苍白或萎黄、头晕眼花、食欲差、精神不振、多汗且活动后加重，甚至心慌气短等症状。十全大补汤能温补气血，从根本上改善上述症状。临床上还可用于治疗低蛋白血症，贫血、白细胞或血小板减少症，及慢性萎缩性胃炎、胃下垂、虚性疮疡久不愈合等疾病。

然而，十全大补汤也有慎用的情况。首先是属阴虚的人。该方补益气血而性偏温热，若误用于此类人，就好比“火上浇油”。所以，若有明显的阴虚症状，如手脚心发热、夜间汗出过多、口干舌燥、舌质偏红而舌苔少，甚至

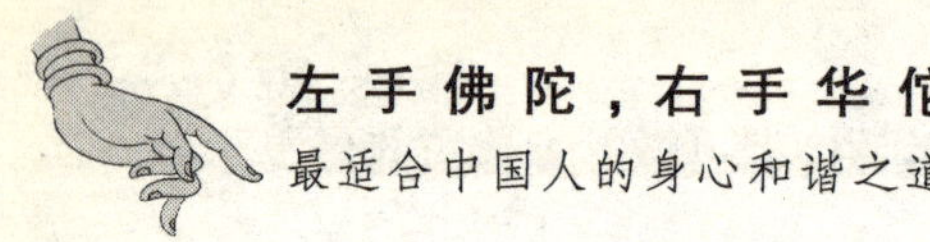

无苔等，就应慎用。另外，中医认为，感冒时通常不宜同服补药，以防影响对外邪的疏散，若病人身体气血亏虚，可待感冒好转后再适当施补。总之，十全大补汤作为温补气血的良方，对症施补，方可获益，如果你有上述症状，可在医生的指导下使用。

酒桌海拼后应马上解酒毒

解酒方药固然多，饮酒不醉靠自我。酒，并非人们想象的“琼浆玉液”；相反，喝酒若不能节制，酒就成了穿肠毒药。因此人们应提高警惕。

酒可入药，《黄帝内经》早有记载。少量饮之，能通经络、活血脉、解疲乏，对身体有益；多饮则会“酒醉”、“中酒毒”，现代医学称为酒精中毒，对身体十分有害。

节日期间，亲朋好友欢聚一堂，难免推杯换盏，给节日增添欢乐的气氛。酒精在人体内燃烧可以产生能量，少量饮用可以调节气氛、增强食欲，有一定的活血化淤作用，但酒能伤肝，这是人人皆知的，为了尽量减少酒精对胃和肝脏的伤害，减少脂肪肝的发生，酒前的准备工作很重要，这是能保证你在酒桌上千杯不醉的关键因素。在去赴宴之前，在家先吃点儿东西，让胃里有点儿东西垫底。

那具体吃点儿什么好呢？一般吃点儿高蛋白的比较好，例如吃两个鸡蛋，喝点儿牛奶、豆浆等，因为这些高蛋白的食品在胃中可以和酒精结合，发生反应，减少对酒精的吸收；人参、葛根、黄芪、枸杞子、五味子、茯苓、陈皮、砂仁等中药也是可以食用的，或者是吃一些含有这些成分的产品，比如具有代表性的海王金樽胶囊也能达到相同的作用。

另外，吃点饼干、糕点等也可以，让胃里有点儿东西，因为空腹喝酒，酒精在胃内很容易被吸收，从而导致容易醉酒。

在饮酒时宜多吃豆腐，可减低中酒毒的机会，因为豆腐中含有氨基酸，它能解酒中所含的乙醇毒，亦有令此毒加速排出体外的功效。注意，切忌用咸鱼、香肠、腊肉下酒，因为此类熏腊食品含有大量色素与亚硝胺，与酒精发生反应，不仅伤肝，而且损害口腔与食道黏膜，甚至诱发癌症。

身体能依赖肝脏清除酒精，但若过量的酒精进入肝脏，会令肝脏降低肝醣的合成，促进脂肪积聚，形成脂肪肝。若身体出现黄疸、恶心、右上腹感痛楚的迹象，可能患上轻微的酒精中毒，即“酒精性肝炎”，只要及早医治与戒酒，肝脏能恢复原有的作用。但若仍继续饮酒，肝脏酒精中毒太深，形成慢性肝硬化时，其能力便会渐渐失去，不但难以治疗，死亡率更高达30%。

在中医学浩瀚的药海中，能治疗酒精中毒的方药不胜枚举。除解酒名方葛花解酒汤外，近代的一些研究还证实有许多中药方剂都具有解酒功效。如三黄泻心汤可使血管收缩，达到解酒的目的，用于宿醉、面红而头昏和眼花较重者；茵陈五苓散、猪苓汤、五苓散等三种方药能利尿，可将酒精排出，减少吸收；栀子大黄汤可治酒后出现语无伦次、神智不清（谵语）、心中烦闷、腹胀欲吐；半夏泻心汤用于治疗酒后心下痞塞（胸口郁闷、压迫感），伴有恶心、呕吐、腹部水鸣、或下痢诸症；黄连解毒汤治疗酒后面红、目眩、心悸、焦躁、失眠、尿赤。其他如小柴胡汤、逍遥散亦可随证使用。一般说来，小柴胡汤、茵陈五苓散、逍遥散用于肝脏解毒机能较差或体力较差者；而葛花解酒汤、葛根芩连汤、栀子大黄汤、半夏泻心汤、黄连解毒汤、三黄泻心汤用于肝机能正常者或体力较佳者。不过，这些方剂应在医生的指导下使用。

而日常生活中，常见的食物和水果中也有不少可以用来解酒，比如：

1. 西红柿：酒后吃几个新鲜的西红柿，可以缓解头晕症状，若榨汁饮

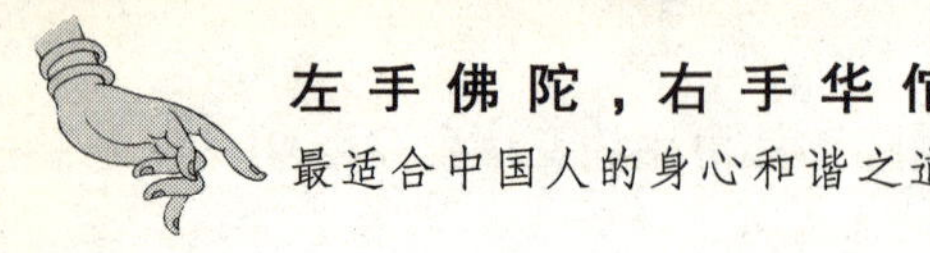

用则效果更佳;

2. 西瓜:西瓜是清热祛火的上佳水果,如果酒后感到浑身燥热,可吃一些西瓜,可加速酒精从尿液中排出;

3. 香蕉:喝过了酒,吃上3根香蕉,能够增加血糖浓度,降低酒精在血液中的比例,达到解酒的目的,同时减轻心悸症状,消除胸口郁闷;

4. 浓米汤:米汤里富含的多种糖及B族维生素,也有解酒、解毒功效;

5. 豆腐:饮酒时以豆腐下酒,不仅可以解酒,还能促进酒后迅速排泄;

6. 蜂蜜:蜂蜜能促进酒精的分解与吸收,减轻饮酒带来的头痛症状,同时,蜂蜜还有安神催眠作用,隔天起床后也不会头痛;

7. 葡萄:新鲜的葡萄中含有丰富的酒石酸,能与酒中的乙醇相互作用形成酯类物质,达到解酒的目的;

8. 芹菜:芹菜中丰富的B族维生素有分解酒精的作用,对缓解酒后胃肠不适、颜面发红很有效果;

9. 酸奶:酸奶能保护胃黏膜,延缓酒精吸收,尤其对于酒后兴奋的人们,缓解烦躁情绪十分有效;

10. 生姜:如果酒后反胃恶心,可切一片生姜含在口中;

11. 柚子:用新鲜柚子蘸白糖食用,对消除口腔中的酒气很有帮助。

常养护,确保“排毒阀”不生锈

中医学认为:肝脏与草木相似,草木在春季萌发、生长,肝脏在春季时功能也更活跃。俗话说一年之计在于春,肝脏是生命之源,呵护好肝脏能带来一年的健康。

现在大家一说排毒,往往指的就是排大便,似乎肠一清,我们便体内无毒了。其实,排大便只是把体内最浅层的毒素排出,深层的血液之毒必须从尿液才可排出。有的人 10 天不大便也无生命大碍,但是只要 3 天无小便,那就有性命之忧了。

有的人每天喝的水很多,而排出的尿却很少,这样血中的毒素就不可能被冲刷带走。那么,那些水都跑哪儿去了?除了爱出汗的人从毛孔而出,大多数是滞留在胃肠间形成积液了。这种积液就是中医所说的湿毒,它若流注到四肢便形成水肿,堵塞于毛孔便为疹癣,遇风寒化作痰饮,逢血瘀形成积块,积于胃脘则呕吐,上行于头目则眩晕……诸症纷然,皆因湿浊而起,所以及早清除湿浊甚为重要。

排毒离不开肝脏,我们的肝脏就像是个大型的“垃圾处理器”,夜以继日地为我们的身体“解毒”。但肝脏也很容易受到各种病毒的侵扰,为它排毒刻不容缓。为肝脏排毒是个系统工程,因为它和“吃喝拉撒睡”全有关。

一切在胃肠道内消化吸收的食物,都要经过门静脉运送至肝脏进行加工,很多食物和药品在肠内腐败、发酵常产生有毒物质。所以便秘会迫使肝脏负担加重,所以保障大便通畅是为肝脏排毒的首要任务,因为把毒性物质及时从体内排出才能减轻肝脏负担。

那么,我们这里先简单介绍几种养肝护肝的方法:

多喝水——减少毒素损害肝脏

初春寒冷干燥易缺水,多喝水可补充体液,增强血液循环,促进新陈代谢,多喝水还可促进腺体,尤其是消化腺和胰液、胆汁的分泌,以利消化、吸收和废物的排除,减少代谢产物和毒素对肝脏的损害。

饮食平衡——保障肝脏功能正常运转

饥饱不匀的饮食习惯会引起消化液分泌异常,导致肝脏功能的失调。所以,饮食要保持均衡,食物中的蛋白质、碳水化合物、脂肪、维生素、矿物质等要保持相应的比例;同时还要保持五味不偏,尽量少吃辛辣食品,多吃

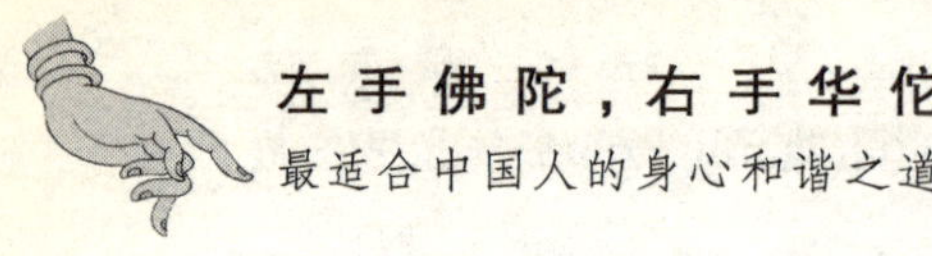

新鲜蔬菜、水果等。

少饮酒——利于肝脏阳气升发

初春时节寒气较盛，少量饮酒有利于通经、活血、化淤和肝脏阳气之升发。但不能贪杯过量，要知道肝脏代谢酒精的能力是有限的，多饮会伤肝。据医学研究表明，体重为60公斤的健康人，每天只能代谢60克酒精，若超过限量，就会影响肝脏健康，甚至造成酒精中毒，危及生命。

乐观开朗——有利肝气生发

由于肝喜疏而恶郁，故生气发怒易导致肝脏气血淤滞不畅而成疾。要想肝脏强健，首先要学会制怒，要尽力做到心平气和、乐观开朗、无忧无虑，从而使肝火熄灭，肝气正常生发、顺调。如果违反这一自然规律，就会伤及肝气，久之易导致肝病。

适量运动——促进肝脏气血通畅

春季是万物萌动的大好时节，也是体育锻炼的黄金季节。在春季开展适合时令的户外活动，如散步、踏青、打球、打太极拳等，既能使人体气血通畅，促进吐故纳新、强身健体，又可以怡情养肝，达到护肝保健之目的。

穿宽松服饰——利于肝脏气顺血畅

春阳生发，人体亦然。古人云：宽松衣带，披散头发，形体得以舒展，气血不致淤积。肝气血顺畅，身体必然强健。

据观察，爱吃高纤维食品的人，12~14小时肠道就可排空，而低纤维食品则需要28小时甚至更多。除了多吃高纤维食物，还可在晚上入睡前按摩腹部。具体方法是：用手掌从上腹向下腹推揉10次，从左右肋缘分别向左右下腹按摩10次，都会使排便更顺畅。

世界卫生组织WHO向公众推荐最著名的7种“爱肝食物”：白薯、玉米、海带、苹果、牛奶、洋葱、冬瓜。现在很多人都养成了每天清晨喝一杯奶、吃一个苹果的好习惯，这能在不知不觉中为肝脏减负不少。

我们的身体很神奇，有自己的排毒功能，有些人不了解，常常晚上很晚才睡觉，疏忽了排毒的时间，影响身体健康。

每天晚上 9:00~11:00 的时候，是人体淋巴的排毒过程，免疫系统活跃起来，你应该静下心来，听听音乐，使自己尽量地保持安静。这样免疫系统就会很顺利地完成排毒工作，让你的免疫力增加。

晚上 11:00~1:00 时，肝脏开始排毒。此时你应该熟睡，不要熬夜，若此时你不睡觉的话，你的肝脏就会因此很累，肯定要受损，因此你一定要注意。

夜里 1:00~3:00，是胆排毒的时间。此时亦应继续熟睡，以便有利于肝胆的排毒。

半夜到凌晨 4:00，正是人的脊椎造血时段，必须要熟睡，千万不要熬夜！

凌晨 3:00~5:00，人的肺开始排毒。平时咳嗽的人，此时就会加重咳嗽，但是，却不应该立即服用止咳药，以免抑制肺部废积物的迅速排出。

到了早晨 5:00~7:00，这是人的大肠在排毒的时间，此时就是你上厕所的最佳时机。假如你没有大便，就说明了你有不正常的地方了，很需要去医院看看了。检查一下究竟是哪里出了毛病。

早晨 7:00~9:00，到了人的小肠开始大量吸收营养素的时间了。在这之前，你理应吃早餐，不然，你一天的营养就会匮乏。治疗疾病的人最好在 6:30 之前吃；养生的人可以在 7:30 前吃。奉劝那些不习惯吃早餐的朋友，务必养成每天吃早餐的好习惯，即便是拖到了 9:00 以后也要吃。

看了这个人体功能表，要合理地安排自己的作息时间，保证足够的睡眠，第二天才有充足的精力去干自己的事，才会拥有健康的身体，才会开心快乐！

大动肝火后，必须迅速找到你的“消气穴”

当情绪特别激动时，也应该通过异地发泄、理智消解、转移注意力等方法来消除怒气，使心情得以平静。

生气和消气是人类情绪正常的代谢，每个人都是通过不断地生气和不断地消气来维持心理平衡的。有涵养的人，不是不生气，而是会自我排遣，迅速消气。那些常生气又不伤身的人，就是会消气的人。如果不会消气，气不能及时地发散出去或消散得过慢，将气憋在心里生闷气，对健康势必造成损害。

也许人们只知道生气不好，却不知道生气对健康有十大损害：

一是更容易长色斑。生气时，血液大量涌向头部，因此血液中的氧气会减少，毒素增多。而毒素会刺激毛囊，引起毛囊周围程度不等的炎症，从而出现色斑问题。

二是脑细胞衰老加速。大量血液涌向大脑，会使脑血管的压力增加。这时血液中含有的毒素最多，氧气最少，对脑细胞而言，不亚于一剂“毒药”。

三是导致月经不调。有的妇女平时性格内向、抑郁，长期的压抑导致肝气郁结、经脉气机不利，经前出现周期性的乳房胀痛、头痛、失眠、情绪波动易激惹等，甚至出现闭经、崩漏或更年期提早到来。

四是增加患乳腺疾病的几率。由于肝经循行布两胁，故肝气不舒、气滞血淤，经脉运行不畅与乳腺增生、乳腺结节甚至乳腺癌的发生有密切的关系。

五是引起胃溃疡。生气会引起交感神经兴奋，并直接作用于心脏和血管中，使胃肠中的血流量减少，蠕动减慢，食欲变差，严重时还会引起胃溃疡。为此，每天多按摩胃部，以缓解不适。

六是导致心肌缺氧。大量的血液冲向大脑和面部，会使供应心脏的血液减少而造成心肌缺氧。心脏为了满足身体需要，只好加倍地工作，于是心跳更加不规律。

七是伤肝。生气时，人体会分泌一种叫“儿茶酚胺”的物质，作用于中枢神经系统，使血糖升高，脂肪酸分解加强，血液和肝细胞内的毒素相应增加。

八是引发甲亢。生气令内分泌系统紊乱，使甲状腺分泌的激素增加，久而久之会引发甲亢。每次要生气的时候，可以放松坐下，做几次深呼吸，有利于情绪放松，从而减少对身体的伤害。

九是伤肺。情绪冲动时，呼吸就会急促，甚至出现过度换气的现象。肺泡不停扩张，没时间收缩，也就得不到应有的放松和休息，从而危害肺的健康。

十是损伤免疫系统。生气时，大脑会命令身体制造一种由胆固醇转化而来的皮质固醇。这类物质如果在体内积累过多，就会阻碍免疫细胞的运作，让身体的抵抗力下降。

不说不知道，一说吓一跳！所以不仅要少生气，也要学会消气，消气越早越快越好。生气时，首先问问自己“此气该不该生”？其实，人们日常生活中所生的气，大多是不该生的气。比如，在公共汽车上挨了踩、饭店用餐时服务员失手弄脏了你的衣服等等，这些事都是他人无意或在不得已的情况下“冒犯”你的，还有一些微不足道、鸡毛蒜皮般的琐事、流言、传言、小道消息，都是不该生的气。

现实生活中，有时难免要生气，但生气过后，一定要将生气给身体带来的伤害减少到最小，以免后患无穷。不良情绪对健康的影响，不仅取决于它的强弱，而且，更为重要的是在于它持续时间的长短，以及如何看待人生得失的态度。一点不生气是不可能的，可以说，每个人每一天都会遇到不顺心的事儿，生气难免，只不过有些人生气时情绪波动不显著或过程十分短暂，别人不易察觉罢了。

《黄帝内经》里把肝定义为将军之官。将军的特点是有勇有谋，尤其是勇。不过这位“将军”倘若被照顾得不好，就会火冒三丈。肝又主疏泄、喜条达，倘若你整日情志抑郁不堪，忧柔寡欢，就会引起肝气郁结，从而加剧你的坏脾气。

改变自己的坏脾气，学会耐心、温和，要做到这一点，按压肝经和耳朵上的肝区就是最直接的方法，它是最简单也是最有效的。

肝经最重要的穴位当属太冲，它是足厥阴肝经的原穴。当你感觉肝火旺盛时，首选的穴位就是太冲，它位于足背侧，第1、2趾趾骨连接部位中。按压此穴，如果你感觉明显疼痛，说明你的肝气多少有点儿郁结，如果你在生气的时候触按此穴，痛感会更明显，要多按揉这个穴位来调整。按摩此穴可以使上升的肝气往下疏泄，使得横逆的肝气得以通达运行。有很多医家把此穴称为“消气穴”，道理就在于此，“生气就按消气穴”，道理是不错，但怎么按呢？还是要有一点儿小讲究的。既然是要泻肝气，就得使用泻的手法，那就是迅速用力按下去，再迅速放松，再按再放松，一定要迅速有力。在这样的刺激下，肝气才能得以充分的疏泻，效果才能更好。如果只是使劲按着不动，不仅不会疏泻肝气，反而会使肝气阻塞。

你可以在每天早上起床的时候，如法按压此穴20~30次，只需坚持几天，就会发现自己的脾气不再像从前那样野马般难以驯服了，再遇到事情时，你就会用更加平和、耐心、理性的态度去对待。所谓的“涵养”就是表现在你为人处世的态度上。虽然按压太冲不能从根本上使一个人有涵养，但它能从源头上减少影响你涵养的生理因素。此外，肝经还有一个重要的穴，名为阴包，位于大腿内侧，将此穴和太冲每日交替按压几次，效果更好。

中医理论认为："肝为刚脏，喜条达而恶抑郁，在志为怒。"意思是说，肝属于刚强、急躁的脏器，喜欢舒畅柔和的情绪，而不喜欢抑郁的情绪，其情绪主要表现为发怒。所以，善怒主要与肝有关，主要表现为肝郁气滞、肝火上炎、脾虚肝乘等三种症状。

肝郁气滞所引起的善怒，在饮食上可多吃些具有疏肝理气作用的食物，如芹菜、茼蒿、西红柿、萝卜、橙子、柚子、柑桔、香橼、佛手等。

肝火上炎所引起的善怒，除应戒烟限酒、忌食甘肥辛辣的食品外，还要适量多吃些清肝泻热的食物，如苦瓜、苦菜、西红柿、绿豆、绿豆芽、黄豆芽、芹菜、白菜、包心菜、金针菜、油菜、丝瓜、李子、青梅、山楂及柑桔等。

脾虚肝乘引起的善怒要以健脾理气为主，饮食上应多吃一些有健脾益气功效的食物，如扁豆、高粱米、薏米、荞麦、栗子、莲子、芡实、山药、大枣、胡萝卜、包心菜、南瓜、柑桔、橙子等食物。

在现实生活中，一些人常常说："我过去经常发火，自从得了心脏病我才认识到，任何事情都不值得大动肝火。"请不要等到患上心脏病才想到不发火，要想克服常发脾气的坏毛病，就从今天开始吧！

你会正确地"喝水"吗？

我们常说人可三天不吃饭，但不可一日不喝水。我国宋代诗人陆游在颠簸流离中活了80多岁，曾写下诗句："九转还丹太多事，服水可以追神仙。"在他看来要健康长寿，饮水比服用仙丹还要好。

看了这个题目，也许大家会奇怪，谁不会喝水啊？是啊，谁都会喝水。但是，喝什么水？哪个时候喝？喝什么样的水？就有些讲究了。

在平时有个头疼脑热到医院看病，大夫除了要你按时服药之外，一定

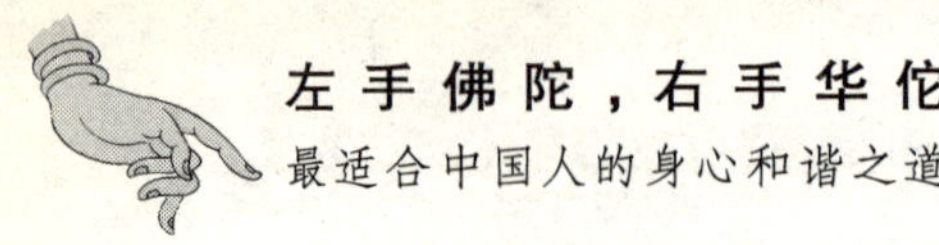

会叮嘱你好好休息，要多喝些水。这不仅是因为药物只有溶解在水里才能被人体吸收，而且水本身就有镇静、清热、排毒的作用。

科学的营养健康饮用水的标准应该是：不含有毒、有害、有异味的物质；硬度适中，含有适量的人体所需的矿物质和微量元素；pH 值呈微碱性；含有新鲜适量的溶解氧；水分子团小，水的生理功能强；长期饮用能够改善人体的营养健康状况。

在人类需要的各类营养素中，水是最主要的。没有水，生命只能延续几天。但水也是最容易被忽视的，水作为最重要的营养健康品没有受到应有的重视。许多人清晨起来就喝杯水是好事，是对机体的一次补偿，又是一次有效的净化，这是医学上公认的卫生习惯。

生理学研究认为，人在整夜睡眠中未喝滴水，然而呼吸、排汗、泌尿却仍在进行，这些生理活动需要消耗许多水分，早晨起床时，血液已呈浓缩状态。此时饮用一定量的白开水，可很快使血液得到稀释，纠正夜间的高渗性脱水，还可以洗涤与清洁已排空的肠胃，有利于胃肠生理功能的发挥。

更何况，早晨喝水，水很快被胃肠黏膜吸收进入血液，可有效地增加血容量，稀释血液、降低血黏度、促进血液循环、防止心脏病，防止“高峰期”脑血管病的发生，这对中老年人来说尤其重要。并且早晨喝白开水还能湿润肠胃，促进大便的排泄，防治便秘。

常常听到有人说清晨起来喝淡盐水，以为喝淡盐水有利于健康。其实不然，喝淡盐水有益于健康不假，对于夏天出大量汗后的补充是必要的，但是清晨起来就喝淡盐水是不对的。此时喝淡盐水反而会加重高渗性脱水，令人加倍的口干，何况早晨是人体血压升高的第一个高峰，喝盐开水会使血压更高，这对正常来说是有害的，对血压高的人来说是危险的。

睡觉前喝杯白开水，对于老年人来说也可以降低血液黏稠度，十分有利。但女士们最好别在睡前喝水，因为睡前喝水会使许多人晨起时有眼袋，上下眼睑浮肿。

白天，许多人都忙于工作、学习，当人不感到口渴时往往忘记了喝水。其实，不感到渴也得常喝水，尤其是夏秋季节天气炎热，电风扇、空调都会让人生理性地脱水。随时喝点儿开水有利于健康。

与食欲相反，喝水的欲望不太强烈。人只有丢失2%体重的水分时，才会感到口渴，而此时已经影响到了生理功能的正常发挥。当人们满足口渴后会停止饮水，而这时仅得到所需水量的一半。

要维持理想的身体含水量，健康成人每天需要饮用10.4~12.5杯的水，每天日常的食物和饮料都能满足这种需要。在适度的活动、温度和海拔的情况下，每天饮用8杯或2升水是最适度的推荐饮水量。

人类身体中的含水量与自身智能有很大关系。一项研究脱水后的智力测验表明，与良好的水营养状态相比，损失2%体重的水分就能降低20%的算术、短期记忆、视觉跟踪物体的能力。水是一种天然的食欲抑制剂，能够减缓饥饿、减少进食、帮助身体代谢脂肪。水不仅能够帮助肌肉达到更好的收缩，也能阻止减重时发生的皮肤退化，维持干净、年轻和健康的皮肤。而当身体不能得到足够的水分时，则首先会从直肠索取水分，此时便秘会随之而来。

不要等到口渴时才喝水，因为当感觉到口渴时，已经丢失了2~3杯的体内水分。分多次饮用水，不要一次大量饮水。活动后称量体重，每损失一磅体重需补充2~3杯水，以便下次活动前能使体重恢复正常。当尿液变得量少、色深时，则标志身体已经处于脱水状态。不要用咖啡、茶、苏打水、酒精或饮料代替水，因为咖啡因和酒精会增加排尿，从而丧失水分；睡眠时身体也会丢失水分，在一天开始和结束时均要饮用一杯水。天气暖和时，饮用白开水是保持体内水分的最好方法。白开水不含卡路里，不用消化就能为人体直接吸收利用，一般建议喝30℃以下的温开水最好，这样不会过于刺激肠胃道的蠕动，不易造成血管收缩。

然而，多喝水不是每个人都适合的，要根据自己身体的本能来喝。每个人的体质不一样，一定要掌握适合自己的食品和饮食方法，不能认为大家都吃的东西有营养就一哄而上。

更可怕的是，喝水不当也会“中毒”！“水中毒”是指长期喝水过量或短时间内身体必须借着尿液和汗液将多余的水分排出，但随着水分的排出，人体内以钠为主的电解质会受到稀释，血液中的盐分会越来越少，吸水能力随之降低，一些水分就会很快被吸收到组织细胞内，使细胞水肿。开始会出现头昏眼花、虚弱无力、心跳加快等症状，严重时甚至会出现痉挛、意识障碍和昏迷。因此，有些女孩子想靠超大量喝水来减肥的方法是很危险的。

检查自己的食谱，别让饮食侵蚀健康

现在的人工作都很忙，所以很多人大多数的时间都是早饭对付，中餐也是随便应付，等到晚上猛吃一顿，好不容易赶上周末还要睡个懒觉。这种不良的饮食习惯也是造成我们现在肥胖和血脂高的一个重要原因。

现代忙碌的生活催促着人们不停向前，在不断取得事业成功的同时，却往往忽略了自身的健康，特别是不合理的饮食习惯，正在侵蚀着人们的身体。

在生活中，你是不是发现有以下的一些问题呢？早上反应迟钝、精神萎靡；血压、血脂偏高；时常腹胀、胃痛。如果答案是“是”的话，那你的饮食习惯可能存在着不少问题！

据统计，高达78%的上班族会在街头解决早餐或者干脆不吃早餐，有89%的双职工家庭会一周吃一顿方便面，有56%的人全凭口味喜好来决定烹饪习惯。所谓积水成渊，这些不合理的饮食习惯对我们的身体健康造成了很大的影响，成为各种疾病的诱因。

吃饭，可以说人人都会。民以食为天，每个人都不能不吃饭。但是，如何吃饭，也是大有学问的。注意养成正确的吃饭习惯，将对健康大有好处。

很多的疾病，不论是肥胖病还是代谢病，都跟我们饮食结构不协调、饮食习惯不科学有直接的关系。

一些上班族因为平时时间紧，每餐只是对付一下，到了周末就会大吃一顿，殊不知，暴饮暴食的危害是相当大的。当暴饮暴食后会出现头晕脑胀、精神恍惚、肠胃不适、胸闷气急、腹泻或便秘的情况时，严重的会引起急性胃肠炎，甚至胃出血；大鱼大肉、大量饮酒会使肝胆超负荷运转，肝细胞代谢速度加快，胆汁分泌增加，造成肝功能损害，诱发胆囊炎、肝炎病人病情加重的情况，也会使胰腺大量分泌，十二指肠内压力增高，诱发急性胰腺炎，重症者可致人死亡。研究发现，暴饮暴食后2小时，发生心脏病的危险几率增加4倍；发生腹泻时，老年人因大量丢失体液，全身血循环量减少，血液浓缩黏稠，流动缓慢，而引发脑动脉闭塞，脑血流中断，而导致脑梗塞形成。

饮食习惯同样也对肤色有很大的影响：

1. 面色黑黄

食盐过多的人容易造成肌肤粗糙发黑，经阳光暴晒后更是明显。

2. 雀斑、黄褐斑

食盐过多，除可使面色黑黄外，也有可能导致面颊长出雀斑。若同时摄入动物性脂肪和蛋白质过多，则会影响肝脏正常代谢而使雀斑更显眼。

3. 油黑脸

过量食用动物油和植物油的人容易造成油性黑脸。

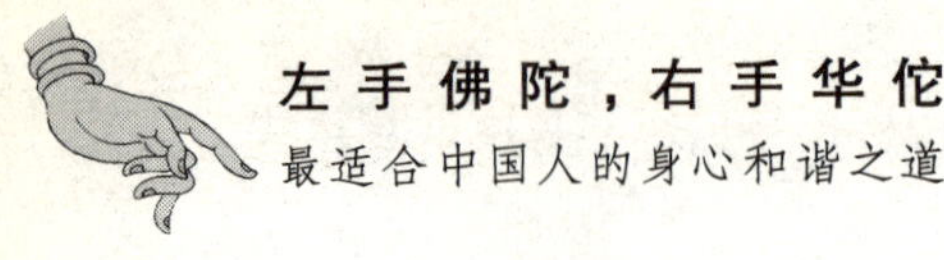

4. 红面孔

有关研究证明，正常面孔变成红面孔，其中一个很重要的原因，是摄取动物性脂肪和蛋白质过多。

那么我们应该怎么办呢？最好的饮食习惯就是早上、中午的饭吃得好一点，晚上的饭要尽量清淡一点，为什么呢？因为人在一天当中也得顺四时，早上是春天，中午是夏天，这时候自然界的阳气非常旺盛，当你过了中年以后，你脾胃的功能弱了，当你早上、中午吃好以后，它可以借助自然界的阳气把它运化了，所以就能消化吸收，晚上自然界的阳气弱了，人体自身脾胃的功能也弱了，这时候你吃完以后，它就不能够充分地运化，不能够充分化生成气血，它就淤滞下来了。

另外还要注意这几点：

宜早：人体经一夜睡眠，肠胃空虚，清晨吃些食物，精神才能振作，故早餐宜早食用。

宜缓：吃饭时细嚼慢咽有利于消化，狼吞虎咽会增加胃的负担。

宜少：人体需要的营养虽然来自饮食，但饮食过量也会损伤胃肠等消化器官。

宜淡：饮食五味不可偏亢，多吃淡味对健康大有好处。

宜暖：胃喜暖而恶寒。饮食宜温，生冷宜少，这有利于胃对食物的消化与吸收。

宜软：坚硬之物最难消化，而半熟之肉更易伤胃，尤其是胃弱年高之人，极易因此而患病。所以煮饮烹食须熟烂后方食。

一个人饮食习惯的好坏，直接影响脾胃功能的消化及营养的吸收，下面介绍几种有利于健康的饮食习惯。

站着吃饭：根据医学上对世界各地不同民族用餐姿势研究表明，站立位最科学，坐姿次之，而下蹲位是最不科学的。这是因为，下蹲时腿部和腹部受压，血流受阻，因而影响胃的血液供给。

饭前喝汤：饭前先饮少量汤，好似运动前做预备活动一样，可使整个消化器官活动起来，使消化腺分泌足量的消化液，为进食做好准备。

多吃凉食：科学家认为，降低体温是人类通向长寿之路。吃冷食和游泳、洗冷水浴一样，可使身体热量平衡，在一定程度上能够起到降低体温的作用，延长细胞寿命。

好吃苦食：苦味食物不仅含有无机化合物、生物碱等，而且还含有一定的糖、氨基酸等。苦味食物中的氨基酸，是人体生长发育、健康长寿的必需物质。苦味食物还能调节神经系统功能，缓解由疲劳和烦闷带来的恶劣情绪。

在选购食品时切勿以美丑、口味为标准，否则可能与诸多健康食品“失之交臂”。先说外观吧。以韭菜为例，不少人在购买时常垂青于叶子上没虫眼的、油绿的、长得“漂亮”的，而对那些蔫不拉叽的、叶子发黄的、个头“矮小”的则不屑一顾。殊不知，正是这些“不屑一顾”的才是健康成长的韭菜之本来面目。而那些“漂亮”的大多是经过种植者精心“伺候”或“梳妆打扮”弄出来的，最常采用的办法就是借助于农药，因为农药既杀虫，又有肥料的效应，致使韭菜在农药的“滋养”下出落得“楚楚动人”，看上去赏心悦目，而吃下去则“害你没商量”。美国研究人员最近发现，多数令口味并不太好的果蔬中却含有较多的抗癌物质，然而这些果蔬却受到大多数人的冷淡，其实这些不佳味道正是植物在长期进化过程中，为保护自身发展而形成的天然杀虫剂与其他的化学成分，食用这些化学物质可以增强人体抵御癌症的实力。

人们在安排食谱时，总要费尽心思地去考虑哪些食物防癌、哪些食物致癌，往往难以取舍。科学家的最新调查数据显示，饮食单一、长期偏食、挑食才是诱发癌症的罪魁祸首。研究发现，长期以玉米、山芋、豆类等富含粗纤维的食物为主食，食道、胃等上消化道细胞容易被食物磨损，这就需要相当数

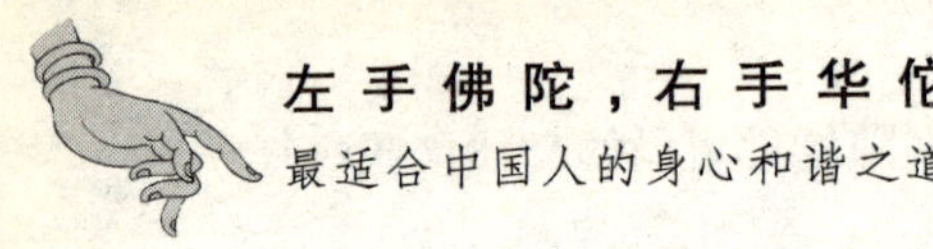

量的蛋白质来进行修复。如果食谱中又缺乏蛋白质的食物，即可能导致上消化道上皮细胞异常分化，细胞缺损严重，进而促使癌症提早发病。至于长时间以肉类等含脂肪过多的食品为主食，脂肪容易在下消化道，即大肠、胰脏等器官周围聚集，形成厚厚的脂肪膜，从而影响细胞分解，致使上皮细胞增生，时间一长同样诱发癌变。其实，癌变是一个长期的可逆性过程。在这个过程中，只要在某一段时间内中断，整个癌变过程又得重新开始。

鉴于此，我们不妨经常变换食谱，使餐桌多变翻新，不断地打乱癌变的病理过程，从而拒癌于体外——如此简便的防癌方法，比起在食物的选择上挑挑拣拣不是更容易操作吗？

第九章

左手佛陀，在爱与被爱中品味幸福的真谛

生命的意义，不在于生命的长度，而在于生命的宽度。懂得热爱生命的人都希望在有限的时间里，尽其所能地拓展生命的宽度，过好每一段属于自己的时光。一个人人生的完美，并不完全在于金钱、物质和权力，而在于人与人之间的关爱和互助。得到了真爱的人是幸福的。因为爱是人的天性，能尽人性、尽物性，天人合一，顺其自然地发展，才是生命的真谛，人生的完美。

真爱便是佛陀的真谛

爱就是付出，更是高尚无私的奉献，它不去计较个人的得失，只通过相互的给予，而不是相互的攫取来实现彼此的价值，也因此，爱不仅可以升华他人，也能够升华自己。

当你用一颗至诚的心去付出你的爱时，你就会发现爱一个人是伟大和快乐的，所以一位哲人曾经说："爱，能使伟大的灵魂变得更加伟大，能使一个上进的人更加成功。"

国外最新医学研究的报告资料显示，充满敌意的人患心血管类疾病的可能性，比有爱心、喜欢帮助别人的人要高3倍以上。这说明我们平时对他人的一点儿爱心，一个小小的善举，也会因为内心的愉悦和满足而增进自己的身体健康。爱是神奇的，甚至可以超越医学的力量，给生命制造美丽的奇迹。它就像一把明亮而生动的火炬，在照亮别人的同时也温暖了自己。

爱是自我的完善，也可完善他人，可以使自我和他人都得到进步。一个不爱自己的人，也很难对别人付出真心及爱心。如果自己的心智停滞不前，自然不可能推动他人的心智来发展，只有我们自身强化成长的力量，才能成为他人力量的源泉。

大仲马说："生命是一串由苦难组成的念珠。"的确，苦难常常犹如一头怪兽蛰伏在一旁，伺机跳出来噬咬一番，使我们的生命遭逢种种创伤。然而，生命的真谛绝不是苦难。每逢我们在遭受苦难时，总是能够使我们的生命得以升华和丰满。那些感悟，那些境界才应该是生命本身的真谛吧。苦难，只不过是我们生命旅程中的一颗小小沙砾。当我们行走，就是要不断地将这硌脚的沙子从鞋子里倒出来，而把坚强的意志、平和的心态、爱心的奉献一一装进背囊，这样，我们的生命才会臻于至善。

佛陀的爱，“是诸众生，皆是我子”，他把爱心扩大到无所不包，与万物合为一体，也因此自然产生“先天下之忧而忧，后天下之乐而乐”的高尚情怀，悲天悯人的仁爱心肠。爱就是付出，更是高尚无私的奉献，它不去计较个人的得失，只通过相互的给予，而不是相互的攫取来实现彼此的价值，也因此爱不仅可以升华他人，也能够升华自己。

一个人人生的完满，并不完全在于金钱、物质和权利，更在于人与人之间的关爱和互助。得到了真爱的人是幸福的。因为爱是人的天性，能尽人性、尽物性，天人合一、顺其自然地发展，才是生命的真谛，人生的完美。

其实，人的精神和情绪发生问题，常常是因为无法和他人建立正常的爱的关系，也往往是对方不懂得爱其实要细微地发现与爱护。也就是说，如果一个人不能产生对他人的关爱，无视对方的喜怒与哀乐，那这个人的生活质量就是有欠缺的，没有得到真正的完善，而一味地活在自我世界里，才会无视身边的人所渴望得到的点滴。久而久之，这种不健康不和谐的维系，也会影响自己身体的健康，也会给原本完美的爱蒙受一层灰意。

佛祖站在云端翘首俯瞰人间，他看到每一个城市都车水马龙，人来人往，每个人都奔着自己的目标匆匆独行，甚至忙得汗流满面。佛祖若有所思地问他的弟子：“弟子们，你们看呀，人们整天都忙忙碌碌，这究竟是为了什么呢？”弟子们双手合十，恭声答道：“佛陀，人们整天这样的忙忙碌碌，不外乎是为了‘名利’二字。”

佛祖用清澈的目光环视着弟子们，沉静地问道：“那么，你们且说说肉体生命究竟有多长久？”

“佛祖，有情众生的生命平均起来有几十年的长度。”一个弟子充满自信地回答道。

佛祖摇了摇头说：“你并不了解生命的真谛。”

另一个弟子见状，充满肃穆地说道："人类的生命如花草，春天萌芽发枝，灿烂似锦，冬天枯萎凋零，化为尘土。"

佛祖露出了赞许的微笑，"你能够体察到生命的短暂，但是对佛法的了解，仍然限于表面。"

又听得一个无限悲怆的声音说道："佛祖，我觉得生命就像浮游虫一样，早上才出生，晚上就死亡了，充其量只不过是一昼夜的时间！"

"喔！你对生命朝生暮死的现象能够观察入微，对佛法已经有了进入肌肉的认识，但还是不够透彻。"

这时，一个弟子站起身来，语惊四座地说道："佛祖，依弟子看来，人命只在一呼一吸之间。"

语音一出，四座愕然。大家都凝神地看着佛祖，期待着佛祖的开示。

"嗯，说得好！人命的长度，就在一呼一吸之间。只有这样认识生命，才能真正体味生命的精髓。弟子们，你们切不要懈怠放逸，以为生命很长，明日复明日地活下去，像露水有一瞬，像浮游有一昼夜，像花草有一季，像凡人有几十年。其实生命只有一呼一吸这样的短暂！你们应该好好地珍惜自己所拥有的一切，把握生命的每一分钟、每一时刻，勤奋不已，自强不息。"

生命的意义，不在于生命的长度，而在于生命的宽度。懂得热爱生命的人都希望在有限的时间里，尽其所能地拓展生命的宽度，活好每一段属于自己的时光。用自己无私的爱心，实践着人生的诺言。因此稍纵即逝的日子，匆匆流逝的光阴，对于他们有了新的内涵。生命愈是短暂，愈要使之过得丰盈与充实。

人的一生有太多的追求，也会有太多的磨难。一个人，贫寒和默默无闻并不可怕，可怕的是被磨难所吓倒，怕的是就此颓废，就此沉沦，失掉生活的乐趣，失掉赖以生存的精神家园。

好的物质条件不一定能使人成为有品位的人，而坏的物质条件也不会遮蔽人精神的清明。物质生活可以很贫乏，但精神生活却一定要充实，只要有心灵的纯净、清明，那么你就是富有的——精神上的富有，才是真正的财富。

在纷繁芜杂的尘世间行走，有时会疲倦，有时会困惑，有时会彷徨，你何不妨停下自己的脚步，让自己的心灵寻找一个休憩的地方。这个地方，不需要广阔而堂皇的空间，有一朵美丽而洁净的花就够了。

是的，哪怕是狭小的方寸之间，你也能避开人性的邪恶或者处境的危险，得到生生不息的力量与应对一切困难的勇气，从而在你生活的旅途上，也会更加有力地昂首向前迈进，尽管有时孤单落寞会如影随形。如果你总是沮丧颓废，总是烦躁不安，那一定是因为你还没有找到属于自己心灵的那一朵小花。

拂去心灵的尘埃，找到真实的自我，你就能闻到发自自身、或者他人的人格香气。时不时地静下心来仔细品味，你会不难发现：生命本真，温馨如斯……

爱到深处是亲情

世间之情有多种，唯有亲情最重。任多少流水都无法冲散、带走。无论时间多么久远，那块浓得化不开的亲情最终因为它超乎想象的重量而沉淀了下来，当爱情到了一定程度的时候，也会在不知不觉中转变成亲情。

亲情可谓是最高贵的爱情。在爱情告一段落时，爱情会面临不知去向的处境，可能灰飞烟灭，可能升华为亲情。爱情犹如鲜花一样，浓香醉人；但爱情也犹如鲜花一样，一枯一谢。唯独亲情会像涓涓细流一样，在不知不觉中淌过你的一生。终有一天，你会于不经意间发现这细细的流水竟变成了汪洋大海，那时你所感到的不仅仅是惊讶，还会因此而泪流满面。升华了的爱情在生活中比比皆是，夫妻之间的爱情，在多年生活中相濡以沫，彼此依存，最终成为父母亲情的继承，成为下半生最亲近的亲人，这就是爱情的升华，这就是真正的爱情。

在人生四要素里，友情要靠培养，爱情要靠缘分，自我实现需要拼搏，唯有亲情是与生俱来的财富。从还是个胎儿时期起，每个人就已经开始得到亲情的关爱，当哇哇坠地时，更成了父母家人最亲的宝贝。应该是所有人在幼年里都不会意识到亲情是多么可贵的财富吧，在孩子简单的头脑里，躺在父母怀里撒娇是天经地义的事，无须问为什么。孩子只会觉得父母给予得太少，没有吃不尽的零食，得不到所有想要的玩具，都是小朋友最大的“不幸”。而长辈们对于孩子的态度，给予的却是最宽容的笑，更纵容的宠爱。

当人生的其他要素开始慢慢被触及，亲情有时会被不成熟的心所厌恶。翻看学生们的作文，不计其数写道嫌妈妈唠叨、怪爸爸严厉的，在很多少年眼里，亲情远没有友情来得自由，更不如爱情的甜美。

终于，一一经历过了亲情、友情、爱情，在事业上也拼得累了，竟然开始怀念妈妈终日啰唆的样子，甚至怀念小时候爸爸责骂时的神态。及至自己也为人父或人母时，才会明白自己曾经享受了多少亲人的爱，才明白亲情是多么的无私和宽广。

躺在襁褓时，被家人呵护着成长，直到成年独立。白发苍苍时，在儿孙晚辈的关怀下度过垂垂的暮年，最后在亲友的哭泣中离去。能够完整地拥有一生的还是亲情，亲情见证了一个生命的旅程。人最值得炫耀的不是耗费心力赚下的万贯家财，也不是南征北战得来的声明显赫，而是无论在何时何地，都有亲人在一直地爱着你！

亲情是血浓于水的，是很稠很稠的。很多父母为儿女痛彻心扉，很多父母为儿女牵肠挂肚，看到很多父母为儿女骄傲高兴，都让我们明白“可怜天下父母心”这句话具有太丰富的情感内容了。但是作为子女，我们为父母确实做得太少了。也许父母认为他们只是做了应该做的事，但我们也要考虑现在和将来，有多少事情是我们应该为父母去做的。现在也许做得还不够多，但还是希望那是儿女们对父母回报的开始吧。情感有时候是很矛盾的，也许更多的沟通能够带来更好的感觉和效果。兄弟姐妹的同辈亲情又是不一样的感觉，大家未结婚之前的那种亲情的关爱欢乐，是很难忘怀的。年岁大了，大家都会走入婚姻的殿堂，重新有了独立的家，因为各种情况的影响，这种亲情也会承受更多的东西。需要我们去感怀过去的亲情，珍惜现在的家庭，同时在兄弟姐妹间，需要更多的尊重关爱，体谅和理性地处理相关事务。

有位信徒问：“我究竟该找个我爱的人做我的妻子呢？还是找个爱我的人做我的妻子呢？”

禅师笑了笑说：“这个答案其实就在你自己的心底。这些年来，能让你爱得死去活来，能让你感觉到生活充实，能让你挺起胸不断往前走的，是你爱的人呢？还是爱你的人呢？”

信徒也笑了：“可是朋友们都劝我找个爱我的女孩做我的妻子。”

禅师说：“要真是那样的话，你的一生就将从此注定碌碌无为了！你习惯在追逐爱情的过程中不断去完善自己。当你不再去追逐一个自己爱的人，你自我完善的脚步也就停滞下来了。”

信徒接过了禅师的话：“那我要是追到了我爱的人呢，会不会就……”

禅师说：“因为她是你最爱的人，让她活得幸福快乐被你视作是一生中最大的幸福，所以，你还会为了她生活得更加幸福和快乐而不断努力。幸福和快乐是没有极限的，所以你的努力也没有极限，绝不会停止。”

信徒说：“那我活得岂不是很辛苦吗？”

禅师说："这么多年了，你觉得自己辛苦吗？"

信徒摇了摇头，又笑了，然后问："为什么我以前爱着一个女孩时，她在我眼中是最美丽的？而现在我爱着一个女孩，我却常常会发现长得比她还漂亮的女孩呢？"

禅师问："你敢肯定你是真的那么爱她，在这世界上你是爱她最深的人吗？"

信徒毫不犹豫地说："那当然！"

禅师说："她不是这世间最美丽的，甚至在你那么爱她的时候，你就清楚地知道这个事实。但你还是那么的爱她，因为你爱的不只是她的青春靓丽，要知道韶华易逝，红颜易老，但你对她的爱恋已经超越了这些表面的东西，也就超越了岁月。你爱的是她整个的人，是她独一无二的内心。"

信徒问："为什么后来在一起的时候，两个人反倒没有了以前的那些激情，更多的是一种相互依赖呢？"

禅师说："那是因为你的心里已经在潜移默化中将爱情转变为了亲情！"

爱情就像是一杯酒，让你心跳，让你沉醉，当爱情发生的时候，是一种激情的展示。激情过后，总会平静，就像大海有咆哮的时候也有风平浪静的时候。人不可能一辈子总生活在激情里面，再热烈的激情最终也会趋于平淡、走向自然。所以爱会转化成为一种更长久、更稳定的情感，这就是亲情。"爱到深处情转薄"，爱情浓似乳，亲情淡如水，水乳交溶正是最高境界，是夫妻感情的升华，是爱的激情过后的成熟。

一个"亲"字，包含了我们多少的感动？这一个"亲"字包含了多少爱的永恒！当夫妻关系到了亲情的地步，那么就预示着双方成为了不可分割的一个整体，有人说：摸着老婆的手，好像自己在摸自己的手的感觉。我们的爱情经过了岁月的磨炼演变成了这样至善至美的亲情，那我们还有什么不满意的呢？夫妻双方就像自己的左手和右手，是我们彼此双方身体中的一部分，你中有我，我中有你，今生今世还能分开吗？

幸福家庭都有一副坏的记忆力

家庭和谐除了一副好身体之外，还要有坏的记忆力。对于鸡毛蒜皮的小事，该放过就放过，耿耿于怀是颗定时炸弹。

家家都有一本难念的经，说起来不过是微不足道的“不顺心”，如果一点儿一点儿地累积起来就会掀起“大风暴”。该忘记的时候要忘记，过去的就让它过去，你再整理再理论，只会让关系破裂。家是心灵的港湾，而不是永恒的战场。

一个幸福家庭是什么样的？儿孙满堂、钱财满贯、合家欢乐、大富大贵，父慈、妻贤、子孝……人们对于幸福家庭的追求是永无止境的，好了还想更好。似乎总有一个十全十美的目标树立在那。如果让你在众多家庭幸福的定义中只能选择一种，你会选什么？金钱、权势、地位？恐怕大多数的人会放弃它而选择健康。也许没有舒适、华丽的房子，也许没有权势在握的父母和有出息的孩子，也许没有高贵的门第，也许没有盘根错节的亲戚关系，也许只是千千万万平凡家庭中的一个，正努力地维持着温饱生活。可是，只要家人是健康的，那么你就有了走向幸福的基础。“健康是福”！只有全家人健康，才有走向辉煌明天的可能性。健康的体魄，是家庭崛起的起点，是一切可能性的开始。如果没有健康，纵然钱财满屋、权势冲天，又能怎样？怎奈无福消受。虚弱的身体，病痛的折磨会让你的心冰冷，提不起劲儿往前走。“家有病人”也是家庭的不幸，费钱费力不说，整个家庭的重心都会放在病人身上，整天担心，百般忙活，甚至要放弃一部分的工作来照顾病人。

好的身体是家庭幸福的前提，是迈向幸福、快乐的起跑线。

光有好的身体还不行，家庭和谐还要有坏的记忆力。对于鸡毛蒜皮的小事，该放过就放过，耿耿于怀是颗定时炸弹。

一对年轻的夫妻，刚结婚没多久。两个人都是大学生，工作也不错，但都是一般家庭出身，所以每月都有大笔的房贷。结婚后，丈夫工作更用心了，常常工作到很晚才回家，周末也会在家里加班。新婚夫妇自然是恩爱的，但是妻子明显感觉到丈夫没有以前那么对自己上心了。果然，女人是一娶到家就掉价儿了，妻子这样对她的女友发牢骚。别人就劝她，说男人不比女人，要养家要有事业，他需要自己的天地。妻子这么想着也就气消了，只是偶尔发发牢骚。两个人第一次的结婚纪念日过得很浪漫，好像又回到了大学校园里谈恋爱的时候。日子就这样过去。丈夫越来越忙，除了加班，还有了各种难以推脱的约会。不管多晚，妻子还是在家等他回来。两个人彼此倾诉工作上的不顺心和同事之间的小隔阂，感觉轻松和温暖。第二个结婚纪念日，两个人是分开过的，因为丈夫出差去了，妻子嘴上说理解，心里却并不好受。这次出差是可以换成其他人的，但丈夫为了表现而将其硬争取过来。明知道有重要日子，干嘛还要去抢着出差。这样的事情越来越多，妻子的生日、情人节、甚至春节回娘家，丈夫也缺席了。妻子跟丈夫理论当初的约定、誓言什么的。丈夫听得很不耐烦，说女人就是见识短，不懂得体贴。两个人越来越看到对方的“变化”。丈夫出门的时候没有道别，不再主动地刷碗，不再关注她的衣着……丈夫感到妻子越来越挑剔，总是在小事上找茬……在第三个结婚纪念日，两个人面对面地开始“谈判”了。妻子列出了丈夫的种种过失，长长的一个单子；出乎意料的，丈夫也列了一个长长的单子，是关于妻子如何挑剔的。两个人交换来读，太长了，读着读着，两个人竟笑起来。牙刷没有摆好、牙膏不是从下往上挤、拿她的母亲开玩笑、在聚会时总是瞟美女的大腿、他没有按照约定去会见她的女友、在她生病的时候去和朋友打球……丈夫列的单子上，同样是这样的“小细节”：总是看无聊的肥皂剧、没有为他的母亲准备生日礼物、不让他吃辣的食物、总是挑剔他的发型、在他的朋友面前表现得太小气、总是动不动就发脾气、做饭总是太淡……而这些，在结婚以前，都是彼此知道的。那么，到底是哪里出问题了呢？也许不该太过计较。

家庭是心灵的港湾，是我们可以放松、可以随意表露自我、可以获得温暖的地方。在家里，我们总是毫无顾忌地把自己最真实的一面表露出来，总是不想掩饰自己的情绪，总是渴望能得到家人的谅解和照顾。在家里，我们都想做个“孩子”。所以，家庭既是心灵的港湾，又像是永恒的战场。然而说起来这些都不过是微不足道的“不顺心”，如果一点儿一点儿地累积起来就会掀起“大风暴”。该忘记的时候要忘记，过去的就让它过去，你再整理再理论，只会让关系破裂。想靠着客观的分析和评判治理好一个家庭，是不可能的。弄清楚谁对谁错没有丝毫价值，好的家庭是要有坏的记忆力的。

百善孝为先，及时尽孝心

百善孝为先，孝心是稍纵即逝的眷恋，是无法忽视的幸福，是一旦错过而成为千古恨的往事。

“百善孝为先。”这一句出自清人《围炉夜话》的文章之中。因为是根本的道理、根本的人伦、根本的共识，所以数千字的《围炉夜话》，抵不过这一句“百善孝为先”的名声。

为何以孝为百善之先？其实正因这句话说到了“根本”之处，所以放之四海而皆准。何止百善，千行万念，无不以此为先。这又为何？因没有孝，没有根本，就没有人类传承。为人子女当孝，为人父母当慈。父母养子女叫做

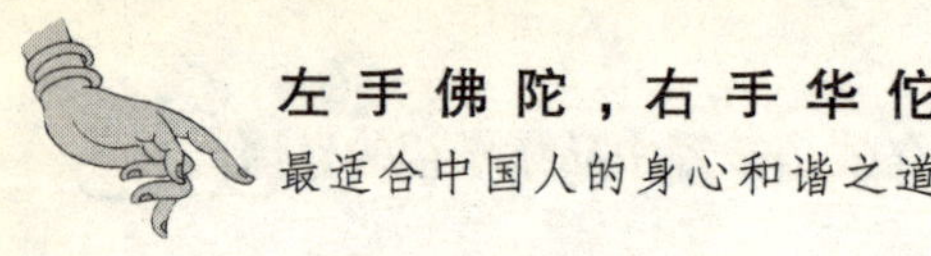

“养”，子女养父母也叫做“养”。前者抚养成人，后者赡养终老。这叫天经地义。如何叫天经地义？人栽果树，此树领受天地雨水日光，必然开花结果。就算是“人参果树”那样精贵的树种，也要三万年一开花，三万年一结果。没有受人滋养而不报答的天地道理，这就是天经地义。

我们看孝字的写法，下面是“子”，上面是“老”，所以《说文》中说“孝”为：善事父母者。老在上，子在下。这是长幼尊卑的次序、礼节。也可以视为子承老，儿子背老父母，这是象形，更是直观的孝行。

所以人生在天地之间，《论语》记先师之言曰：三十而立。为何是三十才称为“立”？“立”，是以人伦、人道、人理立在天地之间。以德行道理立，断然不是以“财利”而立。人生到30岁的年纪，非但自己为人子女，并且已做人父母，应上知为人子之道，下知为父母之道。

百善孝为先，孝心是稍纵即逝的眷恋，是无法重现的幸福，是一旦错过而成为千古恨的往事。不要让你的孝心来得太迟，更不要留下“子欲养而亲不在”的遗憾。

天下每一个赤诚忠厚的人，也许都曾在心底向父母许下“孝”的宏愿，但是，我们却忽视了一个残酷的现实：时间的流逝将会带走尽孝的机会。因为人生是短暂的，生命本身是不堪一击的脆弱；功成名就、衣锦还乡的那一天，也许父母带着对我们深深的挂念已经离开了人世。于是，我们将永远无以尽孝。如果一个人挣钱后，准备孝敬父母时，却见到了父母的灵柩。那悲痛，应是一种迷惘、一种懊悔、一种欲哭无泪、一种永远无法弥补的遗憾。

我们中更多的人是无意中让孝心打了折扣，我们常因各种原因忽略了对父母的关爱。人生短短几十载，能和生我们养我们、疼我们爱我们的父母一起度过的时光又有多少？我们要尽自己的所能为父母尽一份孝心。无论用什么方式来回报，无论这种方式是丰厚的还是微薄的，只要是向父母献上一份孝心，那这种感情就是无比珍贵和美好的。

我们不要一味地认为尽孝心可以来日方长，殊不知，只有父母长辈健在的日子里，才是子女们真切表达孝心的时候。有一些事情，当我们年轻时无法懂得，当我们懂得时已不再年轻。世上有些东西可以弥补，还有一些东西却永远无法弥补。这种爱不容等待，尽孝心要及时。

有一则公益广告，也许大家都不陌生：一位头发花白的母亲，坐在电视机旁等着儿女回家团聚，忽然，电话响了，小孙子打电话回来说："奶奶，爸爸妈妈今天有事，我们不回来吃饭了。"老母亲失落地回到沙发上继续等待。过了一会儿，女儿又打电话来说："妈，DVD您老看得还习惯吗？因为有事，今天咱不回家了，"话还没说完，女儿挂了电话。老母亲失望地握着电话，接着是一阵忙音。"忙……都忙……"电视节目播完了，电视上出现了闪闪的空屏，老母亲一个人孤独地坐在沙发上。

人要有孝心，孝心不取决于钱物的多少，最重要的是亲情，是父母精神与心理上的满足和愉悦。少年读书时，认为父母年轻力壮，挣钱供子女读书是应该的事，用不着子女孝顺；参加工作了，认为父母无病无灾，自己又组建了家庭，拖家带口，没有条件尽孝心；人到中年，工作忙碌，应酬繁多，自己在为成功而奋斗，没机会、没办法尽孝心；人过半百，已到了花甲之年，身体不健康的因素增多，微薄的经济收入还不能满足自己的生活需要，没能力尽孝心。上述种种，好像尽孝心必须具备什么条件，或者有什么机会才能够做到。

尽孝是不能等待的，不能等老人去世后才捶胸顿足、撕心裂肺，一副痛哭流涕的样子，这才意识到没有尽到孝心。我们每个人都会有年老的一天，关爱老人就是关爱未来的自己。父母生儿育女，为子女上学、工作、结婚等操劳一生，能在有生之年得到儿女孝敬，在亲情中颐养天年，是他们最大的期盼和幸福。但现在，年轻人大多与父母分开生活，另立门户，又都忙于自己的工作，顾及着小三口之家，虽然有孝心，却很少有时间照料老人。他们总想着等条件再好点，钱挣再多点，孩子再大点再尽孝。但是，时过境迁，等所谓的好条件到来时，老人也就可能走完了人生旅程，毕竟岁月不等人。其实，孝顺父母也不能只看物质，精神赡养更为重要，最关键的是心中要有父母。闲时多回家看看，忙时不忘打个电话问候问候，饭前陪父母谈谈心，饭后帮父母干点活儿，父母的心里就会觉得无比温暖和欣慰，这比给父母金钱和美味佳肴要甜美得多。

爱情是付出一切却依然富有

你是为自己而爱别人，不是为了得到对方的回报，更不是为了给别人看。那种爱情的感觉，那种纯粹地爱了一场的感觉将深深地埋藏在你的心灵，让你时时感到温暖，值得你一生去收藏。

爱情不是占有，而是彼此的愉悦和扶持。恐怕没有人会反对这句话。曾经有人说过爱情就像是一个跷跷板，需要两个人的力量才能将这个游戏很好地进行下去。爱情就是需要两个人认真地经营，才能等来丰收的那个季节。但是，如果说爱情是献出一切，恐怕很多人未必同意。“真心地对我好，不要求回报”，这样的话估计也只能在流行歌曲里唱唱而已。“不求回报，只要你过得好”的想法在现实生活中多少让人觉得有些无奈和虚伪。但是，这的确是一种很伟大的爱情观。两情相悦，固然是人间美事，可是爱情没有那么的圆满。爱情里的计较，从古至今从来没有停止过。到底谁爱谁多一点？我们嘴上说不在乎，心里却比谁都算得清楚。这也是“吃醋”的主要原因之一。但是，毕竟有一种爱情就是全身心的付出，像烈火一样，只为温暖对方而不惜摧毁自己。

林徽因、梁思成夫妇都曾留学美国，加之家学渊源，他们的中西文化造诣都很深，在知识界交友也广，家里几乎每周都有沙龙聚会。而金岳霖孑然一身，无牵无挂，始终是梁家沙龙座上常客。他们文化背景相同，志趣相投，交情也深，长期以来，一直是毗邻而居，常常是各踞一幢房子的前后进。即使偶而不在一地，例如抗战时在昆明、重庆，金岳霖每有休假，也总是会跑回家居住。金岳霖对林徽因的人品及才华赞羡至极，对她十分呵护；林徽因对他也是十分钦佩敬爱，他们之间的心灵沟通可谓非同一般。

据说，一次林徽因哭丧着脸对梁思成说，她苦恼极了，因为自己同时爱上了两个人，不知如何是好。林徽因对梁思成毫不隐讳，坦诚得如同小妹求兄长指点迷津一般。梁思成自然矛盾与痛苦至极，苦思一夜，比较了金岳霖优于自己的地方，他终于告诉妻子：你是自由的，如果你选择金岳霖，祝你们永远幸福。林徽因又原原本本把一切告诉了金岳霖。金岳霖的回答更是率直坦诚得令凡人惊异：“看来思成是真正爱你的，我不能去伤害一个真正爱你的人。我应该退出。”

从那以后，他们三人毫无芥蒂，金岳霖仍旧跟他们毗邻而居，相互间更加信任，甚至梁思成与林徽因吵架，也是找理性冷静的金岳霖做调解。

金岳霖晚年还对人讲：“比较起来，林徽因思想活跃，主意多，但构思画图，梁思成是高手，他画线时不看尺度，一分一毫不差，林徽因没那本事。他们俩结合得如此好，这也是不容易的啊！”

像这种毫无芥蒂、比邻而居的佳话，估计非常人能做到。但是在这里，我们看到两个为爱付出的男人。金岳霖对林徽因的深情可谓是比海深、比山高。记得他晚年曾举办了一次老友聚会，而理由竟是“今天是林徽因的生日”。这时，林徽因已经去世多年了。这样一份沉甸甸的感情，他何曾不想付诸行动，和林徽因比翼双飞。更何况当时林徽因已经动摇了，但是他退出了，因为他不能去伤害一个真正爱林徽因的人。金岳霖先生是学哲学的，对情感自然是节制的。但是越理智越痴狂，他竟然终身未娶，以自己的方式守爱着林徽因。这让我想起徐志摩，这个像火焰一样的诗人，爱情炽烈而不顾一切。他为了林徽因离婚了，然后又千里追寻，以求美人顾盼。徐志摩的追求和金岳霖的退出是截然相反的态度，却同样震撼着我们。梁思成跟林徽因算是金玉良缘。但是在林徽因说自己同时喜欢两个人的时候，作为丈夫的他却选择成全。这是一种怎样的爱情。得到后的放手，不是不爱，而是太爱，宁愿让心爱的人以自己的方式飞翔。

这个故事的结局有点儿像童话。现实中的我们很难有这样圆满的结果。也许有的时候，你付出了所有，依然是孑然一身，连毗邻而居、成为朋友的可能性都没有，只能默默地相忘于江湖。就算这样，你也践行了你的爱。你是为自己而爱，不是为了得到对方的回报，更不是为了给别人看。那种爱情的感觉，那种纯粹地爱了一场的感觉将成为你心底一块温暖的地方。它会伴随着你继续行走，帮你赶走严寒，带来幸福的微笑。为了自己而爱，就要爱得无怨无悔、毫无保留，就算付出了一切，却依然富有。这种富有虽然在别人眼中是一文不值的，但于你却是永不磨灭的。每当想起那种当你不开心时，他(她)会想尽办法使你高兴起来；每当想起为了给你一个惊喜，他(她)会连夜赶车出现在你的面前；每当想起你说想吃什么的时候，他(她)总是第一个将东西送到你的面前，这时你的脸上一定会洋溢出快乐的笑容。这种快乐是来自心底的，这种快乐是如此的自然而然，这种快乐是如此的让你流连忘返。虽然当时的那个人已不在身旁，不再为你的快乐而快乐，不再为你的悲伤而悲伤，但是那份爱却永远地留在了你的身旁。

失恋就是离开一个已不相爱的人

爱情就像你栽的一盆花，看着它生根、发芽、吐蕊，却在花期被虫蛀了。你舍不得将其重新播种，你害怕再也碰不到这样美丽的花朵，你不甘心就这样功亏一篑。可是，没有了爱情的花朵注定是枯萎的。与其寂寞地拥抱，不如放开胸怀，重新开始。

一个朋友失恋了，陪她去 KTV 宣泄，才发现原来失恋的歌这么多。热恋的快乐是千姿百态的，而失恋的痛苦却只有一种，就是无可排遣地自我折磨。男方提出分手的理由简直让人崩溃——两个人的金钱观念有差距。说白了，就是嫌我的朋友太小气，吃饭从来没有付过钱，送给他的礼物都是几块钱的手工制品，从来没有主动买东西给他的家人……的确，男方在花钱上很大方，才不过半年，给我朋友买的礼物从皮包到香水，应有尽有。而我的朋友，虽然也是一位高级白领，但是从小养成了节俭的习惯，钱包一向很紧。这个男人自然遭到了我们周围几乎所有人的鄙视。虽然我们谈恋爱的时候，一定会考虑对方的物质条件，但是因为“女方花钱太少”而分手实在让人不可思议。

本来是两个性格很互补的人，都出身于工薪家庭，学历相当，工作也都还不错。朋友把他们撮合在一起后，都很看好他们的发展。没想到，只维持了半年。我的朋友自然很不甘心，不断地跟我说他们的点点滴滴，从开始接触到表白到几次游玩到互送礼物到亲密发展到冷淡到分手。每说完一次，都要拽着别人问自己到底哪里小气了。我们都说不是你小气，是男方故意找借口，就是不爱了，所以才这么说。你本来就是这样的人啊，他又不是不知道，当初没事，为何现在就介意了呢？还不是因为不爱了。我们都认为这样的说法很有道理，却还是无法让朋友平静。她自己分析每一个细节，哪一次她不该让他等？哪一次她不该跟他发脾气？哪一次她不该非让他陪她去逛街……其实，这些都不是理由。她知道的，因为他明明白白地说了。因为不爱了，所以以前可以包容的缺点现在却无法包容了。

我问朋友，你爱他吗？这样一个计较小钱的男人你还爱吗？也许，他的才华、他的幽默、他的体贴、他的条件，你都舍不得放弃，可是他的这种“用钱来表达爱情”的观念和方式是你所喜欢的吗？他说不适合未必没有道理，你们的金钱观念会导致很多的不和谐。你所不能割舍的，是一个你想象中的人，保留了优点舍弃了缺点。退一步说，就算他再好又有什么用呢？他不爱你，他再好也不是你的。就算你挽留住了，也只是一场虚妄。失恋，只不过是谁提出分手的问题。如果不幸的是对方先提出了，你不必把所有的错误揽在自己身上。被拒绝、被抛弃的时候，我们总是习惯性地想，是不是自己不好？是不是自己做错了？事实上，只是不适合。你们不适合彼此的口味，而终究会有对你口味的人在等待你。现在离开，是离开一个错误的陷阱而迈向新的、幸福的城堡。如果你仍然陷入其中而不可自拔，那么你就无法达到幸福的目的。失恋了，不是被所爱的人抛弃了，而是你终于和一个不爱的人分手了。

痛苦是在所难免的，毕竟相互扶持走过一段岁月，毕竟曾经抚慰过彼此的寂寞和伤痛，毕竟好不容易熟悉了一个人时却又要离开。就像你栽了一盆花，看着它生根、发芽、吐蕊，却在花期被虫蛀了。你舍不得将其重新播种，你害怕再也碰不到这样美丽的花朵，你不甘心就这样功亏一篑。可是，事实毕竟是事实。没有了爱情的花朵注定要枯萎。与其寂寞地拥抱，不如放开胸怀，重新开始。

从前有个书生，和未婚妻约好在某年某月某日结婚。到那一天，未婚妻却嫁给了别人。书生受此打击，一病不起。这时，路过一个云游僧人，从怀里掏出一面镜子叫书生看……书生看到茫茫大海，一名遇害的女子一丝不挂地躺在海滩上。路过一人，看一眼，摇摇头，走了。又路过一人，将衣服脱下，给女尸盖上，走了。再路过一人，过去，挖个坑，小心翼翼地把尸体掩埋了。僧人解释道，那具海滩上的女尸就是你未婚妻的前世。你是第二个路过的人，曾给过她一件衣服。她今生和你相恋，只为还你一个情。但是她最终要报答一生一世的人，是最后那个把她掩埋的人，那人就是他现在的丈夫……书生听后大悟。

谁是你前世埋的人？谁又是前世埋你的人？有些缘分注定就是一件“衣服”的情缘，盖上时有刹那的温暖，然后就走了。而有些人注定是要陪伴你一辈子的。失恋，不过是离开一个不爱的人，与其痛苦地想挽留，不如潇洒地走开。你命运中的良缘还在远方，不要在一次失恋上耽误太多的时间，而误了自己的良缘。

越不珍惜的东西，往往就是最珍贵的东西

人是喜欢做梦的动物，他们总是想入非非地为自己虚构一些浪漫的情节，然后耗其一生的精力去追求。殊不知，眼前的风景才是最美丽的，自己拥有的才是最好的。

很多时候，人总是看不到自己拥有的幸福。

隔壁的小两口又在吵架了。

男的说：没见过像你这样蛮不讲理的女人。女的也不甘示弱：我也没见过像你这样粗鲁蛮横的男人。男的又说：你看看人家方方妈，多温柔体贴，多会操持家务，哪像你整天就只知道逛街花钱；女的反唇相讥：还好意思说，你也不看看晓晓他爸，人家上两个班，还经常写字画画，发表文章赚外

快，哪像你就知道喝酒聊天瞎胡侃！

俗话说得好："老婆是人家的好，孩子是自家的亲。"

在现实生活中，有太多这样的情况。想想当初，那个作为选择的人不是你吗？那个他（她）不是你最为理想的选择吗？若不然，你又为何与他（她）结婚呢？两个人经过一段婚姻生活后，婚前的新鲜感已荡然无存，对方的缺点也暴露无遗，这时就会生出许多抱怨来：真不知道我当初是怎么看上你的……

人们常说：没有得到的，就是最好的。很多人也抱着这种心理，他们往往对"失去"的那位加以美化，而把自己身边的这位与"失去"的那位作对比，就会发现身边的这位一无是处，怎么看都不顺眼，而"失去"的那位却完美无缺，犹如神仙一般。其实，那完全是人的心理作用，人总是沉醉于自己的梦幻之中。当梦醒的时候，才会发现眼前的才是最好的。

有一个人，年轻时与一少女相恋多年。那少女活泼、开朗、能歌善舞，是个人见人爱的"黑牡丹"。后来，"黑牡丹"远嫁他乡，而这位朋友也早已为人夫、为人父。只是这位朋友觉得现在的妻子这也不顺眼，那也不顺心，长相不佳、吃相不佳、坐相不佳、睡相不佳，总之，妻子没有一样称他的心、如他的意，与自己心中的"黑牡丹"简直不能相提并论。他的妻子为此常常黯然神伤。后来，他的妻子索性放开他，让他去异乡看望他的梦中情人。他如遇大赦般地去了，在三天两夜的火车上，他设计好种种重逢的浪漫，于是，他满怀憧憬地敲开了"黑牡丹"的家门。

开门的竟然是一个腰围大于臀围的黑胖夫人，一见面，她就兴趣盎然地对他大讲泡酸菜的经验，因为当时她正在泡酸菜，屋子里一片繁忙的景象。

这就是令他魂牵梦萦、朝思暮想的"黑牡丹"！

他回到家后，竟突然发觉妻子什么都好，妻子也破涕为笑，从此，两人过得和和美美。

当这位朋友见到自己日思夜想的梦中情人后，他一下子惊醒了：原来自己陶醉在了自我的想象里了。从此，他便对妻子的态度有了改变，看到她什么都觉得好了。人总是追求一些不切实际的东西，到头来才发现自己所拥有的才是最好的，而自己却从来无视于它的存在！

记得一个关于苹果的故事：

佛陀拿出两个苹果，让一个男子挑选。这男子权衡再三，终于下定决心，选了自己认为最好的一个。佛陀含笑着赐给他，他千恩万谢，接过后转身离去。突然，他却反悔想调换成另一个，回头却发现佛陀不见了，他只得耿耿于怀地过了一生。于是，佛陀叹道："人啊，总是期待那些未到手的，而不好好珍惜手中所有的，怎么可能获得幸福呢？"

佛陀一句话道出人世间的真理。常言道：这山望着那山高，到了那山更糟糕。其实，你认为最好的也未必适合你，现实生活中的这类事例比比皆是。请告诉自己：自己的爱人就是世界上最完美的伴侣。当你这样做的时候，你会感到心理平衡，你才会拥有一个更加快乐、幸福的人生。

完美是幸福的反面

很多人都在追求完美，其实世界上根本就没有完美的东西。"完美"永远只存在于我们幻想里，太过执著地追求完美，只会给自己带来无尽的痛苦。

一个有洁癖的女孩去餐馆吃饭，因为怕有细菌，竟自备酒精消毒桌面，用棉花球细细地擦拭，唯恐有遗漏。难道她不知道人体表面都充斥着细菌，比如她自己的手，可能就比桌面还脏吗？

一个孩子犯了一个错，母亲不断地指责，因为她要孩子以后不再犯错误。

这时孩子拿出一张白纸，并且在白纸上画了一个黑点，问："妈妈，你在这张纸上看到了什么？"

“我看到这张纸脏了，上面有一个黑点。”母亲说。

“可是它大部分还是白的啊！妈妈，你真是个不完美的人，因为你只会注意不完美的部分。”孩子天真地说。

有一位极有正义感的人，他痛恨不义之人，一直很想杀光世界上的坏蛋，好让世界完美起来。

有一天，他突然接到一封上帝的来信，上帝说这位先生也是个坏蛋，因为他的心中从来就没有爱。

追求完美本来是一件好事，如太过追求完美，就会形成这样一种情景：譬如一件事情没有做到令自己满意的程度，那么必定是吃不好，也睡不好，总觉得心里有个疙瘩。什么事情都有个度，就像水到了100℃时就会沸腾，低于0℃就会结冰一样，追求完美超过了一定的度，就会变得不完美。做任何事情都要学会适可而止，如果不能达到想象中的完美就誓不罢休，那也只能是自己为难自己了，长久下去，心里就有可能系上解不开的疙瘩，而且这疙瘩会系得越来越大，会系得越来越死。我们常说的心理疾病，往往就是这样不知不觉出现的。这是因为我们的心理像是一根树枝，即使再坚硬，也会渐渐承受不了我们自己找上门来越来越沉重的负担。

完美是一个漂亮的陷阱，将我们陷入里面的泥塘，而我们却以为是席梦思软床。我们就这样身不由己地跌进完美的误区里，只是这种误区常常有一个华丽的外表，并且以良好的状态开始作为引导，然后被日后的逞强、虚荣所替代，心理上渐渐地磨出了老茧，而自己却浑然不知。

“心病还须心药治，解铃还须系铃人”。很多人都以为完美便是幸福，其实完美是幸福的反面。追求完美并不一定能给自己带来幸福，而且超过了一定的度，还会给自己带来痛苦与灾难！那么，我们到底应该如何避免追求完美给自己带来的不利影响呢？

（1）必须找到问题的根源，即做事情过于追求完美、吹毛求疵。为了从

99.9%跨越到理想中的100%，而为最终的那0.1%付出多出正常标准很多倍的时间、精力等资源。但是那0.1%是最难获得的，我们根本没有必要去强求它。

（2）坚持正常的学习和工作，使生活节律紧凑有序，同时培养广泛的兴趣爱好，通过参加社交及文体活动，分散和转移对不切实际的完美的关注。

（3）我们必须清醒地明白这个世界没有十全十美的事物，要保持一颗平常心并知足常乐，才是完美的心境。

一句恶言会将所有的好话一笔勾消

皮肉上的伤口可以忘记，而心灵上的创伤却永远也无法痊愈！而你自己从此也会活在永无休止的懊悔之中。

荀子曰：与人善言，暖于布帛；伤人之言，深于矛戟。意思是说：给人好话，温暖如同衣布；中伤人的话语，伤害之深犹如刀枪。事实上，恶语带来的伤害比刀枪之伤更难于复原，因为那是心灵的伤口。也许你说过一千句好话，但是偶尔的一句恶言就会让以前的好话一笔购销，而且背上永恒的懊悔。有这样一个小故事：

一头熊在与同伴的搏斗中受了重伤，它来到一位守林人的小木屋外乞求援助。

守林人看它可怜，便决定收留它。晚上，守林人耐心地、小心翼翼地为熊擦去血迹、包扎好伤口并准备了丰盛的晚餐供熊享用，这一切令熊无比感动。

临睡时，由于只有一张床，守林人便邀请熊与他共眠。就在熊进入被窝时，它身上那股难闻的气味钻进了守林人的鼻孔。

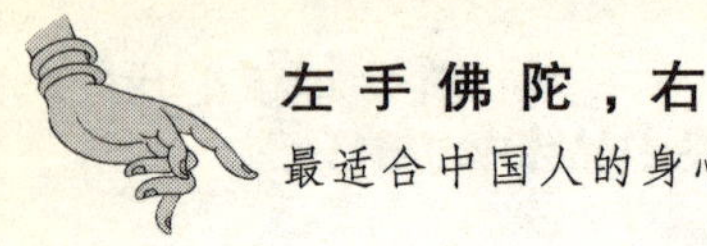

“天哪！我从来没闻过这么难闻的气味，你简直是天底下第一大臭虫！”

熊没有说任何话，当然也无法入眠，勉强地挨到天亮后向守林人致谢后上路了。

多年后一次偶然相遇时，守林人问熊：

“你那次伤得好重，现在伤口愈合了吗？”

熊回答道：“皮肉上的伤痛我已经忘记，但心灵上的伤口却永远难以痊愈！”

皮肉上的伤痛我已经忘记，但心灵上的伤口却永远难以痊愈！这一句话敲醒世人的执迷。也许你像故事中的猎人一样，本着善心救了他人，但是你不经意的一句牢骚就让一切归于零，甚至为负。毕竟，伤害人的心灵比伤害肉体更加罪恶。也许，因为你无心的一句牢骚、抱怨、指责，甚至是一个蔑视、嘲讽的眼神，就会在别人的心灵上留下永恒的伤痛。

这些道理大家都懂，可是有的时候，就是控制不住自己。看不惯的时候总想说上两句，不舒服的时候也不想让别人快活；已经习惯了“直来直去”的说话方式，再怎么小心都会出错；向来说话不经过大脑，好话歹话都说尽了；脾气太冲动了，话说出口就后悔了……不由自主、脱口而出的时候总是太多。当你并无伤人之心时，怎样最大程度地避免“口出恶言”呢？还不得不引人深思。

从前，有个脾气很坏的小男孩，遇到不顺心的事儿就发脾气。一天，他父亲给了他一大包钉子，要求他每发一次脾气就必须在他家后院的栅栏上钉上一个钉子。第一天，小男孩共在栅栏上钉了37颗钉子。

过了几个星期，由于学会了控制自己愤怒的情绪，小男孩每天在栅栏上钉钉子的数目逐渐减少了。他发现控制自己的脾气要比往栅栏上钉钉子要容易得多了——最后，小男孩变得不爱发脾气了。

他把自己的转变告诉了父亲。他父亲又建议他说："如果你能坚持一整天不发脾气，就从栅栏上拔掉一颗钉子。"经过一段时间，小男孩终于把栅栏上的钉子全部拔掉了。

父亲拉着他的手来到栅栏边，对小男孩说："儿子，你做得很好，但是，你看一看那些钉子在栅栏上留下的小孔，栅栏再也不会是原来的样子了。当你向别人发过脾气之后，你的言语就像这些钉孔一样会在人的心灵中留下疤痕。你这样做就好比用刀子刺向别人的身体，然后再拔出来。无论你说多少对不起，那伤口都会永远存在。其实，口头上对人造成的伤害与伤害人的身体没什么两样。

那个钉钉子的小男孩，他从没有想过要伤害别人，他只是脾气太坏、太冲动，才给别人带来了烦恼和伤痛。所以，当你无恶意的时候，请控制好你的嘴巴和脾气，以免不由自主地恶言相向。

任何一件事情，都至少有两种说法，这其间的差别就会带来截然不同的结果。好话不等于欺骗，只是让人乐于接受；恶语也不一定是良言，即使是良言，也往往是打击多于激励。所以，我们要设身处地地去理解别人，认同别人，支持别人。

一位业务素质很好的同事，因为与某位上司意见不合，在公司改组过程中，被精简到车间，他很消沉。许多人劝他说："公司对你这样不公平，还是跳槽吧。"在别人的怂恿下，他打好辞职报告，准备递交。但是，有一位老友却对他说："世上没有过不去的坎，我相信你会东山再起的。"这句话对他帮助很大，他觉得只要自己不放弃，自己在公司里就还有机会。他认真做好自己的工作，在车间里仍然好评如潮。过了一年，那位上司调走了。新一届领导班子上任，他理所当然地被抽调到公司经营部门。现在，他已是公司的副总经理了。

所以说，有的时候，一句好话能带给别人希望和前进的力量，也给自己留一条备用的路。当你开口说话的时候，不要只顾着自己的想法和感受，而应该更多地从对方的立场去考虑问题，那样才能把话说好，说到对方心坎里。

古时候，有个年轻人骑马赶路，时至黄昏，住处还没着落，忽见前面来了一老农，他便在马上高声喊道："喂，老头儿，离旅店还有多远？"老人回答："5里！"年轻人策马飞奔，向前驰去。结果一跑10多里，仍不见人烟。他暗想：这老头真可恶！非得回去整治他不可。并自言自语道："5里，5里，什么5里！"

猛然，他省悟过来，这"5里"不是"无理"的谐音吗？于是掉转马头往回赶。见那位老农还在路边等候，他急忙翻身下马，亲热地叫了一声："老大爷"。话没说完，老人说："你已经错过了路头，如不嫌弃，可到我家一住。"

恶言不仅带给别人心灵上的伤害，也会给你心灵带来负担。如果你曾经是一个容易在冲动时恶语相向的人，那么任何时候，你都可以回头。就像这个故事的年轻人一样，当你回头的时候，你会发现人间的温暖。

世上最珍贵的是深夜为你留灯的人

你的"佛"不在别处，也不是别人，他就在你家里！

杨黼告别母亲去求佛，途中遇一人，那人问，你去哪里？杨黼答，去拜菩萨为师。那人又说，与其去找菩萨，不如去找佛。杨黼赶紧问，哪里有佛？那人便答，你回家看到有个人披着毯子，反穿着鞋子来迎接你，那就是佛。杨黼依言而归，到家已是深夜，母亲听到儿子叫门的声音，衣也来不及穿、鞋也来不及辨左右，就这样披着一条毯子、反穿着鞋子直奔出来开门，杨黼一见立刻大悟。

今天不说佛理，只谈亲情。谁是你的佛？谁是那个一心挂念着你、一直等待你归家的人？母亲、妻子、孩子，你的“佛”不在别处，就在你的家里。家人，是你这辈子摆脱不掉的牵绊和幸福。他们不会像外面的人那样奉承你、猜测你、取悦你；也不会像外面的人那样嘲笑你、算计你、冷落你，他们怀着爱与关怀看待你的一切。不说好话、也不说坏话，只说实在话。正因为有家人的守护，家庭才成为心灵的港湾。冰心说：“母亲啊！你是荷叶，我是红莲，心中的雨点来了，除了你，谁是我在无遮拦天空下的荫蔽？”林肯说：我之所有，我之所能，都归功于我天使般的母亲。摩尔说：走遍天涯寻不到自己所需要的东西，回到家就发现它了。安德鲁·杰克逊说：对母亲的记忆和她的教诲是我人生起步的唯一资本，并奠定了我的人生之路。家人就是那个在你最需要的时候，在第一时间毫不犹豫地给予你温暖和支持的人。不管你在外面的世界中过得怎么样，是风光还是挫败，可是当你归来，总会有人在等你，那个披着毯子，反穿着鞋子来迎接你的人，就是你的佛。你是否珍惜了？史铁生在名作《我与地坛》中，曾写了这样一段自己与母亲的亲情故事。

现在我才想到，当年我总是独自跑到地坛去，曾经给母亲出了一个怎样的难题。

她不是那种光会疼爱儿子而不懂得理解儿子的母亲。她知道我心里的苦闷，知道不该阻止我出去走走，知道我要是老呆在家里结果会更糟，但她又担心我一个人在那荒僻的园子里整天都想些什么。我那时脾气坏到极点，经常是发了疯一样地离开家，从那园子里回来又中了魔似地什么话都不说。母亲知道有些事不宜问，便犹犹豫豫地想问而终于不敢问，因为她自己心里也没有答案。她料想我不会愿意她跟我一同去，所以她从未这样要求过，她知道得给我一点独处的时间，得有这样一段过程。她只是不知道这过程得要多久，和这过程的尽头究竟是什么。每次我要动身时，她便无言地帮我准备，帮助我上了轮椅车，看着我摇车拐出小院。这以后她会怎样，当年我不曾想过。

有一回我摇车出了小院，想起一件什么事又返身回来，看见母亲仍站在原地，还是送我走时的姿势，望着我拐出小院去的那处墙角，对我的返回竟一时没有反应。待她再次送我出门的时候，她说："出去活动活动，去地坛看看书，我看这挺好。"许多年以后我才渐渐悟出，母亲这话实际上是自我安慰，是暗自的祷告，是给我的提示，是恳求与嘱咐。只是在她猝然去世之后，我才有余暇沉思。当我不在家的那些漫长的时间，她是怎样心神不定、坐卧难宁，兼着痛苦与惊恐与一个母亲最低限度的祈求。现在我可以断定，以她的聪慧和坚忍，在那些空落的白天后的黑夜，在那不眠的黑夜后的白天，她思来想去最后准是对自己说："反正我不能不让他出去，未来的日子是他自己的，如果他真的要在那园子里出了什么事，这苦难也只好我来承担。"在那段日子里，那是好几年长的一段日子，我想我一定使母亲做过了最坏的准备了，但她从来没有对我说过："你为我想想。"事实上我也真的没为她想过。那时她的儿子还太年轻，还来不及为母亲想，他被命运击昏了头，一心以为自己是世上最不幸的一个，却不知道儿子的不幸在母亲那儿总是加倍的。

你是否也如史铁生一样，只顾着自己的生活，自己的感受，而忘记了还有人在陪着你一同经历。你快乐她就快乐，你难过她比你更难过。儿子的不幸在母亲那儿总是加倍的，同样，儿子的幸福在母亲那儿也总是加倍的。也许你正迈向事业的巅峰，人生无限风光；也许你正陷入生活的低谷，悲悼着自己的不幸而不可自拔；也许你正筹划着伟大的征程，准备扬帆起航；也许你正徘徊在寂寞的边缘，不知何去何从……不管你处于怎样的境地，都别忘了有人在与你分享。你的家人一直在等待着你的归来，当你想起的时候，他们会"披着毯子，反穿着鞋子来迎接你"。你到处寻找能够帮助你成功的佛，却不曾想过他就在你的家里。与其费尽心力地去外面寻求，不如静下心，好好享受和家人在一起的时光。把快乐和痛苦都通通倒出来，在"佛"的面前你可以实话实说。彼此分享，就是家人的意义。有人在等你归来，你的"佛"不在外面，就在自己家里。

第十章

右手华佗，一人学会全家不求医的家庭保健法

现在的人得了小病都不愿意进医院，高昂的药费和低效率都让一般人对医院望而生畏。但是，身体有病不能不治，不然集腋成裘，小病也可能演化成大病。对于现代人来说，掌握简单的家庭保健法是必要的。这章介绍的推拿、刮痧、火罐、足部按摩法都是既经济又易学的自助保健法，一个人学会，便可以担当起全家日常保健的医生职责了！

一人学会全家不愁的家庭保健法

萌生于华夏文明的中国保健推拿，堪称“中华国粹”，被列为“人类非物质文化遗产”。它以悠久的发展历史、科学的基础理论、丰富的手法技能、广泛的适应范围及卓著的医疗保健功效，饮誉古今，蜚声中外。

推拿，古名按摩。中国推拿是由古代按摩导引演化而来的。清代张言礼说：“推拿者，即按摩之异名也。”按摩一词最早见于中国医学现存最早的一部经典著作《黄帝内经》，“形数惊恐，经络不通，病生于不仁，治之以按摩醪药”。此外，还有“按跷”、“乔摩”、“案杌”等别名。“推拿”一词首见于明代龚云林的《小儿推拿方脉活婴秘旨全书》。名称的变换在于不同的历史时期所用手法的侧重点不同，也反映了这门保健医学的发展趋势。如今我国有些地区还出于习惯沿用古名“按摩”，而其实质内容已经超越了古按摩的原意。以历史发展观点，并有别于西方按摩（常称 massage）。目前启用规范化的现名“推拿”及其译名“Tuina”（通常可译为 traditional Chinese manipulation），也有通称为推拿按摩。

自我按摩保健的主要内容，通常分为以下动作，使用时最好依次进行。

（1）净口：口唇轻闭后，用舌在唇齿之间用力卷抹，右转、左转各 30 次。

（2）叩齿：口唇轻闭时，有节律地叩击上下齿 35 次左右。

（3）搓手：用两手掌相对用力搓动，由慢而快，约 30 次直至搓热为止。

（4）摩脸：用搓热的手掌擦脸，手指微屈、五指并拢，两手轻作遮面状，由额向下拂，如同洗脸 30 次。

（5）揉太阳穴：用两手中指端，按两侧太阳穴旋转揉动，先顺时针转，后逆时针转，各 7~8 次。

（6）点睛明：用两手食指指端分别点压双睛明穴，共 20 次左右。

（7）揉眼：用两手食、中、环三指指节，沿两眼框旋转揉动，先由内向外转，再由外向内转，各 7~8 次。

（8）按太阳穴：用两手食指指端分别压在双侧太阳穴上转动，顺、逆时针方向各 15 次。

（9）梳头：十指微曲，以指尖接触头皮，从额前到枕时进行"梳头"，共 25 次左右。

（10）鸣天鼓：先用两手掌心紧按两耳孔，以两手中间三指轻击头时枕骨 15 次。然后掌心掩按耳孔，手指紧按头时枕骨部不动，再骤然抬离，接连开闭放响 15 次；最后两中指或食指插入耳孔内转动 3 次，再骤然拔开。如此共进行 3~5 次。

（11）揉胸脯：以两手掌按在两乳外上方，旋转揉动，顺、逆时针方向各揉 10 次。

（12）抓肩肌：以右手拇指与食、中指配合捏提左肩肌，然后再以左手拇、食、中指配合捏提右肩肌，如此左右手交叉进行，各捏提 10~15 次。

（13）擦丹田：用右手食指、中指及无名指摩擦小腹部，以丹田穴为中心，一般进行 30~50 次。

（14）揉小腿：用两手掌挟紧一侧小腿腿肚，旋转揉动，每侧揉动 20~30 次。

（15）擦涌泉：先将两手互相搓热，接着用右手中间三指擦左足心，以涌泉穴为中心，一般进行 30~50 次，以擦至左足心发热为止；然后又用左手中间三指将右足心擦热。

具体的按摩手法又分以下几种：

1. 按法

是以拇指或掌根等部在一定的部位或穴位上逐渐向下用力按压，按而留之，不可呆板，这是一种诱导的手法，适用于全身各部位。临床上按法又分指按法、掌按法、屈肘按法等。

按法操作时着力部位要紧贴体表，不可移动，用力要由轻而重，不可用暴力猛然按压。按法常与揉法结合应用，组成“按揉”复合手法，即在按压力量达到一定深度时，再做小幅度的缓缓揉动，使手法刚中兼柔，既有力又柔和。

2. 摩法

以掌面或指面附着于穴位表面，以腕关节连同前臂做顺时针或逆时针有节律的环形摩动。摩法又分为指摩法、掌摩法、掌根摩法等。

在运用摩法时，要求肘关节自然屈曲、腕部放松，指掌自然伸直，动作要缓和而协调。频率为每分钟120次左右。本法轻柔缓和，是胸腹、胁肋部常用的手法。

3. 推法

四指并拢，紧贴于皮肤上，向上或向两边推挤肌肉。推法可分为平推法、直推法、旋推法、合推法等。现仅以平推法说明之。平推法又分指平推法、掌平推法和肘平推法。

在运用推法时，指、掌、肘要紧贴体表，用力要稳，速度要缓慢而均匀。此种手法可在人体各部位使用，能增强肌肉的兴奋性，促进血液循环，并有舒筋活络的作用。

4. 拿法

捏而提起谓之拿。此法是用大拇指和食、中指端对拿于患部或穴位上，做对称用力、一松一紧地拿按。使用拿法时，腕部要放松灵活，用指面着力。动作要缓和而有连贯性，不可断断续续，用力要由轻到重，再由重到轻，不可突然用力。

本法也是常用保健推拿手法之一，具有祛风散寒、舒筋通络、开窍止痛等作用，适用于颈项、肩部、四肢等部位或穴位，且常作为推拿的结束手法使用。

5. 揉法

用手指罗纹面或掌面吸定于穴位上，做轻而缓和的回旋揉动。揉法是保健推拿的常用手法之一，具有宽胸理气、消积导滞、活血化瘀、消肿止痛的作用，适用于全身各部，如揉按中脘、腹部配合其他手法，对胃肠功能有良好的保健作用。

拍手

拍手人人都会，但它的功效及窍门却鲜为人知。拍手得当，可振荡气脉，把身上阴寒污秽之气，从十只指尖排出，通畅气血，令众多老年病和疑难杂症迎刃而解。

揉膝

人到中老年后，下半身的肌力只有年轻时的40%，肝肾功能衰退，筋骨失养，膝冷无力。揉膝能理顺筋肌，松解关节粘连，消除腿膝疼痛，达到强膝、健步的功效。

推背

背部有统领全身阳气、网络全身阴气的功能。人们患病，往往是阴阳失调的结果。推背可刺激经络气血，调理脏腑气机，平衡阴阳，理筋止痛，治疗多种疼痛及闭阻病症。

揉腹

腹部是人体的枢纽，许多经脉循行汇聚于此。揉腹可使内气迅速汇聚运行。苏东坡酷爱揉腹，曾写下“一夜丹田手自摩”的诗句，因而年逾花甲，竟毫无衰惫之气。

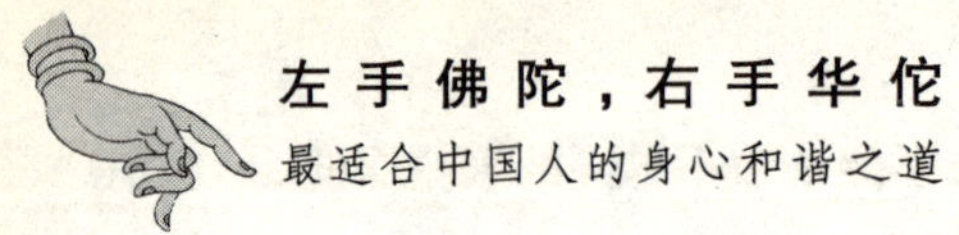

捏脊

腹部为阴，背部为阳。捏脊可振奋督脉的阳气，推动全身气血的运行。脊柱两侧为足太阳膀胱经的循行路线，穴位众多，是组织输布气血及营养物质的渠道和泵站。捏脊能调理相应的脏腑，平衡全身阴阳。

熨目

眼睛对应脾、心、肺、肝、肾五脏，中医归结为“五轮学说”。熨目是以手热敷眼部并按揉眼部穴位，健目并治疗眼疾。同时，疏通经络，改善微循环而缓解疲劳，内养精气。

艾灸

空调冷饮伤人脾胃，夜生活消耗阳气 导致现代人百病丛生。艾灸通过熏烤艾条灸料作用于相关穴位，达到温散寒邪、温经止痛、回阳固摄、消瘀散结、扶正祛邪、内通脏腑、外连肢节之功效。

拔罐

当人体受到风、寒、暑、湿、燥、火、毒侵袭后，就会使脏腑功能失调，淤阻经脉。拔罐通过对皮肤、毛孔、经络、穴位的吸拔作用，可把体内病理产物吸出体外，从而疏通经络、调整气血、滋养器官、振奋机能。

刮痧

刮痧不仅能巩固真气，改善人体局部微循环，疏通经络，理气舒筋，驱风散寒，活血化瘀；还可以清除皮肤深层毒素，疏通营养细胞的供应渠道，激活肌肤的生理功能，从而以内养外，标本兼治。

学会这些方法，我们自己在家也可以做到自我保健按摩，既能保持健康，又能增进家庭和睦，真是相得益彰！

中医教你如何轻松找准穴位

人体穴位疗法最难的，就是人体穴位的找法。关于人体穴位疗法的书虽大量出版，可惜的是，简单且准确地介绍寻找人体穴位的诀窍的书并不多见。这使得中医的外行人即使想要利用人体穴位疗法，也无法如愿以偿。

人体穴位，也就是出现反应的地方。身体有异常，人体穴位上便会出现各种反应。这些反应包括：

1. 用手指一压，会有痛感（压痛）；

2. 以指触摸，有硬块（硬结）；

3. 稍一刺激，皮肤便会感觉刺痒（感觉敏感）；

4. 和周围的皮肤产生温度差（温度变化）等。

这些反应有无出现，是有无人体穴位的重要标志。若找到穴位，先压压、捏捏皮肤看看。若出现前述的反应，即可判断有人体穴位在。

在人体穴位的找法中，频频出现“两指宽”、“三指宽”等字眼，这是计算人体穴位位置时的基准，有“同身尺寸”之说。例如，“一指宽”是指大拇指最粗部分的宽度；“两指宽”则是指食指与中指并列，第二关节（指尖算起的第二个关节）部分所量的宽度。

手指的大小、宽度，依年龄、体格、性别而有极大的不同。以此法确定人体穴位位置时，务必以患者的指宽度来找。

1. 人体自然标准取穴法

该方法是根据人体的一些自然条件来作为定穴的一种标准。如胸部可以用胸部的特征做标准，两乳之间取膻中穴，第十一肋端取章门穴，对脐取命门穴，背部脊柱第一胸椎之上取大椎穴，第二胸椎上取陶道穴，头部两眉中间取印堂穴，两耳尖直上至头顶取百会穴，手的拇指虎口交叉食指端处两筋骨中取列缺穴，两手垂直向下垂手中指尽处取风市穴，半握拳以中指的指尖切压在掌心的第一横纹上取劳宫穴等。

2. 手指同身寸法

该取穴法是以手指为标准来测量取穴的一种方法。这种方法简便易行，准确度较高，适用于不同身高的人。

(1)中指同身寸法。是指将手的中指尖和拇指间连接成环状，以中指第一节与第二节侧面两端横纹之间的距离折为1寸，并以此为标准取穴为中指同身寸法。

(2)横指同身寸法。是以手指的宽度作为取穴的尺度，将食指、中指、无名指和小指并拢，四个指头第二节总的宽度折为3寸。

3. 骨度取穴法

该法也叫骨度法或骨度分寸折量法，这种方法是把人体各部位相隔的距离规定出一定的长度或宽度，折成若干等分，不论男女、成人、小孩、高矮、胖瘦均适用，如把腕横纹至肘横纹之间做12寸，腋横纹至肘横纹做9寸，前发际至后发际做12寸，耳后两完骨(乳突)间为9寸，脐中至横骨上廉(耻骨联合上缘)为5寸，两乳之间为8寸，大椎至尾骶为21寸，膝中至外踝尖为16寸，外踝尖至足底为3寸等。

为了准确地找到经穴的位置，除了掌握以上一些基本方法外，由于个体之间还会有差异，因此还要结合如下标准和某些穴位特点来取穴：一般正确的经穴多在骨的上下左右旁，或两骨相接的关节部位罅陷中，或骨肌的中间，或两肌的中间，很少在骨上或血管中，在骨旁侧部位的经穴(腹部无骨处除外)可用拇指指尖掐之，如有酸麻如触电般的感觉说明取穴正确，如没有感到酸麻胀可将手指上下左右移动试掐，直至找到酸麻胀处方为正穴。

1. 记穴位与阿是穴相结合

买一幅国家标准经络穴位挂图，对着练习按摩，熟能生巧，过一段时间基本上就可以把人体的要穴记住了。阿是穴“以痛为俞”，就是医生在人体某个部位按压时，病人口中说：“啊，痛(是)”的地方。阿是穴不是什么具体穴位的名称，而是人体的敏感点和压痛点。

2. 手指测量

在寻找穴位时，中医有“同身尺寸”之说。每个人穴位的位置虽然相同，但每个人手指的大小、宽度，因年龄、体格、性别而有极大的不同。因此确定穴位时必须用自己的手指。

拇指同身寸——拇指第一关节的宽度，即 1 寸。

中指同身寸——以中指中节桡侧两端之间的距离作为 1 寸。

横指同身寸——食指、中指、无名指第二关节和小指第一关节宽度的和，即 3 寸。

3. 找身体反应

如果身体出现异常，一定会在穴位上表现出来，可能会产生以下反应的一种或多种：

(1)压痛：手压有痛感；

(2)敏感：稍一刺激，皮肤会瘙痒或过敏；

(3)硬结：触摸，有硬结；

(4)色素沉淀：有斑、痣或颜色沉淀。

身体虚弱或年老体衰的人，气血过于虚弱，感应无法准确传达到穴位上，找起穴位来可能不那么容易，但也别着急，平时只要按照以上的方法把气血补上去，人体反应就灵敏了。再者，中医有“离穴不离经”之说，只要平时多敲打些经络，穴位就慢慢现出来了。道理很简单，所谓“常用常新”、“投之以桃，报之以李”，你对穴位好，穴位自然也就会对你好的。

下面介绍一些我们日常保健中常会用到的穴位：

补肺益肾的列缺穴

两手虎口交叉相握，这时左手食指是在右腕的背部，而食指尖下就是列缺穴。此穴位位于三经交会处，因此不仅对于肺经，还对大肠经和任脉的经气都具有调节作用。

偶感风寒而引起难以名状的头痛，可以通过按揉列缺穴来疏卫解表。列缺穴对于肾阴不足引起的糖尿病、耳鸣、眼睛干涩等症有很好的调节作用。

散热去痛的尺泽穴

手心朝上，尺泽穴位于肘内侧横纹上偏外侧一个拇指宽的凹陷处。这个穴位的主要作用是泻热。

因此对于肺经热引起的咳嗽气喘、胸部胀痛等病症是有效的，也能够缓解和治疗肘关节的痉挛。

保健心脏的内关穴

伸开手臂，掌心向上。然后握拳并抬起手腕，可以看到手臂中间有两条筋，心包经上的内关穴就在离手腕第一横纹上两寸的两条筋之间。内关穴有宁心安神、理气止痛等作用，因此经常成为中医医治心脏系统疾病以及胃肠不适等病症的首选大穴。

需要注意的是，按揉此穴不必用太大力气，稍微有酸胀感即可。

防止失眠的神门穴

神门穴位于手腕内侧（掌心一侧），小指延伸至手腕关节与手掌相连的一侧，是针灸经常取用的穴位之一。对于心慌心悸以及失眠都有很好的保健作用。

按揉此穴，力量不需要太大，也不必追求酸胀感。

舒服腰背的委中穴

屈腿时，膝关节后侧也就是窝的位置出现横纹，而横纹的中点处即是委中穴。在针灸的“四总穴歌”里提到“腰背委中求”，可见，委中是治疗腰背病症的要穴。

对于委中应采取点按的方法，一点一放，同时与腿部的屈伸相配合。这样做不仅可以治腰痛，还能有效解除腿部的酸麻和疼痛，对一些下肢疾病都有很好的保健护理作用。

增强胃动力，善待天枢穴

天枢是胃经上的一大要穴。位于肚脐旁 2 寸处，与肚脐同处于一条水平直线上，左右各有一穴。

从位置上看，天枢正好对应着肠道，因此对此穴的按揉，必然会促进肠道的良性蠕动，增强胃动力。

在具体按揉时，可以采用大拇指按揉的方法，力度稍大，以产生酸胀感为佳。

另外，我们每个人都有两个“长寿穴”：一个是“涌泉穴”，另一个是“足三里穴”。

涌泉穴是肾经的一个重要穴位，经常按摩此穴，有增精益髓、补肾壮阳、强盘壮骨之功效。肾是主管生长发育和生殖的重要脏器，肾精充足就能发育正常、耳聪目明、头脑清醒、思维敏捷、头发乌亮、性功能强盛。反之，若肾虚精少，则记忆力减退、腰膝酸软、行走艰难、性能力低下、未老先衰。涌泉穴位于足底，在足掌的前三分之一处，屈趾时凹陷处便是。每晚睡前盘腿而坐，用双手按摩或屈指点压双侧涌泉穴，以该穴位达到酸胀感觉为度，每次 50 至 100 下。

足三里穴位于外膝眼下 10 厘米，用自己的掌心盖住自己的膝盖骨，五指朝下，中指尽处便是此穴。足三里穴是胃经的要穴。胃是人体的一个“给养仓库”，胃部的食物只有及时地消化、分解、吸收，人体的其他器脏才可以得到充足的养分，才能身体健康、精力充沛。所以，胃部消化情况的好坏，对我们来说极为重要。而足三里则能担此重任。每晚以指关节按压足三里，不但能补脾健胃，促使饮食尽快消化吸收，增强人体免疫功能，扶正祛邪，而且还能消除疲劳，恢复体力，使人精神焕发，青春常驻。

刮痧治病，立竿见影

刮痧疗法运用于人体表面特定部位，通过反复进行刮、挤、揪、捏、刺等物理刺激、造成皮肤表面淤血点、淤血斑或点状出血，通过刺激体表皮肤及经络，改善人体气血流通状态，从而达到扶正祛邪、调整阴阳、活血化淤、清热消肿、软坚散结等功效。

刮痧疗法的雏形可追溯到旧石器时代的砭石疗法，医书记载刮痧最初的适应证为痧证，痧证记载较早见于元代医学家危亦林的《世医得效方》，而较为系统地介绍痧病及刮痧治疗的书则为清代郭右陶的《痧胀玉衡》。

刮痧治病的种类包括刮痧法、挑痧法、防痧法、揪痧法、扯痧法、挤痧法、焠痧法及拍痧法。

现代刮痧法是在传统刮痧基础上发展而来的。传统刮痧法主要适应症是痧症(类似于现代的感冒、肠炎一类病症)，所用工具是多功能水牛角刮痧板，表面光滑且可适用于人体不同部位的刮痧。水牛角刮痧板有一厚缘及一薄缘。厚面用以治病，薄面用以保健，刮痧板也有数角，用以特殊穴位的刮拭，如云门、合谷、昆仑等。而且以水牛角为材料的刮痧板更加体现了刮痧自然之法的特点，而且亦避免了金属类器械所造成的疼痛、易伤皮肤、产生静电等不良反应，亦避免了瓷器类、生物类器械易碎、不易携带等因素，还避免了现代化学用品如塑料品给人体皮肤造成的危害。

刮痧时所用的润滑剂一般选用红花油、食油、清水亦可。刮痧疗法的操作手法有平刮、斜刮、竖刮、角刮四种。四种不同的刮法对机体的生理病理起着不同的作用。施术者又可以根据患者症状、壮瘦、老幼，施以补法、平补平泻法、泻法三种方法给予治疗。

病人刮痧后皮肤表面出现红、紫、黑斑的现象，临床上称为“出痧”，这是一种正常的刮痧治疗反应，痧斑一般3~5天即可自然消失。刮痧出痧（痧斑）处（需在治疗前涂擦刮痧润肤油）不会破损出血，基本不疼。

刮痧对颈椎病、腰椎间盘突出症、肩周炎、腰腿痛、膝关节屈伸不利、哮喘、痤疮等病症效果很明显。特别是治疗疼痛性肩周炎活动不利，可以说有立竿见影的效果，一般1~3次即可活动自如。

刮痧治病不用每日都刮，一般3~5天刮痧出痧一次即可，当皮肤痧斑完全消退后才能再进行刮痧治疗。但在保健刮即轻柔刮而且基本不出痧的情况下，可以每日一次或数次刮。

刮痧有一些常规需要注意，如暴露皮肤刮痧时应注意避免伤风，刮痧出痧后30分钟内忌洗凉水澡，老幼虚证患者宜用轻手法等。

刮痧疗法的治病作用可表现在以下方面：

活血祛瘀

刮痧可调节肌肉的收缩和舒张，使组织间压力得到调节，以促进刮拭组织周围的血液循环，增加组织流量，从而起到“活血化瘀”、“祛瘀生新”的作用。

调整阴阳

刮痧对内脏功能有明显的调整阴阳平衡的作用，如肠蠕动亢进者，在腹部和背部等处使用刮痧手法，可使亢进者受到抑制而恢复正常。反之，肠蠕动功能减退者，则可促进其蠕动恢复正常。这说明刮痧可以改善和调整脏腑功能，使脏腑阴阳得到平衡。

舒筋通络

肌肉附着点和筋膜、韧带、关节囊等受损伤的软组织，可发出疼痛信号，通过神经的反射作用，使有关组织处于警觉状态，肌肉的收缩、紧张直到痉挛便是这一警觉状态的反映，其目的是为了减少肢体活动，从而减轻疼痛，这是人体自然的保护反应。

临床经验得知，凡有疼痛则肌肉必紧张；凡有肌肉紧张又势必疼痛。它们常互为因果关系，从刮痧治疗中我们看到，消除了疼痛病灶，肌肉紧张也就消除；如果使紧张的肌肉得以松弛，则疼痛和压迫症状也得到明显减轻或消失，同时有利于病灶的修复。

信息调整

人体的各个脏器都有其特定的生物信息（各脏器的固有频率及生物电等），当脏器发生病变时，有关的生物信息就会发生变化，而脏器生物信息的改变可影响整个系统乃至全身的机能平衡。

排除毒素

刮痧过程（用刮法使皮肤出痧）可使局部组织形成高度充血，血管神经受到刺激使血管扩张，血流及淋巴液流动增快，吞噬作用及搬运力量加强，使体内废物、毒素加速排除，组织细胞得到营养，从而使血液得到净化，增强了全身抵抗力，可以减轻病势，促进康复。

行气活血

气血（通过经络系统）的传输对人体起着濡养、温煦等作用。刮痧作用于肌表，使经络通畅，气血通达，则瘀血化散，凝滞固塞得以崩解消除，全身气血通达无碍，局部疼痛得以减轻或消失。

受了风寒或夏日中暑、胃肠平滑肌痉挛等，都可采用刮痧疗法来治疗。刮痧疗法无需任何药物，只需简单的一个碗、一个陶瓷汤匙，甚至于仅需一点儿水，就可以进行治疗，而且自己可以为自己治疗。所以，刮痧疗法特别适合在旅行中进行。

中医认为，人感受了不正常的气候和风寒之后，就会使皮肤汗孔致密，使得阳气不得宣通适泄，就会出现恶寒、发热、无汗，头痛、身痛，重症时还会出现四肢厥冷、脉搏沉细或迟紧，或突然出现手足逆冷、面色发青、精神恍惚、头晕目眩，甚至昏厥。

刮痧疗法是刺激皮肤末梢神经的一种治疗方法，目前常用的刮痧方法大致有以下 3 种：

（1）扭痧用中指与食指蘸冷水湿润后，在患者颈部、两腋前皱纹 12 寸左右处，将皮肤挟起由上而下、猛拉猛松，使皮肤出现一行或数行紫红色的出血点为度；

（2）刮痧时用铜钱、硬币、陶瓷汤匙或梳子的脊背部位，蘸上菜油或茶水（先煨热），在颈部、脊椎两侧，肘窝、腋窝等部位，进行由上而下的刮擦，在各个部位各刮上 2~3 下，至皮肤出现深紫红色为度；

（3）放痧筋施术者站立在患者前面或侧位，用右手大拇指、食指蘸冷水，在患者一定部位进行捏拿、弹放，掐拿的部位根据病情而定，如头痛捏颈部及眉心，恶心、呕吐或胸闷捏肩膀及两臂。此法具有舒筋通络的作用。

上述三种刮痧方法，以前两种最常用，易学易行。刮痧疗法中的“紫红色出血点”，是指片状皮下出血，并非稀散的点状皮下出血，“紫红色”一定要到紫红的程度，否则收不到治疗效果。

刮痧疗法简便易行，疗效显著而迅速，但必须注意几个问题：刮痧时应由上而下、由中间向两侧刮：只宜单方向刮，不能来回刮；每处大约刮 20 下即可。在刮痧时，均应避免风直接吹向病人，以免受冷而加重病情。病人不管是取坐姿还是取卧姿，均应做到体位舒适。在扭、刮时，如果病人觉得疲劳，可变换体位。刮痧后，要抹干留在皮肤上的水渍或油渍。对瘦弱的病人，尽量不刮背部。

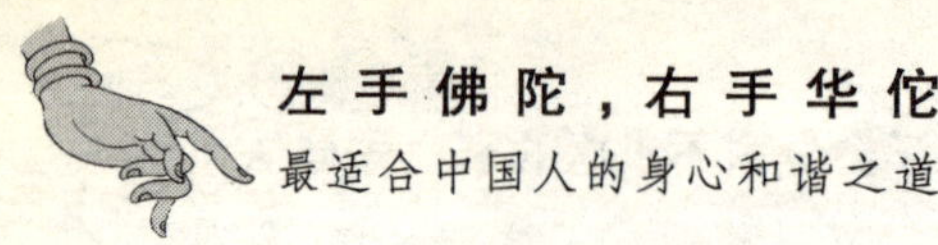

刮痧虽说益处多多，但有些人却是不适合刮痧的：

1. 心脏功能弱的人，很容易晕倒，尤其是坐着刮时，更容易出现这个问题，一般会有心慌、头晕、恶心的症状。还有气血很虚弱的重病人不要刮，白白耗费他的气血，这样的人，刮出的瘀血不会被带走，出来的痧很久都下不去；

2. 有皮肤病的人不宜刮，因为如果不知皮肤病的来龙去脉，有时反而会把内毒引出来但却排泻不掉；

3. 孕妇不宜刮，安全第一；

4. 癌症病人也不建议刮，会出现许多不可预知的问题；

5. 对于有出血倾向的人来说，刮痧是双刃剑，特效和危险并存，在没弄清病因的情况下也别刮；

6. 6 岁以下的小孩先别刮，可用捏脊替代；

7. 血压很高的人也先别刮，尽管刮痧对于高血压有特效，但是特效的东西都不是平安药，如果不能确保安全，还是先回避风险吧！

总之，刮痧会加速血液循环，对心脏是很好的锻炼，作为防病来用，安全有效。

15 种常见病的家庭刮痧诊疗法

经临床验证，刮痧可治 400 多种病，凡针灸、指压、拔罐、气功可以解决的病症，用刮痧疗法更是容易办到。

在实践中，刮痧疗法确实可治许多病，凡中暑、感冒、头痛、胃炎、腹痛、失眠、疲劳、风湿性关节病、慢性腰痛、坐骨神经痛、腰椎间盘突出症、扭伤、五十肩、落枕、心悸、呼吸困难、高血压、贫血、经痛、生理不顺、肥胖、精力减退、近视、咳嗽吐痰、扁桃腺炎、呃逆、胃痉挛、食欲不振、下痢、晕车、宿醉、精神衰弱、神经官能症、肋间神经痛、冷虚症、乳汁不足、膀胱炎、儿童虚弱体质、夜尿症、气喘、湿疹、荨麻疹、肿瘤、肝炎、糖尿病、习惯性便秘、痔疮等常见病、急重病、疑难病的防治中，皆有一定或立竿见影的效果。另外坚持实施循经走穴刮痧，治疗妊娠纹、静脉曲张、增加儿童身高、提高视力、增强智能等也有意想不到的效果。

1. 头痛

头痛是临床常见症状，发于各种急、慢性疾病，如感冒、高血压、颈椎病、发热性疾病、颅内、五官等疾病均可导致。多为风邪袭入经络，肝阳上亢，气血亏损以及淤血阻络。神经性头痛系长期焦虑、紧张和疲劳；偏头痛是颅脑血管神经功能紊乱所致。

头痛往往伴随恶心、呕吐、冷汗、面色苍白等。

经络刮痧：

头部：以头顶（督脉：百会穴）为中心，分别向前（至前额神庭穴）、至后发际边凹处（膀胱经：天柱穴）、左、右刮拭（至太阳穴）；

肩部：双侧肩周部（从上向下至肩井穴）；

上肢：双外侧（大肠经：从合谷穴向上至肩部）；疼痛重者加阿是穴（痛处）。

2. 肩周炎

肩周炎又称漏肩风、五十肩、冻结肩。其主要表现为：

疼痛——早期呈阵发性疼痛，常因天气变化及劳累而诱发，以后逐渐发展到持续性疼痛，昼轻夜重，不能向患侧处侧卧。

功能活动受限——肩关节各向的主动和被动活动均受限。特别是当肩关节外展时，出现典型的“扛肩”现象。例如，梳头、穿衣等动作均难以完成。严重时，屈肘时手摸不到肩。日久可以发生肌肉萎缩，出现肩峰突起、上臂上举不便、后伸不利等症状，本病多见于50岁左右年龄的人，女性的发病率高于男性，多见于体力劳动者。

刮痧治疗肩周炎，主要刮痧部位为：颈部、肩背部、胸部。

刮痧部位：

颈部——哑门、风池、大椎；

肩背部——肩井、天宗；

胸部——中府、云门、缺盆；

上肢部——肩贞、外关、曲池、合谷；

下肢部——足三里、条口。

3. 疲劳综合症

饮食不周，睡眠不足，体力消耗过多，身体长期劳累；烦躁，抑郁，心理压力过大引发的身心疲惫症状。是无器质性病变的亚健康状态。

经络刮痧：

头部：以头顶（百会穴）为中心，分别向前（至前额）、后（至天柱穴）、左、右刮拭（分别至太阳、风池穴）；

肩部：双侧肩周部（从上向下至肩井穴）；

背部：胸椎、腰椎及两侧（督脉、膀胱经）；

足部：足跗外侧：（膀胱经：京骨穴）。

4. 便秘

凡大便干燥、排便困难、秘结不通超过2天以上者称为便秘。如大便秘结不通，多日一解，排便时间延长，或虽有便意而排便困难者均可照此刮痧进行治疗。

经络刮痧：

头部：全息穴区——额顶带中3分之1处、额顶带后3分之1处；

背部：膀胱经——双侧大肠俞；

腹部：胃经——双侧天枢，脾经——双侧腹结；

上肢：三焦经——双侧支沟，大肠经——双侧手三里；

下肢：胃经——双侧足三里至上巨虚。

5. 心悸

心悸是指病人自觉心慌不安，不能自主，或伴见脉象不调。一般呈阵发性，每因情绪波动或劳累过度而发作。本症可见于各种原因引起的心律失常，如各类心脏病、甲亢、贫血、神经官能症等。

经络刮痧：

头部：全息穴区——额中带、额旁1带（右侧）；

背部：督脉——大椎至至阳，膀胱经——双侧心俞、胆俞；

胸部：任脉——膻中至巨阙；

上肢：心经——双侧阴郄至神门，心包经——双侧郄门至内关；

下肢：心神不宁加胆经——双侧阳陵泉，胃经——双侧足三里。

6. 咳嗽

咳嗽是呼吸系统疾病的主要症状之一。根据其发病原因，可概括分为外感咳嗽和内伤咳嗽两大类。外感咳嗽起病急、病程短，同时往往伴随上呼吸道感染的症状。内伤咳嗽病程长，时轻时重。本症常见于急慢性支气管炎、肺炎、支气管扩张、肺气肿、肺结核等疾病。

经络刮痧：

头部：全息穴区——额中带、额旁1带（双侧）；

背部：督脉——大椎至至阳，膀胱经——双侧大杼至肺俞；

胸部：任脉——天突至膻中，前胸——由内向外刮拭，肺经——双侧中府；

上肢：肺经——双侧尺泽、列缺，大肠经——双侧合谷。

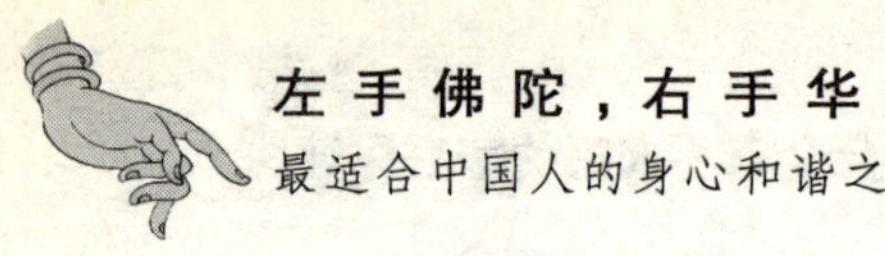

7. 中暑

中暑是由于盛夏感受暑热所致，由于病情轻重程度之不同而症状表现各异。临床可见大量汗出、口渴、头昏耳鸣、胸闷、心悸、恶心、四肢无力、皮肤灼热，甚则猝然昏倒、不省人事。高温作业如出现类似症状可照此刮痧进行治疗。

经络刮痧：

头部：全息穴区——额中带、额旁1带（双侧）、额顶带前3分之1，督脉——人中；

背部：督脉——大椎至至阳，膀胱经——双侧肺俞至心俞，小肠经——双侧天宗；

上肢：心包经——双侧曲泽至内关，大肠经——双侧曲池、合谷；

下肢：膀胱经——双侧委中。

8. 低血压

凡血压偏低，自觉头晕、四肢乏力、心悸气短、不耐劳作者，皆可照此刮痧进行治疗。

经络刮痧：

头颈部：全息穴区——额中带、额旁1带（双侧）、额顶带后3分之1；

督脉——百会，奇穴——双侧血压点；

背部：膀胱经——双侧厥阴俞至膈俞、肾俞、志室；

胸部：任脉——膻中至中脘；

上肢:心包经——双侧内关；

下肢:胃经——双侧足三里，脾经——双侧三阴交，肾经——双侧涌泉。

9. 胁痛

胁痛是以单侧或双侧胁肋痛为主要表现的病症。主要见之于急慢性肝炎、急慢性胆囊炎、胆石症以及肋间神经痛、肋软骨炎等。

经络刮痧：

头部：全息穴区——额旁 2 带（对侧）、额顶带中 3 分之 1（对侧）；

背部：膀胱经——双侧肝俞、胆俞、脾俞，胆经——患侧京门；

胸部：肝经——患侧期门，胆经——患侧日月，阿是穴——胁肋部疼痛处；

上肢：三焦经——双侧支沟；

下肢：胆经——双侧阳陵泉，肝经——双侧太冲至行间。

10. 腹胀

腹胀为自觉腹部胀满，嗳气和矢气不爽，严重时则有腹部鼓胀膨隆的症状。常见于消化不良、肠功能紊乱、肠道菌丛失调、各类肠炎、肠结核、肠梗阻，慢性肝、胆、胰腺疾患，以及心肾功能不全等疾病。明确诊断后，皆可照此对症进行刮痧治疗。

经络刮痧：

头部：全息穴区——额顶带后 3 分之 1、额旁 2 带（双侧）；

背部：督脉——大椎至命门，膀胱经——双侧肝俞至胃俞，大肠俞至小肠俞；

腹部：任脉——上脘至下脘、气海，胃经——双侧天枢；

下肢：胃经——双侧足三里，肝经——双侧太冲。

11. 感冒

本病包括现代医学的上呼吸道等多种感染性疾病、普通感冒、流行性感冒，病毒及细菌感染所引起的上呼吸道急性炎症。

1）刮拭顺序：

（1）脊背与肩胛　（2）胸部　（3）上肢

2）主要经穴：

风池（胆经）、大椎（督脉）、风门（膀胱经）、中脘（任脉）、孔最（肺经）、合谷（大肠经）、足三里（胃经）。

12. 减肥

刮痧减肥主要是针对单纯性肥胖而言。

1）刮拭顺序：

（1）背部　（2）胸腹部　（3）上肢　（4）下肢

2）主要经穴：

肺俞、脾俞、肾俞（膀胱经）；膻中、中脘、关元（任脉）；孔最至列缺（肺经）；曲池（大肠经）；丰隆（胃经）；三阴交（脾经）。

13. 痛经

妇女在行经前后或行经期间，小腹部出现较剧烈的疼痛，称为痛经。

1）刮拭顺序：

（1）背部　（2）腹部　（3）下肢部

2）主要经穴：

肝俞、脾俞、胃俞、肾俞、八髎；气海、关元；足三里、血海、曲泉、三阴交。

14. 经前紧张综合征

行经前后及经期出现的一些全身症状，如头痛头晕、烦躁失眠、胸胁作胀等症，称为经前紧张综合征。

1）刮拭顺序：

（1）颈部　（2）背部　（3）腹部　（4）下肢部

2）主要经穴：

风池；心俞、肝俞、脾俞、肾俞；中脘、气海；阴交、太冲。

15. 失眠

失眠是指经常性不易入睡或不能熟睡为特征的一种病症。

1）刮拭顺序：

（1）头颅部 （2）背部 （3）上肢部 （4）下肢部

2）主要经穴：

百会、四神聪、印堂、神庭、攒竹、太阳、角孙、风池、鱼腰；神道、心俞；神门；三阴交。

拔罐上手，百病自愈

在民间广为流传一句话，“扎针拔罐，病好一半”。拔罐疗法具有祛湿逐寒、泄热除毒、疏通经脉、行气活血、消肿止痛等作用。这种疗法是以其疗法安全、无创伤痛苦而被人们接受的。

“拔火罐”是民间对拔罐疗法的俗称，又称“拔管子”或“吸筒”。它是借助热力排除罐中空气，利用负压使其吸着于皮肤，造成瘀血现象的一种治病方法。这种疗法可以逐寒祛湿、疏通经络、祛除淤滞、行气活血、消肿止痛、拔毒泻热，具有调整人体的阴阳平衡、解除疲劳、增强体质的功能，从而达到扶正祛邪、治愈疾病的目的。所以，许多疾病都可以采用拔罐疗法进行治疗。由于拔火罐能行气活血、祛风散寒、消肿止痛，所以对腰背肌肉劳损、腰椎间盘突出症有一定的治疗作用。火罐还可以用在人体穴位上，治疗头痛、眩晕、眼肿、咳嗽、气喘、腹痛等毛病，可以用多只火罐同时施行。

什么时候拔罐呢？通常我们的肩膀很痛，用刮痧法，只要一出痧症状马上减轻，但有时刮了半天也不出痧，肩膀依旧疼痛，为什么会这样？主要有两个原因，一是病灶点很深，刮痧法触及不到；二是气血不足，体内的气血没有顶过来，瘀血就难以出来。这时用拔罐法，马上见效。病灶点深的，如果一拔很快出现黑紫印，那深层的瘀血就被拔出来了，但如果还是罐下无

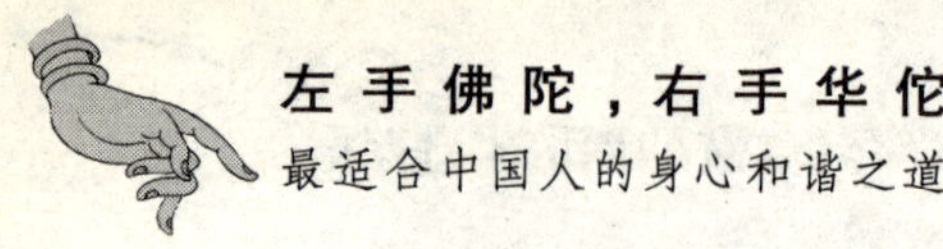

痕，那你就要耐心地在此处拔它几天，每天10分钟，直到出现黑印为止。

拔罐最棒的功能就是它的引血功能，曾经有个糖尿病人，膝盖下足三里附近有个直径为两寸的溃疡点长期不愈合，使用了各种消炎药，也敷贴了中药生肌散之类，都没有一点儿效果，于是患者每天在腹部中脘穴拔一罐，同时在患侧大腿胃经处从髀关——伏兔——阴市——梁丘——犊鼻，一路拔下来，5罐同时拔上，连拔4天，每天5分钟，再用生肌散，一贴而愈。为什么？通过拔罐把好血引下来了，破损处自然就被修复了。

既然是一种专业的治疗手段，拔火罐当然并不简单，如果不管三七二十一就自行在家拔火罐，容易造成危险，生活中并不乏拔火罐时出现意外的事件。如果乱施穴道，有时还会适得其反。

首先要注意选材，中医多用竹筒，如找不到，玻璃瓶、陶瓷杯都可以，只是火罐口一定要厚而光滑，以免火罐口太薄伤及皮肉，底部最好宽大呈半圆形。

在拔火罐前，应该先将罐洗净擦干，再让病人舒适地躺好或坐好，露出要拔罐的部位，然后点火入罐。点火时一般用一只手持罐，另一只手拿已点着火的探子，操作要迅速，将着火的探子在罐中晃上几晃后撤出，然后将罐迅速放在要治疗的部位；火还在燃烧时就要将罐口捂紧在患处，不能等火熄，否则太松不利于吸出湿气，要有罐口紧紧吸在身上的感觉才好。注意不要把罐口边缘烧热以防烫伤。

一般拔15~20分钟就可将罐取下，取时不要强行扯罐，不要硬拉和转动，动作要领是一手将罐向一面倾斜，另一手按压皮肤，使空气经缝隙进入罐内，罐子自然就会与皮肤脱离。

拔罐有保健和医疗的效果，后背拔罐，特别是顺夹脊、督脉和经络拔罐，可以起到调理五脏六腑与强身健体的功效。而对风症、痛症、寒症效果特别好。经常拔八大健康穴：百会、大椎、内关、合谷、神阙、足三里、三阴交、涌泉，可起到通奇经八脉的作用。

1. 平衡阴阳

阳盛则热，阴盛则寒。发热是阳气盛实的表现，而寒战恶寒是阴气盛实的症状，在大椎进行拔罐能够治疗发热的疾病，而在关元进行拔罐则能治疗寒性的疾病。

2. 调和脏腑

拔罐疗法通过结经络、穴位局部产生负压吸引作用，使体表穴位产生充血、瘀血等变化，穴位通过经络与内在的脏腑相连，从而治疗各种脏腑疾病。

3. 疏通经络

拔罐疗法通过其温热机械刺激及负压吸引作用，刺激体表的穴位及经筋皮部，而穴位及经筋皮部是与经络密切相连的。所以，拔罐能够疏通经络，使营卫调和，祛除经络中的各种致病的邪气，气血畅通，筋脉关节得以濡养、通得，从而治疗各种疾病。

4. 协助诊断

通过观察所有拔罐后体表的变化，可以推断疾病的性质、部位及与内脏的关系。

5. 祛除病邪

拔罐疗法因为以负压吸拔体表的穴位，不但能够开腠理、散风寒，而且还能起到调整脏腑经络的作用，鼓舞人体的正气，也有助于体内邪气的排出。

6. 双向调节

在临床取穴和拔罐方法都不变的情况下，拔罐疗法具有双向的良性调节作用。

需要注意的是，拔罐疗法并非所有人都适用，它的使用有明确的禁忌症与注意事项：

拔罐的禁忌症：

1. 皮肤过敏、全身枯瘦或皮肤失去弹性者；

2. 全身剧烈抽搐或烦躁不安者；

3. 浮肿病或水肿者；

4. 重度失血、出血性疾患及有出血倾向者；

5. 妇女月经期；

6. 妊娠妇女的下腹及腰骶部。

进行拔罐时的注意事项：

1. 拔罐部位的皮肤要平坦，肌肉应比较丰满，最好先洗净擦干；

2. 对于骨性突出部位、血管丰富部位，以及心尖搏动处、乳房等部位，一般不宜拔罐；

3. 拔罐可机械地刺激皮肤，反射性地影响大脑皮层，通经活络。拔罐的种类有充血性火罐（罐吸引后达到皮肤潮红）、瘀血性火罐（罐吸引后达到皮下出血，皮肤呈紫点或紫斑）、感冒、头痛宜在太阳穴拔充血性火罐；支气管炎、哮喘可在背部肺俞穴进行瘀血性火罐；

4. 根据病情拔罐，一般为轮流取穴，一次不宜过多。局部瘀血尚未消退时，不应再于原部位进行重复拔罐；

5. 拔罐过程中，体位切勿移动，以免火罐脱落；

6. 拔罐时注意保温，防止受风着凉。

可治百病的家庭拔罐诊疗法

拔罐的这一治疗作用是拔罐的主要特点，也是与针灸、按摩等治疗方法的主要区别之处。针灸是将上述病理产物消散、融解，而拔罐则将其直接抽出。其作用更直接彻底。

拔罐可治疗多种常见疾病，如在治疗各种颈、肩、腰、腿痛方面，拔罐有其独特的治疗作用，也被广泛应用于感冒、哮喘、消化不良、腹痛腹泻、痛经等各种疾病。随着时代的发展，传统拔罐以其不方便、易烧伤等缺点，已逐渐被各种新式拔罐法所代替。常见的有两种，即抽吸式和旋拧式。

比如颈肩腰腿痛就可拔罐。这些患者大多由于长期劳累或受凉等因素，导致局部代谢废物瘀积，造成血液循环减慢甚至闭塞，产生疼痛、胀、麻、功能障碍等，即所谓的“不通则痛”。拔罐可通过发泡疗法和瘀血疗法等将其中的病理产物抽出，使瘀阻的血管血流得以通畅。即“通则不痛”，从而恢复机体的正常生理状态。

对于患病时间较短、尚未形成瘀滞者，拔罐可通过其机械负压作用，促进血液循环、血流畅通。对于急性腰扭伤（即肌肉拉伤和小关节错位），拔罐可重新调整其关节、肌肉的力学改变，其效果比较显著。

拔罐能散寒祛湿。中医理论中的许多“无形之邪”，如寒邪、湿邪等致病因素都可通过拔罐将其拔出。感冒患者在服药的同时，在大椎、风门、风池等腧穴处配合拔罐，对于祛除风寒效果更佳。夏季如果腹部受凉或饮食生冷导致的急性肠胃炎，出现腹痛、腹泻时，可用拔罐在神阙穴及上下左右排罐，能迅速止痛，拔罐后使局部发热，令寒邪排出，其负压作用还能迅速缓解肠痉挛。

所以拔火罐常用于治疗腰背痛、颈肩痛、风湿痛、落枕、感冒、消化不良、中暑失眠和更年期综合征等。另外，感冒时可以用拔火罐来治疗，以达到活血行气、祛风散结、止痛消肿、除温拔毒的功效。

拔罐适应症及主要穴位：

呼吸系统适应症

急性及慢性支气管炎、哮喘、肺水肿、肺炎、胸膜炎。主穴：大杼、风门、肺俞、膺窗。

消化系统适应症

急性及慢性胃炎、胃神经痛、消化不良症、胃酸过多症。主穴：肝俞、脾俞、胃俞、隔俞、章门。

急性及慢性肠炎。主穴：脾俞、胃俞、大肠俞、天枢。

循环系统适应症

高血压。主穴：肝俞、胆俞、脾俞、肾俞、委中、承山、足三里。重点对背部及下肢部进行拔罐。

心律不齐。主穴：心俞、肾俞、膈俞、脾俞。

心脏供血不足。主穴：心俞、膈俞、膏肓俞、章门。

运动系统适应症

颈椎关节痛、肩关节及肩胛痛、肘关节痛。主穴：对压痛点及其关节周围进行拔罐。

背痛、腰椎痛、骶椎痛、髋痛。主穴：根据疼痛部位及其关节周围进行拔罐。

膝痛、裸部痛、足跟痛。主穴：在疼痛部位及其关节周围，用小型玻璃火罐进行拔罐。

神经系统适应症

神经性头痛、枕神经痛。主穴：大椎、大杼、天柱（加面垫）、至阳。

肋间神经痛。主穴：在章门、期门及肋间痛区进行拔罐；

坐骨神经痛。主穴：秩边、环跳、委中。

因风湿劳损引起的四肢神经麻痹症。主穴：大椎、膏盲俞、肾俞、风市，及其麻痹部位。

颈肌痉挛。主穴：肩井、大椎、肩中俞、身柱。

腓肠肌痉挛。主穴：委中、承山及患侧腓肠肌部位。

面部神经痉挛。主穴：下关、印堂、颊车，用小型罐，只能留罐6秒钟，起罐，再连续拔10次到20次。

隔肌痉挛。主穴：隔俞、京门。

妇科方面的适应症

痛经。主穴：关元、血海、阿是穴。

闭经。主穴：关元、肾俞。

月经过多。主穴：关元、子宫。

白带。主穴：关元、子宫、三阴交。

盆腔炎。主穴：秩边、腰俞、关元俞。

外科疮疡方面的适应症

疖肿。主穴：身柱及疖肿部位，用小型罐面垫拔。

多发性毛囊炎。主穴：至阳。用局部小型罐加面垫拔。

下肢溃疡。主穴：用局部小型罐加面垫拔。

急性乳腺炎。主穴；局部用温开水新毛巾热敷后，用中型或大型火罐拔，可连续拔5~6次。

运用拔罐疗法还可以消除疲劳、恢复体力、养颜美容，是家庭保健的好帮手。

很多人对拔罐的认识有个误区，认为拔罐后印迹越深越好。对此，专家提示，拔罐部位的淤青程度主要是提示身体局部寒、淤、湿等病邪的程度，但并非淤青越深效果越好。火罐吸附的强度要以不损伤皮肤为度，局部皮肤有炎症或是溃破、有出血倾向疾病的患者都不宜拔罐。另外，在前一次拔罐部位的淤青没有消失之前，不要在原处再次进行拔罐。

此外，妊娠妇女的腹部和腰骶部应禁用拔罐，儿童皮肤娇嫩，拔罐时间不宜过长，否则容易起水泡。对于过度疲劳、饥饿、大渴、醉酒的人不宜马上进行拔火罐，应休息恢复后再进行。

足部全息法按摩有助你身心康健

人体足部比其他器官如手、耳、鼻、唇等面积都大，所包含的人体的全部信息量就多，同时足部肌肉相对较厚，毛细血管密集，神经末梢丰富，结构复杂，远离心脏，是血液循环最弱的部位，因此对足部的按摩优越于其他器官。

常言说“千里之行，始于足下”、“鹤发童颜，步履轻健”。这些话无不说明了足部健康的重要，早在《黄帝内经》中就论述了足部保健养生的理论原则。千百年前，我们的祖先就使用足部按摩的方法，来达到治病和保健的目的。足部按摩是对足部表面施加压力使它影响全身，从而达到调节身体各器官的功能。

足部与全身脏腑经络关系密切，承担身体全部重量，故有人称足是人类的“第二心脏”。有人观察到足与整体的关系类似一个胎儿平卧在足掌面。头部向着足跟，臀部朝着足趾，脏腑即分布在跖面中部。根据以上原理和规律，刺激足穴可以调整人体全身功能，治疗脏腑病变。人体解剖学也表明脚上的血管和神经比其他部位多，无数的神经末梢与头、手、身体内部各组织器官有着特殊的联系。所以，单纯地对足部加以手法按摩，就能治疗许多疾病。

怎样认识足部反射区呢？双脚并拢，可以将足部看成是一个坐着的人，拇趾相当于头部；足底的上半部分相当于胸部（含心、肺）；足底中部相当于人的腹部，左侧有脾，右侧有肝胆；足跟相当于盆腔；足的内侧构成足弓的一条线，相当于脊柱。

足部共有5个反射区：分别为腹腔神经丛、脾脏、肾脏、输尿管、膀胱。这5个反射区无论在按摩的开始或结束时，都必须加强5个反射区。

一、按摩的顺序

全足按摩，应先从左脚开始，按摩3遍肾、输尿管、膀胱3个反射区，再按脚底、脚内侧、脚外侧、脚背。在按摩时，关键是要找准敏感点，这样不需要用多大力量，被按摩处就会感到酸痛的感觉，才会有疗效。

二、按摩的力度

按摩力度的大小是取得疗效的重要因素，力度过小则无效果。反之则无法忍受，所以要适度、均匀。所谓适度，是指以按摩处有酸痛感，即“得气”为原则。而所谓均匀，是指按摩力度要渐渐渗入，缓缓抬起，并有一定的节奏，不可忽快忽慢、时轻时重。

三、按摩时间

在进行按摩治疗时，要根据患者的病种、症情及其体质，掌握好按摩时间，一般对单一反射区的按摩时间为3~5分钟，但对肾、输尿管、膀胱的反射区则必须按摩到5分钟，以加强泌尿功能，从而把体内的有毒物质排出体外。总体按摩时间应控制在30~45分钟。

初次做足疗的人会感到很疼，做的次数多了，疼痛感会逐渐减轻，因为足疗不是一般的抚摸，只有对相应反射区用力，按摩才能达到效果。

足疗的操作步骤为：按摩前先蒸烫脚或洗泡脚20分钟左右，让足部毛孔张开，用热毛巾将足部擦净、包裹，先按左脚，顺序是足底、足内侧、足外

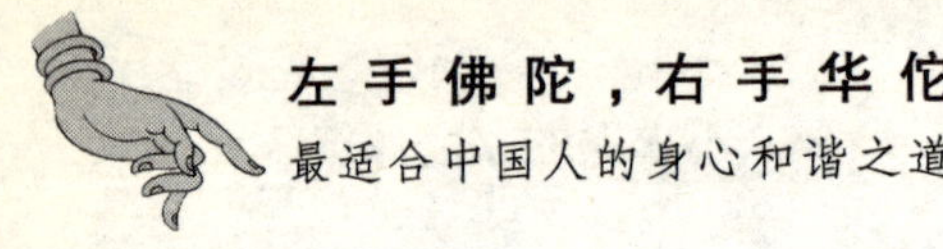

侧、足背，按摩的时间一般在 30 至 45 分钟。

足部包含人体全部信息的每一个有独立功能的局部器官，我们叫它“全息胚”，在足部全息胚中也有人体的整体信息，这些信息我们叫它反射区，这些反射区具有与人体器官相对应的特点，它们之间的生物特性相似程度较大，当人体某器官发生生理变化时，足部反射区会首先作出反应，提示我们做好预防与治病的准备。

足部按摩是中医一种外治法范畴的物理疗法，已被无数临床实践所证实是行之有效的方法之一。足部按摩主要是依靠手法的力度和力的方向实施的治疗。由于手法轻重不同，其渗透于内的力度也有所差别，基本上分为浅（皮毛）、略浅（经脉）、中（肌肉）、略深（经筋）、深（骨髓）几种。

（一）舒筋活络、消肿止痛。受伤时，无论是急性期或慢性期，肿胀、疼痛往往是其主要症状，损伤后，由于血离经脉，经络受阻，气血流通不畅，从而出现局部肿胀，由于“不通则痛”而产生疼痛。

（二）整复错位、调正骨缝。肌肉、肌腱、韧带受外界暴力的作用，可以造成纤维撕裂或引起肌腱的滑脱，使所伤之筋离开原来正常的位置，关节在外界暴力的作用下也可以产生微细的错缝或引起关节内软骨板的损伤。

（三）解除痉挛、放松肌肉。受伤后所产生的疼痛，可以反射性地引起局部软组织痉挛，这虽然是肢体对损伤的一种保护性反应，但如果不及时治疗，或治疗不妥当，痉挛的组织就有可能刺激神经、加重痉挛。痉挛日久形成不同程度的粘连、纤维化或疤痕化而加重原有损伤，形成恶性循环。

（四）松解粘连、滑利关节。急性损伤或慢性损伤的后期，损伤的软组织常形成不同程度的粘连、纤维化或疤痕化。关节部位置的骨折后期也常见到这样的病理变化，使肢体关节功能活动受到障碍。

（五）散寒除痹、调和气血。《素问·痹论》篇中说：“风寒湿三气杂至，合而为痹也。其风气盛者为行痹，寒气盛者为痛痹，湿气盛者为著痹也……痹在于骨则重，在于脉则血凝而不流，在于筋则屈不伸，在于肉则不仁，在于皮则寒。”

头（大脑）：位于两足足底拇趾趾腹的下部，左、右侧大脑的反射区，在足部呈交叉反射。适用于高血压病、脑血管病变、脑震荡、头晕、头痛、失眠、中枢性瘫痪、视觉受损伤等病症。

颈：位于两足拇趾根部，即小脑反射区下方。适用于剧烈的颈部酸痛、颈部扭伤、落枕、高血压等病症。

颈椎：位于两足拇趾内侧第二节趾骨处。适用于颈项酸痛、颈椎骨质增生、颈椎病等病症。

肩：位于两足底外侧小趾骨外缘凸起的趾关节处。适用于肩周炎、肩酸痛等病症。

心脏：位于左足底第四跖骨与第五间，在肺反射区下方。适用于心律不齐、心绞痛等病症。

胃：位于两足底第一跖骨的中、下部。适用于胃痛、胃酸增多、胃溃疡、消化不良、急慢性胃炎、胃下垂等病症。

肾脏：位于两足底中央的深部。适用于肾盂肾炎、肾结石、动脉硬化、静脉曲张、风温热、关节炎、湿疹、浮肿、尿毒症、肾功能不全等病症。

膝：位于两足外侧第五跖骨所形成之凹陷处。适用于膝关节炎、膝关节疼痛等病症。

10种常见病的家庭足底诊疗法

足底反射疗法把人的脚当做一面镜子，人体的五脏六腑便都在这面镜子里了。当身体里脏腑器官发生问题时，这面镜子就以痛感或其他的方式显示出来。

足底反射疗法和经络学说有着互相印证的关系，是点和面的关系、平面和立体的关系。而且，它极为简单易学，需要的不过是一双手和一张足疗的挂图，比学习中医基础理论要容易有趣得多。

1. 足底按摩治疗手臂酸麻

手臂酸麻在当今社会里为数不少，患者除了手臂酸麻以外，颈部都会比较僵硬，这是由于很多的手臂酸麻都是由于颈椎病、颈肩综合症、肩周炎等引起的。在原发病治疗的同时再配合上足部按摩法，会起到意想不到的疗效！

发生手臂酸麻要按反射区：颈椎、颈项、斜方肌、肩胛骨、肩关节、肘关节、腕关节、泌尿系统，此外，还要对整只手以及颈肩部进行拍打、按摩。

按摩部位：肩关节、肘关节、腕关节。

(1)颈椎(反射区有交叉)：位于双脚底内侧，在脚大拇指骨头约45度下方。按摩5~1颈椎时要由下往上按摩，按摩7~5颈椎时要从上往下按摩。

(2)颈项(反射区有交叉)：位于双脚大拇指与脚掌相交处有条横纹下方的肉球就是颈项。按摩时方向要从外往内扣按。

(3)斜方肌：在双脚脚底脚趾头2、3、4、5趾往下，脚掌四个关节上方即是斜方肌反射区。按摩时要扣住关节上方由外往内按摩。

（4）肩胛骨：在双脚脚背4、5脚趾往下延伸至凹陷处，要到脚背前三分之一处，往第4趾方向扣，用手扣按有颗粒凸起的现象，为肩胛骨反射区。按摩时按住凸起的地方后定点扣揉。

（5）肩关节：在双脚外侧靠小趾下方，按摩时要由下往上扣后向左右滑动。

（6）肘关节：在双脚外侧，肩关节下方有一小颗粒凸起的感觉，按摩时要按住后向左右滑动。

（7）腕关节：在双脚外侧约中央处有一半圆骨头前端为腕关节，按摩时要扣住后向左右滑动。

2. 胆囊炎、胆石症

（1）肝　位于右足掌第4、5跖骨上半部，前方与肺反射区有一小部分重叠。手法为用食指扣拳法，自足趾向足跟外端压刮3次。适用于胆囊和胆管疾病及肝炎、肝硬化等。

（2）胆囊　位于右足掌第3、4跖骨向中上部，在肝反射区之内。手法为单食指扣拳法，以食指靠近手掌一端的指节顶点施力，定点向深部足跟方向顶压或压刮3~4次。适用于胆石症、胆囊炎及其他肝胆疾病。

（3）脾　位于左足旁第4、5跖骨间基底部，横向与十二指肠反射区相对。手法为单食指扣拳法，直接向下按压3~4次。适用于食欲不振、消化不良、贫血、发热。具有增强免疫力的作用。

（4）胃　位于足掌第1足趾跖关节后方，即第1跖骨体前段。手法为单食指扣拳法，以食指近指间关节顶点施力，由足趾向足跟方向从轻逐渐到重压刮3次。适用于脾胃病症，如呕吐、腹胀、消化不良等。

（5）十二指肠　位于足骨第1趾骨基底段。手法为单食指扣拳法，以食指近指间关节顶点施力，由足趾向足跟方向从轻逐渐到重压刮3次。适用于腹胀、肠鸣、消化不良、食欲不振、十二指肠溃疡、食物中毒等。

(6)胰腺　位于足掌第1跖骨体下段，在胃和十二指肠反射区之间。手法为单食指扣拳法，以食指近指间关节顶点施力，由足趾向足跟方向从轻逐渐到重压刮3次。适用于胃脘腹胀、肠鸣泄泻、纳呆、完谷不化及胰腺炎、糖尿病。

按摩足底反射区时位置要准确，用力要适当、均匀，姿势要正确，手法要有节奏感。所谓单食指扣拳法，即以食指第一节间关节背面作为着力点，通过腕部和手掌的力量进行。每个反射区按摩3次，由轻到重，先左足后右足。在此之前还应做些准备，如抚摩足部，以促进足部血液循环，提高疗效。

3. 颈椎病

颈椎病是一种严重危害伏案工作者健康的疾病，它的症状表现多种多样。主要有颈背疼痛、上肢无力、手指发麻，头晕、恶心甚至视物模糊，吞咽困难。

最近脚底研究专家发现，脚底集合了身体的全部器官的反射区。通过治疗足底反射区即可获得令人惊奇的疗效。

颈椎在足部的反射区是：双足拇趾趾腹根部横纹处，双足外侧第5趾骨中部(足外侧最突出点中部)，颈部肌肉反射区是：双足底肢趾后方的2cm宽的区域。

按摩方法是：用拇指指尖或指腹；也可用第2指或第3指的关节，以数毫米幅度进行移动。力度在最初时较轻，渐渐增强，以稍有痛感为宜，按摩时间可自选抽空进行。最好是每天早晚各一次，每次10~30分钟，坚持两周以后，对一般颈椎病患者即可出现神奇效果。

4. 青春痘

(1)肝胆：位于右脚脚底一半上方与3、4趾脚掌关节下方是肝反射区。另用手触摸时，有一长条凹陷的沟是胆的反射区。按摩方向是由上往下方向进行按摩。

（2）尿道：在双脚内侧约踝关节与脚后跟的一半，按摩时会有一条斜向凹陷的沟。按摩方向是由膀胱反射区往脚后跟方向推。

（3）膀胱：在双脚内侧约踝关节与脚底相交处，按摩时会有一粒肉球凸出的感觉。按摩方向是由输尿管连接点斜向往尿道方向推。

（4）输尿管：位双脚脚底，膀胱点位置往肾脏方向约 45 度的斜向，用手按摩时有一条斜沟的感觉。按摩方向是由肾脏连接点往膀胱斜向推按。

（5）肾脏：位于双脚脚底约位脚底一半的上方，用手触摸时有一颗凸出肉球，它稍微有硬硬的或者砂砂的感觉。按摩时由上斜下往输尿管方向推按。

5. 鼻窦炎

主要是按摩反射区（或以脚趾末端踢地下，墙壁均可）——鼻子、额窦（重点在大拇趾与第 3 指加强）、上身淋巴腺、泌尿系统。

（1）额窦（反射区有交叉）：在双脚 5 个脚拇趾末端处，刚好在脚趾甲下方。按摩方向是由下往上按摩。

（2）鼻子（反射区有交叉）：在双脚大脚趾骨缘末端处。按摩的方法是扣住骨缘末端然后做滑动按摩。

（3）胸部淋巴腺：是淋巴腺的总开关，位于双脚脚背大拇趾与食趾之间凹陷处。按摩方向是由外侧往脚后跟方向推。淋巴腺中的淋巴液在人体中负责血管与血管联系，也能在肠内吸脂肪和运送脂肪的工作，淋巴球更能吞噬细菌，增强抵抗力。

（4）上身淋巴腺：位于脚背双脚内侧，踝关节上方，用手触摸时有一凹陷的感觉。按摩时要从外侧往内侧方向推。按摩上身淋巴腺，对肚脐以上器官的所有发炎现象均可收到消炎止痛的效果。

6. 低血压

按摩足部的手法以轻柔为主。其基本手法如下：

（1）术者用拇指轻揉患者两足，并对在按摩中疼痛明显的反射区继续按揉5分钟。坚持每日按摩。

（2）每日揉压足后跟3~4次，每次15分钟左右。尤其是对涌泉穴，术者须用大拇指朝患者脚后跟的方向揉压10~15分钟。

（3）术者用拇指、食指揉搓患者左足大拇趾、第3趾各5分钟，再用手指边上下摩擦平衡器官5分钟，然后揉压足心5分钟，每日2次。

（4）术者利用自己的足跟、足底前部跖趾对患者足跟施以节律性的压踩10~20分钟，每日1次。

患者在接受以上治疗的同时，还可以施行自我辅助疗法：用空可乐瓶或拳头轻轻敲打足底15~20分钟，每日1次；用发卡或牙签刺激足跟15~20分钟，每日2次；旋转足踝15~20分钟，每日2次。

7. 膝关节炎

要按反射区——脾脏、胸部淋巴腺、下身淋巴腺、膝关节、泌尿系统。

8. 头晕

按摩小脑、耳朵、内耳迷路反射区。

（1）小脑（反射区有交叉）：位于双脚大拇趾指腹，有两条横纹线的中间都是小脑反射区，刚好与颈项相邻。按摩时方向要从外往内方向扣按后再由内往外扣按。

（2）大脑（反射区有交叉）：位于双脚大拇趾及整个趾腹。按摩方向是从上面往下按摩。

（3）三叉神经（反射区有交叉）：位于双脚大拇趾外侧骨缘下方的肌肉中。按摩方向是由下往上按摩。

（4）额窦（反射区有交叉）：在双脚5个脚拇趾末端处，刚好在脚趾甲下方。按摩方向是由下往上按摩。

（5）内耳迷路：位于双脚脚背的脚小趾下方，脚掌第一骨头边缘处，触摸时有颗粒微凸的感觉。找到微凸的小颗粒，用手按住后定点揉按。

（6）耳朵（反射区有交叉）：在双脚脚底的4、5趾与脚掌相交处下方的肌肉中。按摩时要由上及下扣住后，往内侧按摩。

以上的足底按摩治疗头晕是配合药物的治疗，或医生的治疗方法，但是足底按摩治疗头晕需要长久的坚持。

9. 肋间神经痛

肋间神经痛是指循着该神经路径出现的疼痛性疾病。由于疼痛多继发于肋间神经炎症的基础上，所以又有肋间神经炎的别名。该病的临床表现为一个或几个肋间隙出现阵发性剧痛（针刺样或刀割样疼痛），呈带状分布，有的可放射到背部及肩部，在咳嗽、打喷嚏或深吸气时可诱发或加剧疼痛。相应的，皮肤有感觉过敏及肋骨缘压痛。

按摩部位

1. 足底部反射区：三叉神经、斜方肌、腹腔神经丛、甲状旁腺、肾上腺、肾、输尿管、膀胱。

2. 足内侧反射区：颈椎、胸椎、腰椎、骶骨。

3. 足外侧反射区：肩胛骨。

4. 足背部反射区：肋骨、胸（乳房）、胸部淋巴腺（胸腺）、上身淋巴结、下身淋巴结。

常用手法

1. 足底部反射区：拇指指端点法、食指指间关节点法、拇指关节刮法、按法、食指关节刮法、拇指推法、擦法等。

2. 足内侧反射区：拇指推法。

3. 足外侧反射区：拇指推法等。

4. 足背部反射区：拇指指端点法、食指指间关节点法、食指推法、拇指推法等。

10. 咳嗽

咳嗽有温燥与凉燥之分。一般以中秋节(阴历8月15日)为界线，中秋以前有暑热的余气，故多见于温燥；中秋之后，秋风渐紧，寒凉渐重，故多出现凉燥。当然，秋燥温与凉的变化，还与人的体质和机体反应有关。温燥咳嗽是燥而偏热的类型，常见症状有干咳无痰，或者有少量黏痰，不易咯出，甚至出现痰中带血的现象；兼有咽喉肿痛，皮肤和口鼻干燥，口渴心烦，舌边尖红，苔薄黄而干。初起时，还会有发热和轻微怕冷的感觉。凉燥咳嗽是燥而偏寒的类型，常见怕冷，发热很轻，头痛鼻塞，咽喉发痒或干痛，咳嗽不爽，口干唇燥，舌苔薄白而干。

不管是温燥还是凉燥咳嗽，都可在家中自行做足底按摩予以治疗，按摩部位为喉气管、肺、支气管、胸部淋巴、肾脏、脾脏，按摩时采用拇指尖施压，按压每个对应区的时间约50秒，两足分别按压，每天可治疗1次或隔日1次，10次1疗程。疗程之间可间隔1~2天，或连续做下一个疗程。

第十一章

左手佛陀，将自己摆渡到幸福的彼岸

无论是接受原本可以改变的，或是想要改变那些无法改变的，都是一种“错配”，最好的良药，就是塑造阳光的心态，顺其自然，否则欲速则不达。用勇气来改变可以改变的事情，用胸怀来接受不可改变的事情，用智慧来分辨两者的不同，而是否能够分辨两者，似乎更加具有决定性的意义。

找到属于自己的那份幸福便足够

曾有人说，人来到世间就是为了寻找幸福。在这个纷繁复杂的社会上，幸福或不幸福的人，都在匆忙之中寻找着属于自己的那份幸福。

在一个公交车的站牌下，一个盲人每天坐在那儿拉着一把很破旧的二胡，脚配合着二胡的音乐有节奏地踩响一个有着简易支架的锣钹，在凛冽的寒风中忘情地拉着一段又一段欢快的曲子。他那失去光泽的脸上始终挂着沉醉的笑容，他的脸因为那灿若春日般的笑而变得生动起来。每当他面前的破碗里响起一声“咣当”的硬币的跌落声，他总是谦卑而感激地冲着眼前的黑暗点头颔首，以表谢意。当你看到这一幕时，你是不是会不禁想道：此时的他一定很幸福吧！

对于一个残缺的生命来说，幸福来得竟是如此简单。这不得不让我们感叹命运的神奇，它总是公平地对待每一个人。当一个人躯体上有了缺陷，那么，他一定拥有着不屈的灵魂。盲人没有一双明亮的眼睛，但他却拥有一颗智慧的心灵，当他的心中充满了幸福时，幸福便在他的身边。

盲人尚且能够真正地领悟到幸福的真谛，可是健全的人却往往会犯一些愚蠢的错误。他们中的很多人就像那个在海边寻找点金石的疯子，执著地捡起一块块石头，碰碰腰间的链子，然后不看看变化与否，就把它扔掉。就这样，一个个自以为是的人，找到幸福后又轻易地将它丢掉，直到有一天，惊讶地发现自己腰间的铁链子不知何时已变成了金的，才明白幸福原来曾经来过。

记得有这样一个故事：

在毕业10周年的聚会上，林的同窗好友嫣光彩照人，面带桃花，人人羡慕不已。毕业后，嫣找了一份收入可观的工作，拥有一个温情浪漫的老公、一个活泼可爱的女儿，还有一个两人共同努力建造的爱巢。尤其让女同学们羡慕的是，10年后的今天，嫣依然年轻靓丽，浑身散发着成熟女人的迷人风采。

聚会结束后，林与嫣同乘一车回家，一路上，嫣沉默不语，一副满脸忧伤的样子。

林很奇怪，问：怎么了，嫣？

唉，我真不幸！嫣感叹道。

为什么？大家都在羡慕你！林不解地问。

经过10年的努力，我竟然事事都不如别人。A同学现在腰缠万贯，穿金戴银；B家的房子有200多平米；C的老公已经是处级干部了……嫣如数家珍地说。

林笑了，说：你换个角度看好不好？你看，A的老公多粗暴啊，上个月他们还打了一架；B家的孩子生下来就是个白痴……

下车时，嫣拉着林的手露出了灿烂的笑容，无限感慨地说：其实我一直都认为自己很幸福。

故事中的嫣是很幸福的，然而她却忽视了它的存在，所幸的是，她终于省悟了过来。其实，幸福一直就在我们的身边，只是愚昧的人类一面拿着幸福，一面却又贪婪地去寻找幸福，直到最后幸福被我们无限夸大的不幸所掩盖。有时候，我们费尽心机、渴望拥有的东西往往是被我们自己亲手丢掉的。

从前有两只老虎，一只在笼子里，一只在山林里。在笼子里的老虎三餐无忧，在外面的老虎自由自在。两只老虎都看着对方好，觉得自己不如对方，都对自己的现状不满意。笼子里的老虎总是羡慕外面老虎的自由，外面的老虎却羡慕笼子里的老虎安逸。一日，一只老虎对另一只老虎说："咱们换一换。"另一只老虎同意了。于是，笼子里的老虎走进了大自然，山林里的老虎走进了笼子里。从笼子里走出来的老虎高高兴兴，在旷野里拼命地奔跑着；走进笼子里的老虎也十分快乐，因为它再也不用为食物而发愁了。但不久，两只老虎都死了。一只因饥饿而死，一只因忧郁而死。

从笼子中走出来的老虎虽然获得了自由，却没有获得捕食的本领；走进笼子里的老虎虽然获得了安逸，却没有获得在狭小空间里生活的心境，没有了原来大自然空旷的田野，也就失去了原本为生活奔波的激情，由于不用捕食，健康状况也日渐衰退。它们都是想得到比原来更多的快乐与幸福，然而，适得其反的是，它们不但失去了原来的快乐，接踵而来的是更大的痛苦与不幸。其实，它们不曾想到的便是：别人的幸福未必适合自己，别人的幸福甚至可能是自己的坟墓。

从前，有一位画家，他不但年轻英俊，而且生活富裕，还有位貌美而温柔的妻子，但他却认为自己过得很不幸福。

一天，他碰到了一位天使，于是他对天使诉苦道："我什么都有，只欠幸福，你能够给我吗？"

天使想了想，说："我明白了。"

于是，天使拿走了画家的才华，毁了他英俊的容貌，夺去了他的财产和他的妻子。

一个月后，天使再次回到画家的身边，这时的画家已饿得半死，他正躺在地上挣扎。于是，天使又把他失去的一切还给了他，然后离去了。

又过了半个月，天使再去看那位画家。这次，他搂着妻子，不住地向天使道谢。因为，他终于得到幸福了。

故事中的画家在失而复得后才知道曾经拥有的便是幸福。其实，在失去之后才明白拥有的珍贵，这是人类的普遍心理。然而，在现实生活中，一旦失去就很难回到从前了。错过一时，也就可能错过一生了。

很多时候，我们往往对自己的幸福熟视无睹，总是感觉自己不幸福、不快乐，找不到能使自己快乐与开心的闪光点，不会寻找原本属于自己的那份幸福；而总是觉得别人的幸福很耀眼，只能看到自己某方面不如别人，却看不到自己优秀的一面，给自己心灵的天空涂上了一层阴影。失去了本来拥有的快乐与开心。

迈开你的脚步，去追求属于自己的新生活，创造自己幸福的明天吧。为你的人生增添绚丽的色彩，使自己的生活成为一道独特的风景线。

理想决定你的以后，而不是你现在的位置

人生最重要的不是你所坐的椅子，而是你选择的方向，只有脚踏实地地朝着自己的目标努力，才能最终坐上那张本应该属于自己的椅子。

很多人总在感叹人世间有很多好机会，但总是没有适合自己的那一个。招聘广告在眼前飞驰，你是否常常哀叹自己的不足，只想重新走回校园充电；难题摆在眼前，你只需再多一点点的能力就可以一举成名，可是就因为这一点点你却无能为力；只要跨入这个门槛，你就可以在那个职位上游刃有余，可是这个门槛太高你就是跨不过去……总是有这么多令你尴尬的位置，欲进不能欲退不得。你茫然四顾，犹如身在险峰，周围的道路都是云雾缭绕，看不真切。这个时候，更要静下心来，弄清楚自己的位置和方向。不管你处于怎样的境遇，都要记住了，人生重要的不是所坐的椅子，而是所朝的方向。

从前，一个农夫有两个女儿。大女儿很漂亮，大家都宠着她，说她有一天是要嫁到皇宫里去做王后。小女儿却长相平平，她是在大家的忽视中慢慢长大的。大女儿白天帮母亲料理家务，闲下来时就浇花喂鸟，对未来也没什么打算。因为她的人生早就被她母亲安排好了，那就是尽可能嫁给高官或皇族。小女儿则整天蹲在一堆破布和针线当中。她有一个愿望，就是做世

界上最美丽的衣裙。

慢慢地，小女儿的针线活越做越好，她的手艺引起了村里裁缝的注意，就让她到店里帮忙。从此，她开始进行正规的缝纫学习。就在她进入裁缝作坊的时候，她的姐姐也开始了相亲。农夫和他的妻子用小女儿缝制的衣裙，把他们的大女儿打扮成大户人家的小姐，让她去参加各种社交舞会。

大女儿出嫁了，她的父母很开心，得到了一大笔钱，而她自己却无所谓快乐不快乐。她没有什么想要的，也不知道能做什么，只是听从命运的安排。小女儿的手艺越来越好，很多上层贵族都喜欢找她做衣服。当她姐姐有了第一个孩子的时候，她终于攒够了钱，可以自己开店了。小女儿的生活充实而快乐；相反，她的大姐开始渐渐地颓废。她生活在"家庭"的形式中，只是很好地履行一个妻子的职责而已。

小女儿的手艺和善行终于传到了皇宫里。公主出嫁的时候，她被特准进了皇宫负责裁制嫁衣。嫁衣做好了，公主穿上后惊艳四方，小女儿在城里一下子成了名人。然而，更意想不到的是，在她给公主量体裁衣的时候，公主的哥哥——本国的国王恰好经过。于是，不久后小女儿成为了王后。王后之命，那是人们曾经给她姐姐的预言，却在她身上应验了。不过，那不是命运的恩赐，而是她依靠自己的努力获得的。

上帝给每个人一把椅子，有高有矮，有好有坏，不管怎样，这都不是最终的定局。小女儿最初坐的椅子肯定不如她的姐姐，然而她没有自卑，也没有因为被忽视而抱怨，而是坐稳了，朝着梦想的方向前进。那个"没有什么想要的，不知道做什么"的姐姐平稳地上演着自己的命运，上帝给多少就接受多少，始终没有从自己的椅子上踏出过一步。相反，小女儿却在卑微的、被忽视的椅子上坚持不懈地迈进，终于打破了原先的"位置"而上升到新的高度。人生重要的不是所坐的椅子，而是所朝的方向。在有梦想的时候不要放弃梦想，在有机会的时候不要错过机会，在可以拼搏的时候就义无反顾地拼搏。临渊羡鱼，不如退而结网，让我们从现在开始，看清楚前进的方向，努力实现自己的梦想！

“不能”皆是因为你的心在说“不”

任何一种限制，都是从自己的内心开始的。不妨先把限制放一边，相信自己积极的心态可以带来成功。

1910年，德国行为学家海因罗特在实验过程中，发现一个十分有趣的现象：刚刚破壳而出的小鹅，会本能地跟在它第一眼看到的自己的母亲后边。但是，如果它第一眼看到的不是自己的母亲，而是其他活动物体，它也会自觉地跟随其后。尤为重要的是，一旦这只小鹅形成对某个物体的跟随反应，它就不可能再对其他物体形成跟随反应了。用专业术语来说，这种跟随反应的形成是不可逆的，而用通俗的语言来说，它只承认第一，无视第二。

于是我们发现，人类对任何堪称“第一”的事物都具有天生的兴趣并有着极强的记忆能力。不经意地，你就能列出许许多多的第一。如世界第一高峰、中国第一个皇帝，美国第一个总统，第一个登上月球的人等等，可是紧随其后的第二呢？你可能就说不上几个。

几乎所有的心理学家和社会学家都知道，人类对最初接受的信息和最初接触的人都留有深刻的印象，他们用“首因效应”等概念来表示人类在接受信息时的这种特征。在生活中，人同样对第一情有独钟，你会记住第一任老师；第一天上班的情景；初恋等等，但对第二就没什么深刻的印象了。在公司中第二把手总不被人注意，除非他有可能成为第一把手；在市场上，第一品牌的市场占有率往往是第二的数倍……这便是人先入为主的本性。

弗洛伊德曾经十分郑重其事地叮嘱自己的小女儿："在小事情上要服从理智，在大事情上要听从自己的心灵。"这里的心灵就是指人们源于自然的那种天性，这种天性必定是以善良和正直为基础的。可是，大多数人在关键时刻几乎都会用世俗的理智去衡量自己的得失与利弊，而建立在善良和正直基础之上的天性则被远远地抛到了一边。

有一天，龙虾与寄居蟹在深海中相遇了，寄居蟹看见龙虾正把自己的硬壳脱掉，只露出娇嫩的身躯。寄居蟹非常紧张地说："龙虾，你怎么可以把唯一保护自己身躯的硬壳也扔掉呢？难道你不怕有大鱼一口把你吃掉吗？以你现在的情况来看，连急流也会把你冲到岩石上，到时你不死才怪呢！"龙虾气定神闲地回答："谢谢你的关心，但是你不了解，我们龙虾每次成长，都必须先脱掉旧壳，才能生长出更坚固的外壳，现在面对的危险，只是为了将来发展得更好而作出的准备。"寄居蟹细心思量一下，自己整天只找可以避居的地方，而没有想过如何令自己成长得更强壮，整天只活在别人的护荫之下，难怪永远都只能限制自己的发展。

任何一种限制，都是从自己的内心开始的。不妨先把限制放一边，相信自己积极的心态可以带来成功。

一个成功者与一个失败者之间的差别其实就在于：成功人士总是在积极地思考，用最乐观的精神和最辉煌的经验支配并掌控着自己的人生；而失败者则恰恰相反，他们的人生是受种种失败与疑虑支配的。

有些人总喜欢说他们现在的境况是别人造成的，其实，一个人的境况哪里是由周围环境造成的？说到底，如何看待人生，完全是由我们自己来决定的。

成功者的首要条件是他思考问题的方法。如果一个人是个积极思维者，喜欢接受挑战和应对困难，那他就成功了一半。很多时候，并不是对手战胜了我们，而是我们自己打败了自己。

现实生活中，有人会因为一时的挫折而走上了绝路，也有人会因为战胜挫折而成就一番更大的事业；有人会因为对手强大而畏惧，也有人会因为挑战强大的对手而使自己快速成为巨人；有人会因为产品没有销路而抱怨产品、抱怨公司、抱怨顾客，也有人因为产品卖不出去而另辟蹊径，获得成功。

所有的一切皆验证了大哲学家叔本华的一句话："影响人的不是事物本身，而是对事物的看法。"

所以，一定要从心底里坚信你的精神力量、思想力量能够帮助你实现自己的愿望。每个人都有一定的安全区，你想跨越自己目前的成就，请不要画地为牢，只有勇于接受挑战、充实自我，你才会发展得比想象中更好。

如果你强烈去想，你的世界就会改变

只有始终保持积极和快乐的心态，你的世界才会一年四季充满阳光和花朵。

一位哲学教授正在备课，他的小儿子却在一边吵闹不休。教授无可奈何，便随手拾起一本旧杂志，把其中色彩鲜艳的插图——一幅世界地图撕成碎片，丢在地上说道："小约翰，如果你能拼好这张地图，我就给你2角5分钱。"

教授以为这样会使儿子花费一上午的大部分时间，但是没过10分钟，儿子又来敲他的房门。教授看到他如此迅速地拼好了一幅世界地图，感到十分惊奇，就问他："孩子，你怎么这样快就拼好了地图？"

"啊！"小约翰说，"这很容易。在另一面是一个人的照片，我就把这个人的照片拼到一起，然后把它翻过来。我想如果这个人的照片拼对了，那

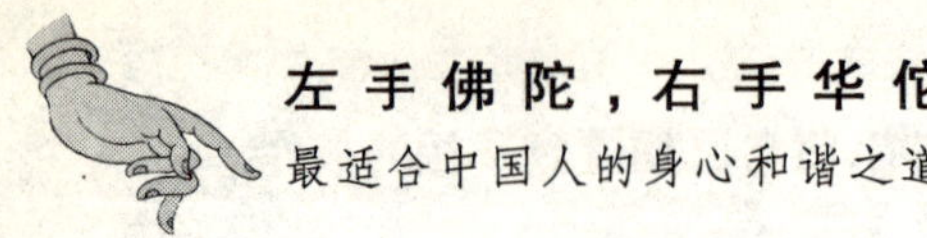

么，这个世界地图也就是正确的。”

教授微笑了起来，给了他的儿子2角5分钱，说：“谢谢你宝贝，你替我准备了明天讲课的题目——如果一个人想要改变，他的世界也会随之而变。”

如果你想改变你的世界，改变你的生活，那么首先应该改变你自己。也许，你曾觉得你的才华不被这个世界所理解和接受；也许，你曾埋怨你不是命运的宠儿；也许，你想过如果有某某那样好的环境，你能做出更大的成就；也许，你不发牢骚也不抱怨，但是你已经不再信任自己、信任任何人，你觉得你是一个人在孤独地生活着，承担着一个人的寂寞。你生活在人群中，却没有存在感，面对着这个世界，永远都像是一个过客。这种无奈与无力感这么深入骨髓，靠什么来拯救？

2008年世界性的经济危机让很多人在找不到理想的工作时，常常怨天尤人、忿忿不平，却很少从自己身上找原因。其实，如果换个角度来看问题，换个思路来想问题，也许结果就会大相径庭。

某单位招聘一位信息员。枫是本科大学中文系毕业的高才生。一路过关斩将，最后只剩老总面试点头了。按理说，枫是十拿九稳会被录用的。但未料到，那位老总和枫交谈了几句，看了看她的简历，说：“对不起，我们不能录用你。试想想，连自己的简历都保管不好的人，我们怎能放心把单位的工作交给你呢。”原来是枫那留有水渍，并显得皱巴巴的简历引起了老总的反感。

原来，早上出门时，因为走得急，一不小心碰翻了茶杯，水沾湿了简历，再重出一份已赶不及了。谁知问题就出在这里。这能怪谁呢？回家后，枫非常认真地用钢笔抄写了一份简历，并给那个单位的老总写了一封信，其中写道：“贵公司是我心仪已久的单位，您对我近乎苛刻的要求，正反映了贵公司在管理上的认真与严谨、精益求精，这也是贵公司兴旺发达的希望之所在。我一定铭记您的教诲，在今后的工作中尽心尽责，一丝不苟。这是为了对我的疏忽而进行的惩罚！”

枫发自肺腑的话语、详略得当的简历、以及她那娟秀的字迹，使老总眼睛为之一亮。最终，那家公司向她亮了绿灯。

从这个故事中，我们可以看出事情的存在一定有其合理性。人家相不中你，一定是你有不足的地方。与其抱怨别人，不如改变自己。只有敢于面对，才能正视自己，只有正视自己，才能得以改变并提高。枫正是认识到了这一点，并且努力去改变自我，才赢得了成功。

在我们的生活中，我们总是想着如何去改变外界的事物。其实，有时候，当我们面对外因而无能为力时，不妨改变一下自己，那么命运也会在不经意间被改变。

如果你想热爱这个世界，那么请改变你自己；如果你想融入这个世界，那么请改变你自己；如果你想主宰这个世界，那么请改变你自己。只要你改变了，你的世界也会随之改变。

幸福、快乐、健康、成功、富裕、希望，都是上帝花园里最甘醇的花果，它们无法在阴暗的角落里生长。所以，只有始终保持积极与快乐的心态，你的世界才会一年四季充满阳光和花朵。

有这样一个小故事。

两个病人在同一间病房住院，医院允许其中一个病人每天下午在床上坐一个小时，来帮助其从肝脏引流血液。他的床位在房间里唯一的窗户旁。另外一个病人不得不一直平躺在床上。这两个病人持续交谈了好几个小时。

他们谈论他们的妻子和家庭，他们的工作，还有他们曾经有过的兵役生活。每个下午，当窗户旁的病人坐起来的时候，他就通过给室友描述他在窗外看到的一切来打发时间。这一个小时使得另外一张床上的病人有了活力。在这段时间里，他的世界将因为外面世界的动态和色彩而广阔、生动。

从窗户向远处望去，就能看到那个有着可爱湖泊的公园。鸭子和天鹅在水中嬉戏，孩子们划着小船。恋人们手牵手漫步于七彩的花草丛中，高大的老树使整个景色更加迷人。远望，整个城市的轮廓都可映入眼帘。当窗旁的病人细腻地描述着这一切的时候，另一个病人微闭双眼，想象着外面美好的景色。

在一个温暖的下午，窗旁的病人描述着一列过往的兵队。另外一个病人虽然听不到乐队的演奏，但是他仍可以通过窗旁病人的描述想象到整个情景。

就这样，好几个星期过去了。一天早上，给他们加洗澡水的护士来到病房，却发现窗户旁病床上的病人已奄奄一息，他在梦中安静地死去了。悲伤的护士让助理员抬走了病人的尸体。

在这个时候，另外一张床上的病人要求将自己转移到窗户旁，护士很高兴这样做。在确定他已经舒适以后护士离开了。他慢慢地、痛苦地用一个胳膊肘支撑起自己的身体，想要看一看外面的世界。他终于能亲自看到外面的世界了！他勉强地向窗户外面望去，却只见一面空白的墙壁。

病人询问护士，是什么使自己已故的病友将窗外的景色描述得如此美妙。护士回答说："那个病人是个盲人，他甚至看不到墙。"

现在你知道，怎么让一面墙开出花来了吗？不是祈求上帝，不是依靠别人的帮助，也不是借助语言的魔法，而是怀抱希望，拥有面朝花海的心。不管你现在的世界是什么样子，它都不是一成不变的，而是随着你的心境的改变而改变。如果你胸怀若海，你就会看到波澜壮阔的人生；如果你小肚鸡肠，你看到的只会是鸡毛蒜皮的无聊和烦恼。

快乐不是因为拥有得多而是计较得少

人生如水，我们必须学会像水一样去适应环境，蜿蜒曲折、和谐相容。

幸福并不是拥有很多，不少人因为过多的贪婪而迷失了自己的本性，失去了生命的快乐。人生如水，我们必须学会像水一样去适应环境，蜿蜒曲折、和谐相容。正如一句话所说："我改变不了周围的环境，但我可以改变自己的心境。"调整好自己的心态，坦然地接受生活的考验，那么我们最终会拥有一个美好的人生。

有人曾说起自己的一段经历：

还记得很久以前，也就是我新房的装修工作进入尾声的那天下午，随着油漆师傅一声"全部都好了"，我也怀着高兴的心情来到我将要入住的新房。

我从楼上走到楼下，突然间，发现厨房水槽下的那个旧水泵锈迹斑驳的样子，在经过粉刷后墙面的衬托下，显得异常刺眼。

我不好意思请师傅去处理那个不属于他工作范围的旧水泵，便跟母亲建议，向师傅借一些油漆，将水泵外壳涂上漆，让两者之间的差距小一些。好心的师傅一听到我们要借油漆，便又从他家中赶过来，表示可以帮我们处理。

就在师傅打算开始动手时，他和母亲闲聊起来："这个水泵是做什么用的？""没有用，早就坏了！""啊！那有电源吗？""没有，线路都拔掉了！""那为什么要漆，不如干脆将整个拆掉？"现场一阵默然，大家面面相觑。

"对啊，为什么不拆掉呢？那不要漆啦，你借我螺丝刀，我帮你们拆掉！"

没过多久，油漆师傅就处理好了那个放在那儿好几年的旧水泵。

我突然想，人的心不也是这样吗？

在我们的灵魂深处，也许就有这样一个旧水泵存在着。有时候，它是我们年少时候错爱的一个人；有时候，它是我们曾经遭遇过的挫折与伤害；有时候，它是我们习以为常的偏见与固执。试问一下，在我们的内心到底有多少东西，让我们错误地摆置却总是认为无法挪移呢？

勇敢地放下是一种智慧，更是一种幸福。只有放下应该放下的，才能够拥有真正的快乐。给自己一点儿勇气，移走你心中的“旧水泵”，别让它阻挡了你寻找幸福的通道。

为什么很多人成功了却反而感到失落？这是因为他们在埋头苦干时，只是为了忙碌而忙碌着，他们并未洞悉自己心灵深处的欲望。

人生其实就是一个奋斗的历程，人生其实就是通过不懈地努力让生命更加圆满而已。然而，我们也并不是什么事情都一定要争取到手；相反，我们要有随时准备放弃的心理。放弃那些对我们的人生无益的东西，然后再继续前进。

如果我们永远都只是固守着已经获得的功名利禄，永远都只是为了进一步的权钱职位、风头利益而勾心斗角，那么不管什么样的生活方式都会让我们气喘吁吁，太多的时间和精力也在不知不觉中被耗费了。这样，不仅自己的正常发展受到了限制，甚至有可能还会迷失自己的方向。

我们并不可能会得到自己所希望的任何东西，既然没有能力得到，那么只好放弃了。人生就是一个不断选择与放弃的过程。当我们放下了自己应该放下的东西时，人生的包袱就会倾刻间变轻，自己就可以轻松愉快地走自己的路，人生的旅行也会变得更加快乐，这样，才可以登得高看得远了！幸福不是获得得多，而是因为计较得少！

平淡是幸福最好的伙伴

"淡泊明志，宁静致远"。平淡是清雅的人生，平淡是人生中的飘逸，平淡也是人生中幽远的路。

有一种美丽我们未曾用真心去感受，有一种幸福我们从未去认真回味，有一种感情隐忍于怀，而久久不愿讲出来，那就是平淡。因为平淡是真诚，平淡是深沉，平淡是安静。

人生有许多的真理，往往蕴含在平淡之中。中国许多的传统美德就是产生于平淡的小事之中，如众所周知的"孟母三迁"的典故，告诉世人环境对人的巨大影响的道理，以及父母在教育孩子方面的良苦用心。而孝敬后母的典型例子"卧冰求鲤"，也是从平淡的事情中引发的。

晋朝时期，有个叫王祥的人心地善良。他幼年时失去了母亲，后来继母朱氏对他不慈爱，时常在他父亲面前说三道四，搬弄是非，他父亲对他也逐渐冷淡。王祥的继母喜欢吃鲤鱼。有一年冬天，天气很冷，冰冻三尺，王祥为了能得到鲤鱼，赤身卧在冰上。他浑身冻得通红，仍在冰上祷告求鲤鱼。正在他祷告之时，他右边的冰突然开裂，王祥喜出望外，正准备跳入河中捉鱼时，忽然从冰缝中跳出两条活蹦乱跳的鲤鱼。王祥高兴极了，就把两条鲤鱼带回家供奉给继母。他的举动，在十里乡村中传为佳话，人们都称赞王祥是人间少有的孝子。

有诗颂曰：

继母人间有，王祥天下无；
至今河水上，留得卧冰模。

平中有醇美，淡中有深情，这是人生中的品位，也是人生中难得的一种

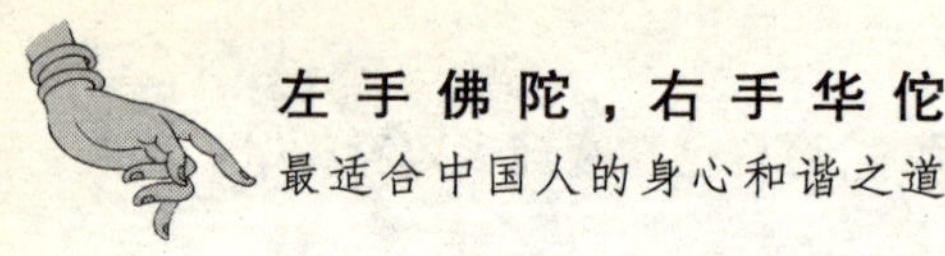

境界，我们在繁杂的世界里会被五彩缤纷的生活所诱惑，当我们置身于现实生活中时，我们往往为很多事情所忙碌，要工作，要面对挑战，要面对挣钱，要面对家庭所有的一切事情，面对现实中的机遇和选择。忙得几乎脚丫子朝天，只有经历了风雨的人，才知道生活是现实和残酷的，并不像理想中那样美好，因此对平淡就有了新的认识。

在现实生活中，确有一些人能够低调处世。一些成功的企业家，不愿接受媒体的采访，谢绝文人为自己写发家史，更不会把自己的汽车牌照登到交友网上，而是脚踏实地、不事张扬地实施新计划，以此争取更大的成功；一些优秀作家不屑于炒作，不愿意成为别人观注的焦点，他们只是静下心来，用自己的笔抒发自我的心情；一些科研工作者，不因取得了显著的成绩而得意忘形、四处吹嘘，他们为了完成新科研项目，一如既往地在实验室里忘我地工作着。低调处世，使他们得以避免外界的干扰，专心于自己的事业，从而取得更大的成就，同时更加受到世人的敬重。

生活得简单就是幸福。一首优美的音乐、一支喜爱的歌曲，就会让你郁闷的心情得到暂时的缓和。你可以静静地欣赏你喜爱的音乐，可以在优美的旋律中回忆些什么，或者什么都不去想；你可以一个人在房间里大声地放着摇滚，也可以在网上用耳麦与远方的朋友静静地共享；你还可以一边播放着自己喜欢的音乐，一边做着家务。

生活得简单就是幸福。一杯清茶，或一杯咖啡，放在你的桌边，你的心情便会格外的轻松自在。你可以浏览当天的报纸，了解最新的国内外动态，哪怕是街头趣闻；或者捧一本自己喜欢的杂志、小说，从字里行间感受那种特别的轻松和愉悦.。

生活得简单就是幸福。在春暖花开的季节，或是清风送爽的金秋，走出户外，带上你的亲朋好友，来一次假日的郊游，享受大自然带给你的美丽、芬芳。吸一口新鲜的空气，忘却都市的喧嚣，身心仿佛受到一番洗涤，这是怎样美妙的感觉呢！

生活简单就是幸福。你参加朋友们的一次聚会，那久违的感觉带给你温馨和激动，在觥筹交错之间，你享受与回味着真挚的友情。这个时候，你才会发现朋友是这般的弥足珍贵。

平淡是人生中最好的伙伴，平淡对人而言是凭借自己的理性，在生命的长河里，望天外云卷云舒。这也是一种平淡的人生哲学。古人云："若夫闻誉而喜，闻毁而戚，则惶惶于外，唯日不足矣，其何以为君子？"一个人只听得进好听之言，却听不进逆耳之语，就是没有平常心，就不能平淡地面对人生。我们拥有平淡的志趣，才真正懂得品味人生，舒展人生。

要知道，在当今的年代拥有自我，心存淡泊，拥有平淡，你就拥有了财富，你就会坦坦荡荡、悠然自得地生活；生活中的点滴愉悦也会让你感受到平凡生活中的人生乐趣。

平淡是清雅的人生，平淡是人生中的飘逸，平淡也是人生中幽远的路。我们要以一颗平常之心去对待人生，去对待身边的一切！人群中由于你的存在便使得身边的人感觉到快乐！

如果优秀阻碍了你获得幸福，那么它就没有意义

幸福比优秀显得更为重要。幸福的人不一定要非常优秀，而优秀的人也不一定就会非常幸福。

每个人都渴望成功，每个人都渴望成为优秀的人，或者希望自己的另一半是个非常出色的人。于是，很多人就想方设法地将自己打造得更加优秀，或者竭尽所能地去寻找优秀的另一半。因为他们自以为是地把幸福与优秀画上了等号，他们固执地认为拥有了优秀，便会拥有幸福。殊不知，有

时候，幸福比优秀显得更为重要。幸福的人不一定要非常优秀，而优秀的人也不一定就会非常幸福。

然而，很多人就是搞不懂优秀与幸福的关系，他们总是认为只要优秀就可以幸福。这种想法也许无可厚非，毕竟人往高处走，水往低处流，追求上进自然是好事情。可是，如果太过沉迷于优秀的梦幻里，那么必将会付出沉重的代价。也许，在你并不成功的时候，已经拥有了幸福，可是自己却并不懂得珍惜。而等到你真正地做到非常出色的时候，幸福却悄悄地离你远去。人生就是如此，优秀是把双刃剑，有时候它会伤到你自己。

有这样一个故事：

有一个23岁的女孩，身边有一位成熟稳重、经济条件不错的男人一直在密切关注着她——那就是她的钻石王老五上司。她是一个敏感的女生，怎么会不知道？然而，由于潜意识里的自卑感作祟，她从没有给他表白的机会。她在心里发誓：要做就做他身边最优秀的女人，将其他女人比下去，然后才坦然地接受他的爱。

从此以后，她拒绝了他的一切邀请，深居简出、埋头苦读，终于考上了她一直向往的、他曾经就读过的那所著名学府的研究生。当他提出送她去上学时，她婉言谢绝了，她觉得自己不该是一个不谙世事的小丫头、只会读书的书呆子，而应该是一个高分高能的天之骄女。她要借助任何一次机会锻炼自己，为的是将来能够与他站在同一水平线上，成为他的同行者，而不会自惭形秽。在读研期间，她潜心做学问，又多方锻炼自己的心智，磨炼自己的毅力，如愿以偿地，她变得那般出类拔萃，导师觉得她不读博士真是浪费。于是，她又花了3年时间读完博士。院里挽留她，并允诺送她出国，而她却无心逗留，想让他看到自己经过这6年时间变得如此优秀的愿望显得那么强烈。她，终于带着美好的期待飞回到他所在的城市。这一次，是她主动约的他，她想向他显示：自己有足够优秀的才能成为他的帮手；她还想让他意识到：她有了做他好太太的完美条件。然而，他与她坐在咖啡屋里还没说几句话，他的手机就响了，他接起来说："啊？儿子又发烧了，好，你等着，我这就回去送他去医院。"然后，他略带歉意地对她说："我儿子生病了，我太太很紧张，现在他们很需要我在他们身边，我们以后有空再聊，好吗？"这句话如晴天霹雳将她击中，她只剩下机械地点头，机械地回答："好！"除此之外，她还能说什么？做什么？

故事中的女孩由于内心的自卑而不愿意接受上司的追求，她固执地以为只有自己足够优秀时，才能够配得上他！然后，她就想尽一切办法要让自己变得更加优秀。然而，当有一天她真的觉得自己足以匹配那个优秀的男人时，才发现幸福早已不在自己的身边。其实，是门当户对的世俗爱情观使得她失去了原本属于自己的东西。优秀固然很重要，可是比起得到幸福来说，就显得微不足道了！

在优秀的追求者面前，我们没有必要自卑，因为爱情与幸福对任何人来说都是平等的。当爱来了，就请勇敢地接受吧，别为世俗的眼光而毁掉了自己一生的幸福，有时候，我们真的没有必要刻意地去追求优秀，毕竟优秀只是一个外在的条件，就犹如一个美丽的装饰品，有了自然让人赏心悦目，没有，依然可以快快乐乐地活着。

请记住：幸福永远都比优秀与成功更为重要。如果有一天，优秀阻挡了你的幸福，那么你的人生也就不会有什么意义了！因为人之所以要努力地做到优秀无非是为了得到幸福，倘若它阻碍了你通往幸福的道路，那么最好还是暂时将它移开。

第十二章

右手华佗，你应该比神医更了解自己的身体

你的健康应该掌握在神医的手上吗？定期去医院体检固然是必要的，通过定期体检，可以随时掌握自己的身体状况，建立起自己的健康档案。然而，在日常生活中，我们也可以了解自身疾病的产生、发展，并进行疾病自查。不是神医却胜似神医。读懂自己的身体，无疑就为我们的身体健康又多上了一份保险。毕竟，没有人比我们更了解我们自己。

人体的生理衰老时刻表

人生如同昙花一现，生老病死是自然规律，谁又能违背呢？

我们可以根据一个人的外表特征，如出现白发、毛发脱落、耳聋眼花、牙齿掉落、老年斑的多寡、体型的变化等，来判断其衰老的程度。但是，更多人关心的则是体力及器官功能的衰退和恶化。

"生理老化之一"——皮肤的老化

随着年龄的增长，皮肤的含水量、含脂量及细胞量均明显减少。皮肤附属器的变化包括汗腺萎缩、毛发失去色素、头发变少。

上述的变化使人的皮肤较干燥、粗糙及脆弱，不仅容易瘙痒且自我防卫能力下降。一旦出现创伤，愈合的速度也较为缓慢。

"生理老化之二"——感官系统的老化

1. 视觉

随着老化，眼球周围的组织弹性变差且逐渐萎缩，眼窝中眼球外围侧的脂肪丧失，眼球会略向下沉陷，眼睑变得松弛并阻挡视线，且容易产生眼睑外翻或眼睑内翻等现象。

老年人易患有屈光异常（老花眼）、白内障、视力下降等，此外，泪腺分泌减少导致眼睛干燥。

2. 听觉

随着年龄的增长，外耳形态上的变化包括外耳道壁变薄、耳垢变干变黏，以及鼓膜变厚。耳垢变干变黏，使老人易有耳垢阻塞的情况，进而影响听力。当两耳听力减退程度不一致时，可出现声音来源定位困难的情况。

3. 嗅觉与味觉

嗅觉与味觉功能相关的神经衰退从60岁左右开始，并持续进行。70多岁的老人约有8成左右会觉得味觉降低，不同的味觉衰退的速度并不相同；咸味觉明显降低许多，但其他味觉(酸、甜、苦等)则变化不大。有高血压的老人可能会因味觉衰退而导致吃很多盐都不觉得咸，故无法做好低盐的饮食治疗。

“生理老化之三”——循环系统的老化

1. 心脏的老化

对没有高血压的人而言，心脏体积通常不会因老化而改变。在老年期血液循环方面，心脏血管功能的代偿机制会倾向延迟且不周全。

2. 血管的老化

血管老化的结果使得动脉管壁的内膜层稍稍变厚。动脉硬化到底是老化或疾病或许仍有争议，但老年人动脉硬化的几率极高则是不争的事实。动脉硬化使老年人容易发生高血压、冠状动脉心脏病与脑中风。

3. 血压的变化

老年人的周边血管阻力随年龄上升，其结果影响血压值的分布。老年人高血压几率升高主要在于收缩性高血压的增多。

4. 呼吸系统的老化

肺脏是人体老化最迅速的器官之一，肺功能约从30岁开始退化，60岁后其退化加速。此退化过程会受到吸烟、长期暴露于空气污染严重之环境及罹患肺部疾病的影响。

老化时，人的咳嗽功能减退，气管黏膜细胞的纤毛清除异物效率降低，气管黏膜分泌抗体的量减少，对抗病毒能力下降，以及肺泡吞噬细胞功能有缺陷等，使老年人容易罹患肺炎及慢性支气管炎，而老年人呼吸系统出现病况时，其恢复期较一般人长。

“生理老化之四”——消化系统的老化

1. 口腔

随着老化，口腔黏膜会萎缩且变薄，微血管供应减少。唾液腺分泌稍有减少。牙齿的牙釉质与象牙质磨损，象牙质再生力减退，牙髓萎缩与纤维化，牙根变得细小且较脆弱。牙龈包住牙齿的部分后退，使老年人易产生牙周发炎与蛀牙的现象，因而导致牙齿缺损。

2. 食道

食道肌肉呈肥厚变化，食道肌肉层内的节细胞数目减少。食道蠕动收缩的幅度减小，但收缩的时机、速率与持续时间仍正常，所以食物运送功能变化不大。

3. 胃

胃的蠕动力与排空功能不随年龄而改变，但当食物由食道进入胃部时，胃放松以容纳食物的能力较差。随着老化，胃壁保护机制减弱，老人易罹患消化性溃疡。

4. 肠道

肠壁皱褶上大量的绒毛扁化萎缩，影响食物微粒消化吸收的接触面。另外，肛门的紧张度下降，导致老年人易产生大便失禁的状况。

5. 肝脏

肝脏的质量随年龄的增长逐渐下降，抽烟、喝酒、喝咖啡与不同药物的交互作用对肝脏代谢药物的影响远大于老化本身的作用。

6. 胰脏

胰脏体积缩小，各种消化酵素的分泌减少，但仍可供应生活所需。但分泌胰岛素的能力则随着年龄的增长而明显衰退。

7. 胆囊

老年人的胆囊外观大致不变，但胆汁随年龄增加而变得混浊浓稠，并易产生沉淀物。胆汁的结石亦随年龄增加而变大。

8. 肾脏

在基本状态下，肾脏老化并不会造成水分、电解质或酸碱代谢异常。但面临压力时，老化的肾脏因预留量不足，便容易发生急性肾衰竭，水分、各种电解质及酸碱不平衡。

"生理老化之五"——生殖系统的老化

1. 女性荷尔蒙的分泌从45岁至50岁之间（极少数至近60岁）开始缓慢下降，至50多岁已呈现明显减少的程度。

停经除了造成生育能力丧失外，也可造成停经症候群与心理调适障碍。动情激素减少使膀胱与尿道黏膜萎缩，所以老年女性容易罹患膀胱炎与尿道炎。失去动情激素的保护作用，停经妇女也容易患有动脉硬化、高脂血症、冠状动脉心脏病与骨质疏松症等疾病。

2. 男性

男性生殖系统随老化而衰退，除了睾丸及其他附属器官稍渐变小之外，提供60%精液的储精囊逐渐萎缩，提供30%精液的前列腺逐渐变大，提供10%的精液的输精管及尿道内皮组织变薄，膀胱排空能力变差，第二性征变弱。

"生理老化之六"——肌肉与骨骼系统的老化

1. 肌肉

由于肌纤维的数目减少与体积减小，肌肉质量从30岁到80岁约可减少30%至40%，其中以下肢近端的肌肉所受的影响最大。老年人的肌肉强度可经由训练而增强。

2. 骨骼

通常自35岁左右开始，骨质明显流失，女性流失的速度比男性略快。女性在停经后骨质流失的速度更快，每年流失约0.5~1%，直到65岁至70

岁之间又渐趋缓和至停经前的情况。

此外，骨头的代谢受到许多因子的调节，为防止骨质疏松症，在年轻时应注意钙质与维他命D的摄取并多运动以储存“骨本”，女性停经前后也可考虑在适当情况下适量使用女性荷尔蒙，以减缓骨质流失的速度。

3. 关节

关节乃由骨骼间接合处，加上一些肌腱韧带滑膜组织所构成。韧带退化发生相当早，影响弹性、柔软度及伸展度，易造成结构松动，增加不稳定度。

若关节软骨的老化过程，由软骨下骨头结构的破坏开始，启动一连串的发炎、组织重塑及破坏现象，导致关节软骨间隙变窄，关节外围为减低压力而增加新骨形成(即骨刺)、软骨下骨硬化或空洞化、关节脱位或变形等现象，就称之为退化性关节炎。

左右你生活质量的“脑龄”

你知道“脑龄”这个词吗？这个崭新的概念，却是左右你生活质量的关键。

一般情况下，人们随着实际年龄的增长，体内各器官和组织功能都开始逐渐减弱，表现为经常性行动迟缓、体力不支、免疫力低下、易生病等等。人过了40岁就容易忘事，虽然这是脑退化的迹象，但伴随而来的是对事物的理解力、判断力、综合分析能力的增强，脑子也更趋成熟、完善，这又是它积极的一面。这就是脑年龄与生理年龄、实际年龄的最大区别。

老年人反应迟钝、健忘、精力不集中等是再平常不过的事情了，然而，现在不少刚刚20出头的年轻人，却也经常丢三落四、大脑反应慢、患得患失，这究竟是怎么回事呢？其实，除了与自身的性格因素有关外，还与“脑龄”有关。

脑是人体的司令部，它由140亿个神经细胞汇集而成，控制和协调着身体的各种功能与活动。人脑与身体的其他部位一样，有一个自然退化的过程，导致大脑调节功能的逐渐下降。可见，大脑在人的衰老中具有举足轻重的作用，大脑的衰退，必然引起全身器官的衰老。

现代医学证实，人脑的衰老是由于脑细胞减少、脑重量减轻、老年性色素和淀粉物质在脑细胞中的堆积，及脑血管不同程度的粥样硬化等因素造成的。

据估计，中老年人每年大脑失去的脑细胞占成年初期的0.8%左右。以28~29岁为成年算起，脑细胞平均每天死亡10万个左右。人的脑细胞数量从40岁左右开始迅速下降，到了70岁大约可减少20%。老年性痴呆症患者的脑细胞丧失率可达30%~70%。由此可知，脑细胞数量减少过多，与脑功能下降有着密切的相对关系。

另一方面，随着年龄的增长，老年性色素在脑细胞中的堆积逐渐增加，到了60岁时，几乎占据脑细胞空间的一半，甚至可以将细胞核挤到一旁，因而阻碍了脑细胞功能的发挥，就连对合成蛋白质具有重要作用的核糖核酸在脑细胞中的含量，也会于50岁以后迅速减少。这些变化均直接影响大脑的功能，使神经纤维出现退行性改变，而使人脑逐渐衰老。

老年人的脑功能衰退，往往表现在容易疲劳、记忆力下降、接受新知识的能力和逻辑分析能力的下降。智力测验显示：50~59岁人的智力水平比年轻人约低10%；60~69岁的人要低20%；70~79岁的人要低30%。

如何测算自己的脑龄呢？随着现代计算机的广泛应用，一些测算脑龄的电脑小游戏逐渐得到普及。例如，电脑屏幕上快速闪现几个数字后随之消失，被测者需要依据数字从小到大的顺序进行点击，根据点击的准确程

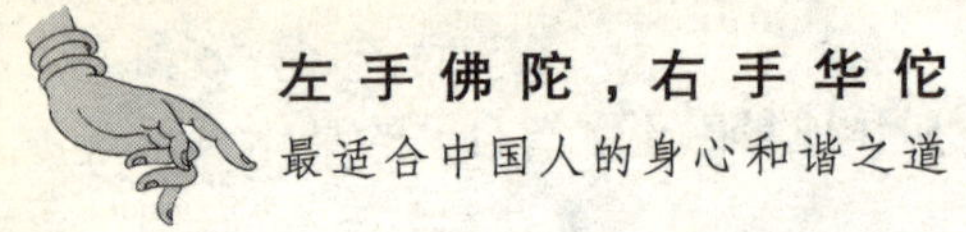

度，来测试被测者的记忆能力。也有的游戏是在规定的时间内，通过各种方式，让被测者在短时间内进行简单的计算，在测验被测者的数字记忆能力的同时也考验了思维运算能力。关于脑龄的测算游戏十分有趣，但基本上大同小异，大家不妨挑选其中一种做个自测，看看自己的脑龄到底是多少。

一个人的脑龄只有在25~30岁之间是最好的，我们可以通过锻炼身体来增强体质，同样也可以通过科学的练习来减缓脑退化的速度。

有的人虽然年轻，但是脑子却不经常使用，而有的人虽然年纪大，却精力充沛、记忆力超强，不得不叹服他们的脑龄还很年轻。

拯救乳房，宜早不宜晚

乳房对于女人的重要性是任何事物都无法替代的。女性在进行身体疾病自查时，检查乳房当然也是必不可少的。

近些年来，乳腺癌发病率呈现逐渐上升的趋势，作家毕淑敏有一本小说《拯救乳房》，说的便是乳腺癌的事情。因此，女人们一定要提高警觉，平时应加强自我筛检，以达到早期发现的目的，且一超过40岁，即应每年接受一次基础的乳房X光检查，以防患于未然。

乳腺癌症状

1. 无痛性肿块：乳腺内的无痛性肿块是乳腺癌的主要症状。

2. 乳头溢液：溢液可以是无色、乳白色、淡黄色、棕色、血性等；也可以呈水样、血样、浆液性或脓性。

3. 乳头和乳晕异常：乳头扁平、回缩、凹陷，直至完全缩入乳晕下，看不见乳头。有时整个乳房抬高，两侧乳头不在同一水平面上。乳头糜烂也是乳腺癌的典型症状。患有炎性乳腺癌时，局部皮肤呈炎症样状态；颜色由淡红到深红，开始时比较局限，不久即扩大到大部分乳腺皮肤，同时伴有皮肤水肿。皮肤增厚、粗糙、表面温度升高。

4. 扩散及发展：乳腺癌细胞的倍增时间平均为 90 天，在临床能发现肿块前，肿瘤的隐匿阶段平均为 12 年(6~20 年)。肿瘤一旦发生，其发展可通过以下方式：局部扩展、淋巴道播散、血行播散。

5. 乳腺癌如不经治疗，或者给药无效，会逐渐侵犯以下一些区域：淋巴腺、骨、肺、肝、脑、胸膜腔、心包渗液、高血钙、脊髓受压。

近几年，乳腺癌的发生率在逐年上升，据资料统计，其发病率占全身各种恶性肿瘤的 7%~10%，在妇女仅次于子宫癌。家族史亦是重要的危险因子，家族中若有乳腺癌的病史，尤其是母亲、姐妹等近亲曾患有乳腺癌，则会增加乳腺癌的患病几率。

除了年龄、家族史外，荷尔蒙亦是重要的影响因素。据研究，初次月经愈早来临且停经愈晚者，得乳腺癌的几率较高；晚生育者，如年纪大于 30 岁才生第一胎者，也有较高的危险性。另外，绝经前和绝经后的雌激素是刺激发生乳腺癌的明显因素。

此外，口服避孕药、食用过高脂肪含量的食物、饮酒、体重增加等等都会增加乳腺癌的患病几率。

要降低乳腺癌的发生，除了医学界致力于基因和荷尔蒙的研究外，妇女也可从饮食方面加以改善，饮食上采取低脂饮食，多吃富含纤维和抗氧化剂的食物，含维生素 C、E 和胡萝卜素、绿叶蔬菜、黄豆制品等，且适度运动以避免过度肥胖等。

在乳腺癌的筛检上，有乳房自我检查、医生临床理学检查、乳房 X 光摄影等 3 种，其中自我筛检则是医学界普遍认可的重要方法。据统计，98%以上的乳腺癌病人，是先由自己摸出肿块而后求医的。因此，20 岁以上的女性，在每个月月经结束后固定进行自我检查，以便早期发现肿瘤，及早治疗。

乳房自查方法

1. 站在比较亮的地方，面对着镜子，看看乳房表面有没有皱缩，有没有像酒窝般的小坑，检查两个乳头是否对称，双上肢自然下垂观察对比两个乳房大小、形状及乳头有无内陷、下垂等情况。再将两手上举过头，重复观察一次。

2. 仰卧在床上，先以左手检查右侧乳房（为防止受检乳房向腋窝方向移位，应在右肩下垫一个薄枕头，并将右手枕在脑后）。

左手的手指伸直，用手掌及手指端对受检乳房先外侧、后内侧，从上至下进行触摸（查找有无肿块）。然后提起乳头，轻轻捏挤，观察有无血性或水样的异常分泌物溢出（正常人无此种液体）。

最后，再用伸直的手指，沿乳房外缘向上触摸右腋窝有无肿大的淋巴结，检查完右侧后，以同样方式检查左侧的乳房。

按照以上方法做自我检查，熟练之后，就连较小的肿块也能摸出来。

总之，了解乳腺健康知识，学会自我检查，调整生活方式，治愈乳腺增生，是阻断乳腺癌的癌前病变，预防乳腺癌的最佳措施。

通过体重看身体的健康指标

体重与健康息息相关，通过分析过瘦或过胖的原因，可以找出影响我们身体健康的很多细节。

国际上通用体质指数（BMI）来衡量健康体重，即测量自身的体重和身高后，用体重（千克）除以身高（米）的平方得来。我国健康成年人体重的BMI范围为18.5到23.9千克/平米，BMI为24到27.9者为超重，BMI大于28者为肥胖，小于18.5者为消瘦。

肥胖是指人体内脂肪堆积过多，明显超过正常人的一般平均量。引起肥胖的原因很多，如内分泌失调、遗传因素、热量摄入超过消耗量，均可导致脂肪组织过剩，我们把后者引起的肥胖称为单纯性肥胖。

身材胖的朋友，终日饱受着精神的折磨，心理自卑，在人群中不是尽量保持沉默便是经常自我嘲弄一番。仅仅是因为肥胖的身材便影响了我们一生的幸福，从婚姻、家庭、事业、朋友到整个命运，因为肥胖而丧失了本应有的欢乐、幸福、机遇和成功，真让人扼腕叹息。

肥胖不仅造成行动不便，还会严重地影响身体健康，世界卫生组织已经将肥胖定义为一种疾病，是继艾滋病、心脑血管病、癌症之后的第四大敌人。并且，肥胖容易引起很多疾病。

1. 影响长寿

据统计，肥胖者并发脑栓塞与心衰的发病率比正常体重者高一倍，患冠心病的几率比正常体重者多两倍，高血压发病率比正常体重者多 2~6 倍，合并糖尿病者较正常人约增高 4 倍，合并胆石症者较正常人高出 4~6 倍，更为严重的是，肥胖者的寿命将明显缩短。据报道，超重 10%的 45 岁男性，其寿命比正常体重者要缩短 4 年，具日本统计资料表明，标准死亡率为百分 100%，而肥胖者的死亡率为 127.9%。

2. 易患冠心病及高血压

肥胖者脂肪组织增多，耗氧量加大，心脏做功量大使心肌肥厚，尤其是左心室负担加重，久之易诱发高血压。脂质沉积在动脉壁内，致使管腔狭窄、硬化，易发生冠心病、心绞痛、中风和猝死。

3. 易患内分泌及代谢性疾病

伴随肥胖所致的代谢、内分泌异常，常可引起多种疾病。糖代谢异常可引起糖尿病，脂肪代谢异常可引起高脂血症，核酸代谢异常可引起高尿酸血症等。肥胖女性因卵巢机能障碍可引起月经不调。

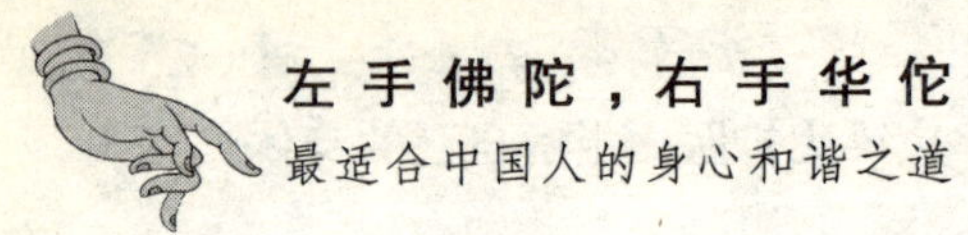

4. 对肺功能有不良影响

肺功能的作用是向全身供应氧及排出二氧化碳。肥胖者因体重增加需要更多的氧，但肺不能随之而增加功能，同时肥胖者腹部脂肪堆积又限制了肺的呼吸运动，故可造成缺氧和呼吸困难，最后导致心肺功能衰竭。

5. 易引起肝胆病变

由于肥胖者的高胰岛素血症使其内因性甘油三酯合成亢进，就会造成在肝脏中合成的甘油三酯蓄积从而形成脂肪肝。肥胖者与正常人相比，胆汁酸中的胆固醇含量增多，超过了胆汁中的溶解度，因此肥胖者容易并发高比例的胆固醇结石，有报道显示，患胆石症的女性中，有50%~80%是肥胖者。在外科手术时，约有30%左右的高度肥胖者合并有胆结石。胆石症在以下情况下发病的较多：肥胖妇女40岁以上，肥胖患者与正常体重的妇女相比，其胆结石的发病率约高出6倍。

肥胖不仅能引起以上种种严重疾病，还会造成多汗、体力不足、精神倦怠、心悸气短、便秘等不适症状。所有这些都造成了肥胖者劳动能力和免疫抗病能力双重下降，猝死的发生率较正常体重者明显增多。

不当的节食容易引起一连串的反应，如：脱发、贫血、骨折、记忆力衰退、胃下垂、子宫脱垂、幻听幻觉、猝死等等，比起肥胖来更可怕。因此，肥胖患者要制定合理的减肥计划，千万不要急功近利。

“睡病”能告诉你很多

有些“睡病”不光来源于睡眠本身，很多时候，它还是身体疾患的预兆和表现形式。

一位在金融街上班的高级金领朋友告诉我，他周一到周五的早上很不想起床，每天起床后都会祈祷周末快点儿到来。但真的到了周末的时候，却一到上班时间又自动醒来而且再也睡不着了。

在现代生活、工作、家庭等方面的压力下，各种各样的“睡病”已成为越来越普遍的现象，严重危害生命健康。不少人晚上睡不着，或者入睡时间长，还有不少人白天睡不醒，晚上却失眠。然而，你是否意识到，有些“睡病”不光来源于睡眠本身，很多时候，它还是身体疾患的预兆和表现形式。

“睡病之一”——习惯性打鼾

我们总会时常抱怨自己睡不好，其中有一个重要的原因就是某某人的呼噜声实在太大了！看，这呼噜声都影响到旁人的休息了。其实，打鼾对于睡眠者本人来说也有很严重的影响，并不是说他们睡得很熟很香什么也不知道。

打呼噜也叫鼾症。当人进入深度睡眠时会全身放松，在这个时候，如果咽、喉、鼻有堵塞时会出现打呼噜。一般来讲，打呼噜的主要原因有如下几点：

一、肥胖是最常见的原因，因脂肪堆积在咽喉部，造成咽腔狭窄诱发打鼾；

二、吸烟和饮酒可以使人入睡后咽喉部肌肉松弛，诱发或加重打鼾；

三、老年人，特别是男性，由于熟睡时咽喉部肌肉松弛，导致堵塞引起打鼾；

四、患有肥大型扁桃体炎、糖尿病、类风湿性关节炎、高血压及心血管疾病患者症状的人容易打呼噜；

五、外界声音干扰越大，打鼾的声音也越大，打鼾的频率越高。相对在比较安静的环境中，打鼾的几率明显有所降低。

一般患有打鼾症状的人，并不能得到真正的休息，他们总是时常在梦中惊醒、会产生梦吃，或是被别人叫醒，因此白天更容易感到疲倦。

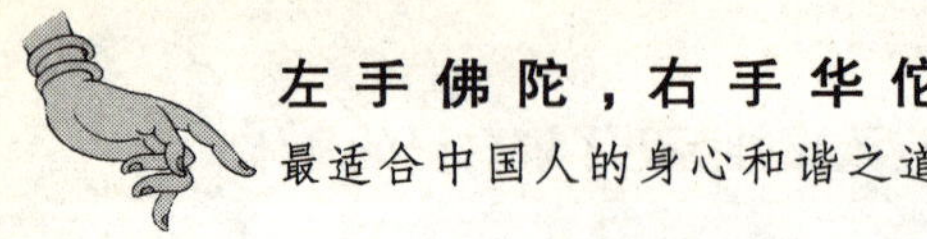

经常打鼾者可能患有睡眠呼吸暂停综合征，会诱发高血压、冠心病；会使儿童猝死以及对精神、脑血管等有损害；还会引发脑血管疾病、精神异常、肺心病和呼吸衰竭、糖尿病、性欲减退等一系列的并发症。此外，小舌下垂、呼吸道受阻、年纪大、肥胖等因素，都会造成打鼾。

“睡病之二”——睡间呼吸暂停

睡觉时会出现呼吸暂停，再是由于某些原因而导致上呼吸道某一个部位阻塞，伴有缺氧、鼾声、白天阻塞性嗜睡等症状的一种较复杂的疾病。

睡间呼吸暂停具体表现为呼吸暂停、口鼻气流停止，但胸腹式呼吸仍存在；呼吸暂停产生窒息感及伴随身体运动可突然惊醒，出现几次呼吸后再次入睡；期间鼾声响亮，睡觉时频繁翻身或肢体运动，可踢伤同床者；有时突然坐起，口中念念有词，突然又落枕而睡；夜间有可能出现心绞痛、心律紊乱、睡眠遗尿、夜尿增多的症状。

哪些因素可导致睡间呼吸暂停呢?体重增加，高龄，饮酒、吸烟，鼻咽部解剖狭窄，神经肌肉功能减退，遗传、家族性鼾症都会引起睡眠呼吸暂停。所以说，只有在这些特定人群中才容易发生睡眠呼吸暂停现象。这样，就可以参照这些特征来观察亲人或者自己是不是会出现睡眠呼吸暂停的现象，以便早一点进行预防和治疗。

“睡病之三”——嗜睡

很多人都认为自己是夜猫子，他们是夜生活的核心人物，他们白天往往要挤出时间来睡觉；但有的人既不是夜生活的拥护者也不是加班的工作狂，但是他们白天总是无法控制的想睡觉，白天睡意过多——这种症状是嗜睡症最为明显的症状。嗜睡的人比常人更容易感到疲劳以及工作、学习和社交关系的表现不佳。白天所产生的过度睡意会使人丧失应有的能力，记忆力下降、胡说或胡写、放错东西或撞上东西，严重的是他们在这些阶段中不能控制自己的行为，而且事后记不清曾发生过的事。

嗜睡的表象后隐含的症状是不同的：

猝倒：这种症状并不十分常见，轻微的猝倒症状表现为说话含糊不清、口吃、眼皮下垂或手指无力拿不住东西；严重的猝倒会引起膝盖弯折，使人虚脱。这种症状可以持续几秒钟或几分钟，在此过程中人是清醒的，没有丧失意识的状态。

睡眠瘫痪：这种症状和猝倒类似，当人入睡或要醒来时暂时不能运动，一般会持续几分钟。

催眠性幻觉：是指出现精神、梦境般的影像，通常很恐怖，常见于入睡时或发生睡眠瘫痪前。

“睡病之四”——夜尿频繁

夜间尿频、尿多，可能由前列腺肥大、盆腔等器官炎症的刺激与压迫所导致，而且这些病症都是老年人的常见病。所以，夜尿多的老人要尤其注意，应到医院去做一下泌尿系统及生殖系统 B 超及肾功能等检查。

“睡病之五”——睡觉时大量出汗

低血糖、甲亢、糖尿病患者都有睡觉时大量出汗的特征。对这类患者，应确保室内温度适宜，通风良好，还要留意身体其他部位是否有不适，以便及早进行诊断。

“睡病之六”——流口水

对异物产生反应会造成流口水的现象，比如装假牙时会刺激腺体分泌唾液；口腔溃疡会造成口腔黏膜疼痛，也会使唾液分泌增多。另外，常流口水可能是中风的前期表现。

“睡病之七”——磨牙

磨牙主要由心理因素引起，惧怕、愤怒、敌对、抵触等情绪隐藏在潜意识中，会周期性地以各种方式表现出来，磨牙症就是其中之一。此外，咬合不协调也是磨牙症的原因。经常磨牙者应及时治疗，防止因牙冠过度磨损而引起颞下颌关节紊乱等并发症。

让“那几天”不再闹心

女人每月都会有位难以启齿的“老友”来访，“老友”一来就像打开了潘多拉的盒子一样，带来很多糟糕的礼物，让人这里不舒服那里不舒服的。

在职女性每个月都会有躲也躲不过的那几天，就会由内而外地感到异常的郁闷。如果能正常地度过也就罢了，在压力的压迫下，不少女性都会或多或少地出现月经不调的症状。有的表现为月经的不规律，估算不到具体是哪几天可能会来，这是较为轻度的。有的表现为严重的痛经，或者出血量过大。更为严重的是，有些女性月经次数增多，或者次数明显减少，或者干脆闭经几个月。

女性白领的月经不调主要是由工作中的压力导致的。许多专家认为，正值生育年龄的女性，一旦长期处于高压状态下，就会抑制脑垂体的功能，从而导致女性的卵巢排卵周期紊乱，直接导致月经不调。

从医学角度来说，月经主要是靠下丘脑——垂体——性腺（卵巢、子宫）轴来调控的，这个轴是否能正常工作，是受全身的营养状况、精神心理因素、环境等因素影响的。所以说，月经就是受女性整体身体状况影响的一项“大工程”。因此，成熟女性就多了一个独有的渠道来观察自己的身体状况，那就是每个月的“老朋友”——月经。月经及其前后伴随的症状是女性身体内气血的风向标。

经前腹胀

在经期前会觉得肚子胀胀的，一到经期就会便秘。经血颜色为暗沉色，感觉黏稠，有时会有像猪肝色般的血块流出。经血量多，第一天比较少，但是第二天与第三天便开始逐渐增多，经期长，通常会超过一星期。

改善经前腹胀的小秘方：血液循环不佳的人要多活动身体，小心别受寒，不要吃冰冷食物，最好不用卫生棉条。多吃黑色、红色、紫色食物，蔬菜最好都是加热处理后再食用。避免长时间坐着，要多走路，让骨盆的血液循环好些。可以喝些姜黄茶或是中药的玫瑰花、红花、山楂茶。

经期畏寒

一到经期，腹部就有受寒的感觉，经痛严重，一受寒会更严重，但是保暖会觉得舒服一点儿。

经期通常都会迟来，经期常会持续 7 天以上，经血呈暗红色，会夹杂像猪肝色般的血块流出。特别怕冷，并发虚弱型的几率很高。

改善小秘方：要做好保暖措施，可以穿厚内衣或厚袜。不要穿裙子，因为如果是下半身受凉，经痛会更严重。建议吃温性食物。平常可以用盆浴或泡脚来驱寒气。建议可喝姜母茶与肉桂茶。

经期情绪不稳

经期前精神不安定，情绪焦虑不安，容易发脾气。女性经常被贪食与厌食两种现象不停地困扰着，老是放屁或打嗝，会乱长痘痘，不是便秘就是拉肚子。每个月经痛症状不同，会随当时的身体状况改变，在经期前会腹胀或腹痛，但是月经一来这些症状会消失。经血为一般的红色，是正常的 4 天到 5 天。有时会提早，有时迟来。

改善小秘方：平常就要学习控制情绪，日常生活作息要正常，经期可听听音乐或喝喝药草茶来安抚情绪。多吃桔子或喝茶，平常房里可放些绿色植物，起床后可以做些简单的伸展操，如果有时间可以散散步。建议喝茉莉花茶与薄荷茶，中药可用薄荷与陈皮。

贫血头晕

容易头晕，一站起来就眼冒金星，皮肤摸起来粗糙而干燥，精神不集中，老是健忘。生理期腹部不舒服，还会腰酸背痛以及并发各种不适症状。

经血颜色是粉红色或浅红色，经血很稀，经期很短。月经迟来的情况很严重，经常会拖到40天以上。即使经期已经结束了还是觉得全身无力。

改善小秘方：平常不要用眼或用脑过度，睡眠要充足，日常饮食生活要注意补血。建议每晚12时以前睡，若是睡不着可以喝杯热牛奶，可以吃动物肝脏或其他补血食物。建议喝枣子茶或枸杞茶，中药可用当归与龙眼。

虚弱酸痛型

一到经期前，脚就会浮肿，容易疲劳，且腰酸背痛，不太有食欲，容易感冒或拉肚子。几乎不会有经痛现象，经血是浅红色，有时量多有时量少，呈两极化。经期短，若是并发贫血，月经就容易迟来。新陈代谢差，水肿严重，尤其下半身更是肥胖。

改善小秘方：三餐不能少，多吃好消化、营养均衡的食物。早餐一定要吃，因肠胃不好，吃东西时要细嚼慢咽。不适合做激烈运动，若想运动，最好选择晚餐后散步。建议喝杜仲茶与高丽参茶，中药可用莲子与黄芪。

疾病会影响你的笑容

鲜为人知的是，疾病也可以引发笑，例如无法控制、并非出自内心情绪流露的笑，常是疾病所表现出来的特殊症状。

以下是几种最常见的病态笑：

“病态笑容之一”——苦笑

苦笑，多见于破伤风患者。由于病人牙关紧闭，咀嚼肌抽搐，面部肌肉痉挛，因而表现出典型的苦笑面容。在临床上，还同时伴有角弓反张和四肢强直的表现，须多留意。

“病笑容之二”——强笑

众所周知，强颜欢笑很难受，因为并不是发自内心的笑。强笑，常见于大脑变性和老年弥漫性大脑动脉硬化等脑部器质性病变的患者，是一种无法由意识控制的强制性笑容。

“病笑容之三”——痴笑

痴笑，多见于精神分裂症病人。这类患者，由于大脑功能不全，笑时不分场合及方式，偶尔偷笑，有时狂笑，反复无常。特别是青春型精神分裂症患者，由于情感不稳定，本来是心情愉快的一种表现，但若笑得不自然、强言欢笑，就可能另有“隐情”而得去看医生了。情绪不稳定，时哭时笑，不易捉摸，但是痴笑可算其重要特征之一。

“病笑容之四”——傻笑

傻笑，多见于老年痴呆症和大脑发育不全等患者。它是早发性痴呆的特殊症状，由于病人受到智能障碍的影响，虽然经常笑嘻嘻的，但脸部却不伴有情绪的表现，给人一种傻里傻气的感觉，而呈现出特殊的傻笑模样。

“病笑容之五”——假笑

假笑，常见于隐匿性忧郁症患者。这类病人，虽然内心的感情忧郁，却对人报以假笑，由于外在表情与内心真情相互矛盾，而呈现出病态的强颜欢笑。

“病笑容之六”——怪笑

怪笑，多见于面部神经麻痹或瘫痪的病人。因体内为颜面神经支配的作用减弱或丧失，造成患侧面部肌肉松弛，鼻唇沟变浅，笑起来嘴角向健侧牵拉，而呈现口歪眼斜的怪异表情。

“病笑容之七”——狂笑

狂笑，常见于歇斯底里症患者呈现的歇斯底里式的大笑，或大量酗酒后引起的发酒疯。

“病笑容之八”——阵发性笑

阵发性笑，多见于发笑性癫痫。本症常表现为阵发性不自主的笑，多则每天发作几次或几十次，少则数周发作一次，每次历时约30秒到数分钟；笑时，就是癫痫发作，笑后即恢复正常。

综上所述，“笑一笑，十年少”也未必是经久不变的真理。疾病引起的发笑，虽形态不同，但它们的共同特征是，笑的发生常无法控制，且情绪刺激亦不协调。因此，一旦发现由病理引起的笑，应及时就医检查，以便掌握治疗。

不要为变瘦而瞎高兴

无任何原因的消瘦，特别是近期有明显消瘦者更应警惕，因为恶性肿瘤的早期都会出现不明原因的消瘦。

瘦的原因很多，主要是由于体内分解代谢增加，“支出大于收入”或消化吸收功能障碍等因素所致。如果一个人的饮食、精神及生活环境没有特殊变化，在短时间内身体日渐消瘦，一定要加以重视，认真找出原因。

以老年人消瘦为例，人到60岁以后逐渐消瘦大都是正常现象，而且可以避免因肥胖而引起高血压、高血脂症、胆石症、冠心病、糖尿病和脑溢血等许多慢性病。但是，“老年瘦”也可能预示着某些疾病的警讯。

一般性消瘦，这种消瘦不是由于体内病变所致，而是由于长期饮食缺少或太少运动引起，这类消瘦者可能伴有心悸、失眠、消化不良、易感疲劳等神经衰弱症状。

消瘦程度逐渐加重，并伴有怕热、多汗、烦躁不安等表现，有的病人甚至出现抑郁、冷漠、低热、精神错乱等表现，常见于甲状腺机能亢进患者。

消瘦并伴有消化道症状，特别是不明显的慢性腹泻，多见于慢性胃炎、消化性溃疡、慢性非特异性结肠炎等，由于消化和吸收障碍，也会引起消瘦。

糖尿病患者，早期多为肥胖，但时间一长，消耗增多会造成消瘦，有些老年糖尿病患者虽没有明显的“三多”（多饮、多食、多尿）症状，但由于体内糖代谢紊乱，也会导致消瘦。

无任何原因的消瘦，特别是近期有明显消瘦者更应警惕，因为恶性肿瘤早期都会出现不明原因的消瘦。例如：消瘦伴有吞咽困难者，提示有食道癌的可能；消瘦伴有便血，排便习惯改变、里急后重、粪便变细等，要注意大肠癌、结肠癌；消瘦且有萎缩性胃炎或胃溃疡的病史，应提防胃癌的潜伏；消瘦并于体表摸到肿大的淋巴结时，要当心支气管癌或淋巴细胞瘤的存在。

此外，过度消瘦更是胰腺癌早期仅有的症状。据统计，该病约有90%的病人有迅速而显著的体重减轻，一旦出现黄疸往往已属晚期。

中年人消瘦比较少见，这是因为中年人进食的热量经常超过消耗量，多余的热量会转化为脂肪存储于各组织及皮下，所以进入中年期大多数人都会发胖。如果中年人不胖反瘦，而且是过度的消瘦，有可能是恶性肿瘤的征兆。

突然消瘦有可能是由消化系统各脏器的炎症或溃疡，引起消化吸收障碍导致的，但是由于消瘦是恶性肿瘤的重要表现之一，所以中年人如果出现突然的消瘦，甚至伴有某个部位的肿块或疼痛时，应及时到医院做全面的身体检查，以提防恶性肿瘤的产生。

第十三章

左手佛陀，动心忍性是逢凶化吉的智慧

生活中的事物有时候总萦绕着种种的不顺利。这令人感到了迷惘与溃败，使人失去了坚持既定走下去的方向和意志。但是，一时的软弱屈服或是止步不前只是苟且偷安的表现。要走出生活的荆棘林，就必定要认识自我、鼓舞士气，清楚自己人生的选择。披荆斩棘，做生活的勇士。

不幸是佛陀赐予你的特别礼物

有的人面对上帝的恩赐，非但不领情，而且还自怨自艾、悲伤叹息；而有的人却能够真正地理解上帝的善意，并以微笑回报上帝的厚爱。

曾经有一个寓言：上帝发给每个人一个苹果，并在一些苹果上咬了一口，虽然苹果不完整了，但有的人还是把它当做上帝的恩赐。同样，苦难不也是上帝给我们的特别恩赐吗？上帝只是在我们平淡的生活中，添了一道叫做"苦难"的菜而已，它让我们细细品味，慢慢体会。苦难是人生的一门必修课，没有人能够拒绝苦难。面对苦难，我们无法逃避，因为这是上帝赐予我们的恩惠。

有一名建筑师，他在一次施工中，意外地遇上塌方事故。虽然他有幸保住了性命，但却失去了两条腿。

一想到自己永远无法行走，他就感到很绝望。后来，他竟趁家人不注意时，偷偷吞下一整瓶镇痛药片。幸亏被家人及时发现，将他送入医院进行抢救，才挽回了他的生命。但是，他仍一直萎靡不振。

有一天，市艺术展览馆为一位残疾画家举办一次画展，家人决定陪他前去参观。

在展览大厅一角，他被其中一幅水彩画深深地打动了：画上面是一片金色的海滩，上面搁浅着一条老船，在它那瘦骨嶙峋的筋骨上，刻满了岁月的沧桑；那稍稍倾斜的船体下，则只有一小洼清水。然而，在画上面却写着一行非常有力的字："相信吧，潮水会回来！"

从这幅画中，他感觉到有一股无形的力量在震撼着他，使他的眼睛湿润了，他非常想拜见一下画的作者。之后，他从展室管理员那儿了解到了一些作者的情况。原来，这些画作都是出自一位年逾七旬的残疾老者之手。而在10多年前，那位老者就因患上进行性运动神经疾病而卧床不起。但是，这么多年来，他一直坚持与病魔做抗争。

这名建筑师再一次被老画家的精神感动了，他让家人陪他去拜访那位老者。

当他来到那位老者的家里时，老画家正躺在床上，用两个枕头垫着后背，守着画板作画。然而，在老者那枯瘦的面孔上，看不到丝毫痛苦的神情。老者放下画笔，热情地打招呼，在他们面前一直都是谈笑风生。

在交谈中，他坦诚地对老者说："见到你之后，我忽然开始为自己以前的怯懦而感到羞耻。"

临走时，老画家把那一幅《迎接潮水》的画作送给了他。

后来，他设计了许多有名的建筑，成为一名十分出色的建筑设计师。

在这个故事中，遭遇不幸的建筑师开始时灰心失望，责怪命运对他的不公。然而，当他看到一个残疾的老者在用顽强的毅力和不幸做着斗争，并且最终取得一番成就时，他深受感动并从中得到了启发，从此，他便奋发图强，后来终于成为了一名十分出色的建筑设计师。他们都是生活中的不幸者，然而他们都是真正领悟苦难真谛的人，他们都是以微笑来迎接苦难的人，最后苦难也给了他们最好的回报。

苦难让我们深感痛苦与忧伤，苦难让我们变得贫乏、孤单、力不从心，苦难使得我们受尽折磨，但是上帝借苦难给予的恩赐却是最丰盛的。倘若没有了苦难，人生就会变得肤浅甚至贬值，没有经受风雨的洗礼，生命的大厦便显得单薄易摧。有一句名言说，"冠军的桂冠从来都是用荆棘编成的。"真正的苦难，会使人变得冷静而深邃，并且一步步地走向成熟。有了苦难，人生的价值才会得以体现。

苦难就像爬梯，一步步地踏上去时，我们便走向了成熟，走向了坚强。

人生倘若没有了苦难就不会有幸福的到来，正如没有了寒冷就没有温暖，没有了黑暗就没有光明一样。苦难的另一面便是成功与快乐。

当我们徘徊在人生的大道上时，我们就要清醒而理智地认识苦难、正视苦难、承受苦难，并且以微笑的姿态战胜苦难。当你真正做到这一点时，你便是生活中的强者，你便是一个真正刚强的人。

走出“灰色地带”，生命就会豁然开朗

每一个人都需要他人的鼓励，特别是那些因自身缺陷而深感自卑的人更是如此，也许一句鼓励的话语便会令他们改变人生的道路。

许多身体有缺陷的人，面对世俗的偏见，表现出一副灰心丧气的样子来，他们的热情与欲望总被有意无意地压制与封杀，倘若不能得到及时的疏导与激励，将会使他们丧失信心和勇气。

有位电车公司的服务小姐，一直想当个职业歌手，可是她容貌够不上漂亮，牙齿也不整齐。后来，一个偶然的机会，她到一个俱乐部去演唱，首次展现自己的容貌与歌喉时，她感到十分紧张，唯恐观众发现她不雅观的牙齿，于是将上唇紧抿着，希望借此引开观众的注意力，结果弄巧成拙。在观众席中，有位乐师听了她的歌声，认为她具有歌唱才能，乐师在演出后对她说：“刚才在台上你所做的一切动作我都看得清清楚楚。你尽量抿着嘴唇不使牙齿露出来，你真的以为自己的牙齿不好看吗？”听罢，姑娘羞得满脸通红。乐师又说：“那有什么值得羞耻的呢？放声唱吧，你会得到观众的喜爱的。”这位小姐终于听从了乐师的劝告，接纳了自己。此后，每逢表演，她都尽情地张开嘴，开怀自由地歌唱。不久，便成了深受观众欢迎的歌星。后来，很多演员竟也学起她的舞台形象来。

在这个故事中，这位小姐由于自卑而不敢将自己的缺陷暴露给大众，当她受到乐师的指点后便信心大增，很快就实现了梦想。其实，她的故事告诉我们：缺陷并不可怕，真正可怕的是自己被缺陷所打倒，当我们真正地直面自己的缺陷、真正地对自己的才能抱有足够的自信时，那么我们一定会获得最后的成功。其实，并非我们命里注定只能失败，而是我们在故意把自己不如意的方面隐藏后就缺少了各种有效的激励。看看她，你就知道激励在人生的道路上有着何等重要的作用了。

一个小女孩因为长得又矮又瘦被老师排除在合唱团外，而且，她永远穿着一件又灰又旧又不合身的衣服。

小女孩躲在公园里伤心地流泪。她想：我为什么不能去唱歌呢？难道我真的唱得很难听？想着想着，小女孩就低声地唱了起来，她唱了一支又一支，直到唱累了为止。

“唱得真好！”这时，一个声音传了过来，“谢谢你，小姑娘，你让我度过了一个愉快的下午。”小女孩惊呆了！

说话的是个满头白发的老人，他说完后就走了。

小女孩第二天再去时，那老人还坐在原来的位置上，满脸慈祥地看着她微笑着。

于是小女孩唱起来，老人聚精会神地听着，一副陶醉其中的表情。最后他大声喝彩，说：“谢谢你，小姑娘，你唱得太棒了！”说完，他又独自地走了。

过了很多年，小女孩成了大女孩，长得美丽窈窕，是本城有名的歌手。但她忘不了公园靠椅上那个慈祥的老人。于是她特意回公园找老人，但那儿只有一张小小的、孤独的靠椅。后来才知道老人早就去世了。

“他是个聋子，都聋了20年了。”一个知情人告诉她。

小女孩在老人的鼓励下一步步地走向了成功，后来她才得知老人是个

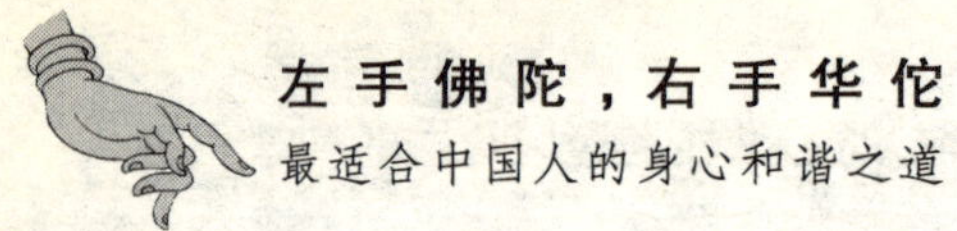

聋子。从这个故事中，我们也可以看出，每一次鼓励都会给人创造一次机遇，小女孩正是在这样的鼓励下树立起了自信心，并且持之以恒地为梦想做不懈地努力，所谓功夫不负有心人，她终于成就了自己的梦想。其实，每一个人都需要他人的鼓励，特别是那些因自身缺陷而深感自卑的人更是如此，也许一句鼓励的话语便会令他们改变人生的道路。

所谓“金无足赤，人无完人”，形形色色的世界有着形形色色的人，当我们没有一个健全的身体时，请不要自卑，请不要哭泣，请相信美好的日子就要到来，请相信生命会因为苦难而变得更加精彩！当我们拥有了一个健全的身体时，那我们就更应该放下心中的消极情绪，向着梦想的大门前进！

心如岩石，不被毁誉之风干扰

当别人讲我们不好时，不用生气难过。说我们好也不用高兴，这不好中有好，好中有坏，就看你会不会用。

好誉而恶毁是人之常情。人都是喜欢听别人说自己的好话，而不愿听自己的坏话。被人言语相激会心生怒气，听到一番甜言蜜语则感到很舒服。在佛家看来，就是有我相，有分别心，难免烦恼缠身。

人的真正境界要靠自己修出来，一个修行人要想成就的话，应该时常保持沉着、冷静，不要为一点儿小事或一句话就忍不住了。在生活中，苦乐、利衰、毁誉、称讥，这8种风随时随地都会吹过来。尤其是称讥，说你一句好，你就大为欢喜，听到讥笑、讽刺你的话，你就忍不住了，就要生气了，发火了，乃至既不是讥笑，也不是讽刺，批评你一句，就激动了，好心提醒你一句，眼睛就两样了，出现了冒火的眼光，意思就是你竟管到我头上来了。

古人云：“是非审之于己，毁誉听之于人。”世界上的是是非非，全凭自己去慎思辨别，然后根据自己的分析思维决定自己走的路。社会上必然有人赞扬，也会有人诽谤讥骂。对此，自己要泰然处之，任人评论。

听到别人说我坏话要能够做到不生气，尽管坏话说得很严重，也不过是像拿火去烧空中，虚空中无物可烧，而火却是终归要熄灭的。人的烦恼，都是从心中生出来的，我们的心不动，那么烦恼还会从何处生出来呢？

世界上没有一个永远不被毁谤的人，也没有一个永远被赞美的人。当你话多的时候，别人要批评你；当你话少的时候，别人要批评你；当你沉默的时候，别人还是要批评你。在这个世界上，没有一个人是不会被批评的。

被人诽谤的时候，可以这样想：至尊的佛陀，当年也饱受诽谤呢，我所遭受的这些诽谤又何足挂齿呢？

西方有一文学家说，人最有兴趣的是人。此应再下一转语，即人最有兴趣的，是对人进行毁誉。毁誉本于是非之判断。人有是非之判断，则不能对人无毁誉。我们可暂不对此人间有是非毁誉之事实本身，先作一是非毁誉之判断。我们可暂不誉，亦可暂不毁，而只将其纯当做为一事实看。中国过去民间普遍流传一讲世故的书，名《增广贤文》。其中有两句话，“谁人背后无人说？谁人人前不说人？”此两句话之语气中，包含一讽刺与感叹。但这是一个事实。人通常是依他自己的是非标准，而撒下他的毁誉之网去囊括他人；而每一人，又为无数他人之毁誉之网所囊括。一人在台上演讲，台下有一百听众，即可有一百张毁誉之网，将套在此讲演者之头上。一本书出版，有一千读者，即可有一千张毁誉之网，套在此书作者之头上。一人名满天下，他即存在于天下一切人之是非毁誉之中。而一个历史上的人物，他即永远存在于后代无限的人之是非毁誉之中。这些都是世间不容否认的事实。

中国民间有一笑话，说一老太婆夸她女儿好，因其将其夫家物带回娘家，真孝顺；但媳妇不好，因将其家之物，亦带回娘家去了。这种将公私二标准，互相轮用以兴毁誉，亦是人之常情。此外，人实际上是以私的标准兴毁誉，却以公的标准作理由，而将公私二标准互相夹杂起来，更是人之常情。人之毁誉，兼有公私二标准，世间一切是非毁誉便无不可颠倒。

有誉于前，不若无毁于后；有乐于身，不若无忧于心。

由于人们所接受的教育多是正面的，所以大家只喜欢好听、好看的东西，而厌恶难听、难看的事物。于是，有了名誉都去争，有了批评都去抱怨；有了快乐都喜欢，来了忧愁都不要。然而，有了善良的言行，方才有赞誉；有了恶劣的言行，必定会有诋毁。

但由于各种利害关系的制约，人们往往会在人前说一些虚假的赞誉，以博得他人的好感，从而达到自己的目的。但在人后，因为脱离了利害关系，所以就容易讲出自己的真正感受了。正是谁人人前不说人，谁人背后无人说！

正是如此，我们要正确地对待他人的毁誉。与其有人前为善的赞誉，还不如没有身后做恶的诋毁。纤毫的恶行，足以掩埋了自己的大德，所以做人不可以不谨慎。别人赞誉我们的时候，有真情也有假意。我们要认真地分析，不要因此而助长自己的骄傲；听到别人背后的诋毁，也应该正确处理。不要生气，也不要灰心。有问题就改正，没有过错就只当耳旁风好了。

既然我们不喜欢别人誉于前而毁于后，那么我们自己也应该如此。对待他人应当本于自己的真心，应当赞誉的就赞誉，而不要虚伪矫情、阿谀奉承；不应当赞誉的就不赞誉，但也不要在背后诋毁人。堂堂正正地做人，才是一个君子的作为。有了赞誉是好，但没有背后的诋毁就会更好。

若内心没有私心和欲望，知足常乐，那么菜根吃起来也是津津有味的，粗衣穿起来也是潇洒自在的，匹夫匹妇过起来日子也有滋有味的，眼中所见、耳中所听的无一不是快乐。由此可见，肉体的快乐并不等于真正的快乐，心中的欢乐才是最大的欢乐。心中没有忧愁，无牵无挂了，才能做到真正的自由，岂不就是人生最大的快乐了？

没有人会竭尽全力只为招来某个方面有毁于自己的事情，可能发生的只有一群群人在前赴后继，他们处心积虑想尽揽各式各样有誉于自己的事情。人们习惯用别人来定位自己，面子、尊严，在生活和生命里显得格外重要，并在无形中操纵了部分人的生存轨迹。

“活着真好，还能遭罪。”可不是嘛，大家既然有幸活在一起，闲着也是闲着，何不互相给点儿罪受。高兴了，说点好话，喜笑颜开；不高兴了，讽刺两句，脸拉得老长。有了一定身份和地位的人，更是习惯前者而受不得后者。其实，一个人看重自己的毁誉，既是合理的，也并非是件坏事。可悲的是，在一个人跋涉、探索的漫长生命过程中，毁誉成为了一个出发点，一种方向标。哪知道，活在别人的话底下，实在是一件有毁自我的事。在你疯狂叫嚣尊严不容侵犯的同时，说不定早已在不知不觉中丢尽了尊严。更有甚者，为获誉而作秀，手段几近卑劣，想人之所不能想，做人之所不能做，此种牺牲之下，仅能获得的那一点点用以自慰的容光之事也会变得庸俗、低贱而下流了。

如何将自己爱护面子、关心毁誉的权利运用得当，是一个人游刃存活而不失自我的关键。面子要看别人给不给，名声要听别人怎么说。如今，虽说日新月异了，却也眼杂嘴多，一人一个活法，造就了一人一个说法。同样一件事，说坏的占多数就是毁，说好的占多数就是誉，而这当中“谁是大多数”还不知是谁说了算呢，“谁说了算”还不知道是否能过半票呢。如此轮回下去，似乎已经很难分辨出谁对谁错了，绝大多数人最终闹得个毁誉参半，苦恼随身。

当态度决定一切的时候，也就是实践“是非审之于己”的最好时机。看重毁的人搞不好就此崩溃，弄得好发奋图强；满足誉的人搞不好得意忘形，弄得好知足常乐。

是非审之于己，毁誉听之于人，得失安之于数，陟岳麓峰头，朗月清风，太极悠然可会；君亲恩何所酬，民物命何以立，圣贤道何以传，登赫曦台上，衡云湘水，斯文定有攸归。

对联的大概意思是："世界上的是是非非，复杂万千，全凭自己去慎思辨别，然后根据自己的分析思维决定自己走的路：哪些是应该做的事，哪些是不应该做的。经过自己独立思维决定去做了以后，社会上必然有人赞扬，也会有人毁谤讥骂。对此，自己要泰然处之，任人评论。至于事业的成功与失败，只能取决于数（术数、命运、自然规律）。只要登上岳麓山头，感受一下朗月清风，天地万物之理便悠然可知，荣辱得失即可以置之度外了；君亲恩如何来还报，民物的安身立命之本如何把握，圣贤的道统如何传播，当登上赫曦台，感受这衡云湘水的魅力，一切便有答案。"

当然，人要做到宠辱不惊是很难的，但是放飞心情、放眼未来，对于调节自己的状态还是很有帮助的。也许我们不能移动大山，但是我们可以运作自我；也许我们不能左右天气，但是我们可以调整心情；也许我们不能选择容颜，但是我们可以展现笑容；也许我们不能号令他人，但是我们可以指挥自己；也许我们不能预知将来，但是我们可以开发现在；也许我们不能样样如意，但是我们可以事事尽力；也许我们不能主宰生命的始终，但是我们可以决定生命的价值。

所以，我们一定要以豁达的心态对待外部事物。

别让各种形式的迷雾模糊了你前进的方向

我们从小到大都会经历一些大大小小的挫折与打击，有时候一直寻找走出来的方法却一直走不出来，就像进入迷雾森林中一样，这时候你通常怎么做呢?

现实生活中人们总是希望隐藏些什么，有些事情是不能拿到公开场合来讲的，而且现在的人都有很强的自我保护意识，于是在成人的世界里，开诚布公已经成为了一个理想，不管你的社会地位如何，权势如何，人人都在营造一个属于自己的世界，给自己建立一个保护层，避免给自己带来伤害。

身边的世界并不美，无论人或事，现实一片驳杂，当我们懂得灰色、不再天真时，不知道是该高兴还是该沮丧。纷扰的声音已经够多，但我们无处躲藏。想躲藏是因为有一颗崇尚美好的心，总想着蓝天白云，总想着纯色、透明，让我们更容易觉得心累，因为我们不认同那些声音，看不惯那些丑行。

许多事情就像迷雾笼罩在心上，无法看透。向左，向右，最后还是选择坚硬的拒绝，不容分说，可是，当每次我们望着天空，眼里却常常充满惆怅。

一个人在行路的时候，就早已知道会遇到什么，但没想到会这么孤单、这么难过。什么都可以在时间的推移中得到改变，当这一切已成习惯，心已是苍茫之后的平静，只是寂寞无法逃避。最后，唯一拥有的就是把那份最美好、最透明的情怀深藏内心，小心封存，留待自己寂寞时慢慢欣赏、流连、品味。

生活依旧在一片迷茫中，我们不知道怎样才能抵达那个彼岸，但我们可以选择先安顿好自己的世界。

一个人在冬日午后宁静的公园里驻足、行走，沐浴着暖暖的阳光。坐在湖边的石椅上，听着鸟鸣，面对着平静的湖面，感觉好极了。思绪的绚烂之花开始绽放，开遍了满山遍野。回忆过去觉得美好，思索现在变得平静，好与不好都在宁静之中获得升华。从前，常听人说“静静地生活”，现在才体会出这静静的好处。静静，也是一种幸福，是一种无法言说的感觉。

敢于服输的人，才是最明智的

敢于承认自己的不足是自信的另一种表现方式。我们只有认识了自己的短处，合理地扬长避短才是出路，人生才会完美。只有敢于承认自己的不足，才能更好地认识自己，才能找到属于自己的位置。真正看清这一点，你才能胜于人。

人生最重要的是不怕缺点，而且当我们面对自己的缺点时要敢于挑战自我，敢于战胜缺点，敢于承认自己不如别人。敢于面对缺点才能真正提高自己，不停地改变自己。不敢面对自己缺点的人，不会有提高和改变，这样的人也不是明智的人。每个人都有自己的长处和短处，真正看清这一点，最后你才能胜于人。只有敢于承认自己的不足，才能更好地认识自己，才能找到属于自己的位置，因为自己的位置是用自己的努力垫起来的。

孔子曰：“三人行，必有我师焉。”人毕竟各有所长，每个人都可能在某些方面不如人。择其善者而从之，其不善者而改之。这样坦诚自我，对人生成功有所帮助之事，不可不为。敢于认识自己的不足，拜人为吾师，又有何妨？

在我们内心深处，对自己大多太过于苛责，因为总有人会比我们强。即使是那些看起来最有自信的人，其内心也会存在对自己的批评，这种内心的批评就是引发我们的痛苦，让我们对自己的表现永远也不会满，因而逼迫自己不断进步，不断取得更大的成就。

其实，一个人如果能够坦然地面对别人比自己强，才能清醒地认识自己与别人的差距，才能摆脱心灵的苦痛，才能让自己做得更好。敢于承认自己的不足是自信的另一种表现方式。我们只有认识了自己的短处，合理地扬长避短才是出路，人生才会完美。真正看清这一点，最后你才能胜于人。

曾长期担任菲律宾外长的罗慕洛穿上鞋后身高也只有 1.63 米。原先，他与其他人一样，为自己的身材而自惭形秽。年轻时也穿过高跟鞋，但这种方法始终令他不舒服，这不舒服更是他精神上的不舒服。他感到自欺欺人，于是便把那高跟鞋扔了。后来，在他的一生中，他的许多成就却与他的"矮"有关，也就是说，矮倒促使他成功了。以至于他说出这样的话："但愿我生生世世都做矮子。"

1935 年，大多数的美国人尚不知道罗慕洛为何许人也。那时，他应邀到圣母大学接受荣誉学位，并且发表演讲。那天，高大的罗斯福总统也是演讲人，事后，他笑吟吟地怪罗慕洛"抢了美国总统的风头"。更值得回味的是，1945 年，联合国创立会议在旧金山举行。罗慕洛以无足轻重的菲律宾代表团团长身份，应邀发表演说，讲台差不多和他一般高。等大家静下来，罗慕洛庄严地说出一句："我们就把这个会场当做最后的战场吧。"这时，全场顿时寂然，接着爆发出一阵掌声。最后，他以"维护尊严、言辞和思想比枪炮更有力量……唯一牢不可破的防线是互助互谅的防线"结束演讲时，全场响起了暴风雨般的掌声。后来，他分析道：如果大个子说这番话，听众可能客客气气地鼓一下掌，但菲律宾那时离独立还有一年，自己又是矮子，由他来说就有意想不到的效果，从那天起，小小的菲律宾在联合国中就被各国当做是资格十足的国家了。

由这件事，罗慕洛认为个矮比高个子有着天赋上的优势。个矮起初总被人轻视，后来有了表现，别人就觉得出乎意料，不由得佩服起来，在人们的心目中，成就便格外出色，以致平常的事一经他手，就似乎成了破石惊天

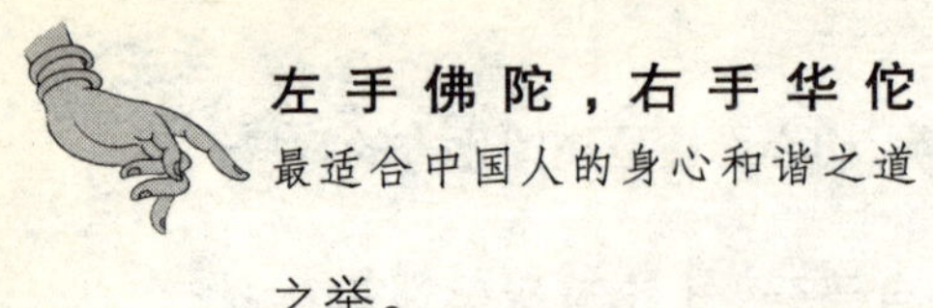

之举。

芸芸众生，各有所长，各有所短。争强好胜失去一定限度，往往会受身外之物所累，就会失去做人的乐趣。只有承认自己某些方面的不足，才能扬长避短，才能不因嫉妒之火而吞灭心中的灵光。

其实，我们应该勇敢地接受自己的优点和缺点。敢于承认自己的不足，这样才能心情坦然而轻松，更容易取得成绩和真正的荣誉，赢得别人的尊重。

人有各种潜能和优势，但你不可能在所有的方面都发挥出来，你只能在一两个领域把你的潜能和优势尽情地发挥出来，在你无暇顾及的方面，你必然不如那些方面的专家。你的精力很有限，机遇也很有限。因此，你不可能是一位全能的人，你如人的地方肯定很少，而不如人的地方绝对是很多的。

有得必有失，月有圆缺，人无完人。敢于承认自己的不足，并且用一种平和的心态去欣赏别人，这是一种品格修养上的崇高境界。我们必须敢于承认自己的不足，把不足看成完善自我的一个起点，一把通向成功的钥匙，不要总是事事与人比，因为你总有一些事不如人。要有一个好的心态，尽力做好自己力所能及的事，这才是最明智的。

示弱不为弱，笑到最后方为王

示弱是一种充满禅机的智慧，从更深层的心理学意义上来讲，示弱是尊重和正视稳步发展的一种心理力量。无论是强者还是弱者，都有被人需要、被人尊重的需求，都有超载别人获得心理优越感的需求。而示弱往往可以使他人感觉到自身的重要，给人以一种心理平衡，于是对示弱者产生好感。

卡耐基先生在《人性的弱点》一书中曾写道，与别人建立友好关系的第一个小窍门就是请别人帮你一个忙，接受别人的帮助，可以让施助者赢得心理上的满足感与优越感，从而不会与受助者之间产生隔阂。因此，面对不比我们强的人的时候，我们不妨选择示弱一次，这不仅仅是对别人的尊重，也是建立友谊的关键一步。这样的示弱就是一种禅机、一种智慧。

俄罗斯心理学家库斯洛指出：示弱，其主旨就是自暴缺陷和弱项。

但示弱不是软弱、退缩，而是一种礼让和宽容，是一种人生的智慧和清醒。

坦然的人，是不会也不应该把心理能量放在掩饰、防御、维护脆弱的自尊心上的，他们会更有亲和力和创造力，也更容易接纳和宽容别人。从更深层次的心理学意义上来讲，示弱是尊重和正视稳步发展的一种心理力量，正像库斯洛所说，“示弱和坦然，才是自我心理最强的防御。”人际交往中，在特定的情况下亮出自己的弱点，往往也是一种有益的处世之道。因为，无论是强者还是弱者，都有被人需要、被人尊重的需求，都有超载别人获得心理优越感的需求。而示弱往往可以使他人感觉到自身的重要，给人以一种心理平衡，于是对示弱者产生好感。

坦然示弱可以减少乃至消除不满或嫉妒。人们对成功者产生嫉妒是一种天性，适度示弱可以将其消极作用降到最低限度。小李年纪轻轻就在众多的竞聘者中脱颖而出，被提拔为市场部经理，但他并没有恃才傲物，他在把自己的知识才能用到业务中的同时，承认自己在某些方面的“无知”，经常向上司、前辈和同事请教，一边努力工作一边向他人学习，同时在学习中更好地发挥自己的知识才能，这种做法缩短了大家的心理距离，保护了他人的自尊，消除了落聘者的嫉妒和年长前辈的不满，而且给人以更多的信任感，从而得到了大家的通力支持与合作。事实证明，那些宽容、大度、适时忍让、虚怀若谷的人往往是最终的成功者。

有一次林肯在台上演说，有人在台下喊：“别忘了你是修鞋匠的儿子！”

林肯回答说："是的，我是一个修鞋匠的儿子。现在我的父亲已经不在了，你的鞋子出了问题我可以帮你修，但是我再也不可能修出那样好的鞋子了！"面对忽如其来的耻笑，林肯坦然示弱，结果换来的是阵阵掌声。

世事岂能尽如人意，但求无愧于心。努力争取表现，然后耐心等待机会。有幽默感的人，比较能忍耐。要学会自我解嘲，不时拿自己开玩笑。首先是要准确、客观地看清楚自己。满以为自己做的已是最好，可能其实只是做了伊索寓言里的青蛙，鼓胀了肚子，就意味很威武了不起。

坦然示弱，用幽默自我解嘲，只有少数人才做得到，因为这更需要智慧和勇气。就像古希腊谚语所说：上坡路与下坡路是同一条路。

其实敢于示弱才是真正强有力的表现，退一步才能更好地前进。

只要你坚持，在任何时候开始都不晚

为什么成功的人永远只是少数？因为太多人缺乏坚持。一项事业、一个梦想、一场爱情，什么时候开始并不重要，重要的是开始之后就不要停止。坚持中的日子是寂寞、平淡、默默无闻的，是艰辛的、繁琐的、看不到希望的，但是只有坚持下去，你才能收获最美的果实。

古希腊著名的哲学家苏格拉底有一次在授课时对自己的学生们说："同学们，从今天开始我们要做一件事。"

学生们都暗暗猜想：老师要求的肯定很难吧？可是苏格拉底说的却是："请同学们从今天开始，每人每天坚持甩手300下。"大家顿时哄堂大笑，觉得老师让他们做这么简单的事情，是在拿他们开涮吧。

到了第二天，苏格拉底问："有多少人坚持甩手300下了？"90%的学生都举起了手。一个月过去了，苏格拉底再问第二次，还有80%的学生举起了手，表示自己坚持下来了。

一年以后，苏格拉底突然再次提起这件当时大家都觉得简单而微不足道的事情，又一次问所有的学生："一年之前我说的每人每天坚持甩手300下，请做到的人举手。"

这时候全场鸦雀无声，大家面面相觑，都觉得十分惭愧，只有一个人举起了手，他就是后来成为古希腊又一哲学泰斗的柏拉图。

坚持，在我们看来是个老掉牙的道理。我们随便一想，就能想出一大堆因为坚持而成功的例子，而在现实生活中也是这么告诫自己的。但是，真正有几个人做到了呢？

有时候，坚持并不像我们想象的充满英雄般的悲壮，而是日复一日无聊的重复。就像甩手动作，不需要技巧，不需要智慧，没有鲜花和掌声，也没有惊险和奇遇，就是那么简单的重复。你坚持一天、两天、一个月、一年，但是你能坚持直到成功吗？坚持后的胜利总是让我们激动不已，但是坚持中的日子却是寂寞、平淡、默默无闻的。如果你真的了解到全过程，或许你宁肯放弃成功也不要那样的坚持。这就是为什么成功的人永远只是少数。

一项事业、一个梦想、一场爱情，什么时候开始并不重要，重要的是开始之后就不要停止。也许，最初的过程是艰辛的、繁琐的、看不到希望的，但是只有坚持下去，你才能收获最美的果实。如果干什么事情，你都是一时兴起、浅尝辄止，那么你的人生注定是在不断的挖坑，而永远看不到甘美的泉水。与其不停地选择在哪里打井最合适，倒不如蹲下身来，朝着一个方向掘进。

永远不要怀疑自己开始得是否太晚，只要你坚持向前走，就能成为最快的赢家。因为很多人在中途停下来了，很多人转向了。只要有坚定的信念和坚持的精神就能以最快的速度冲过终点。

24岁时齐白石还是个雕花木匠，因姓齐名纯芝，故人称为芝木匠。附近有个会琴棋书画、诗词歌赋又喜结交朋友的秀才——胡沁园先生，从芝木匠的一举一动中看到了他天赋才气过人，且有刚直不阿的品格，认为他是个非凡之人，若有名师栽培，定会前途无量。于是，胡沁园决定将他收为门生。胡问："你愿不愿意读读书、学学画？"芝木匠答："愿意倒是愿意，只是家里穷，年岁又大了，怕学无所成。"胡沁园说："怕什么！《三字经》里面的'苏老泉，二十七，始发愤，读书籍'，你正当此年龄，只要有志气，什么都学得好，我有意收你为徒，你可以在我家一面读书，一面靠卖画养家。"芝木匠听了，激动万分，立即向胡沁园深深地三鞠躬，九叩首，行了大礼。从此，纯芝在胡家住下，"烧松烟以夜读，步落月而晨吟"，潜心钻研诗词书画。

如果齐白石当初因为自己年龄太大、恐怕学无所成而放弃，那么中国就少了一位国画大师。这样的故事总是让我们激动不已，但是真正做起来根本不是那回事儿。读书、学画都是慢功夫。字要一个一个地念，古诗词要一句一句地背，作文要一行一行地写，是一项长期艰苦的事情。学画何尝不是如此，线条、晕染、调色，只有掌握了这些基本功，才能挥洒自如。而这些基本知识的学习和掌握往往需要日复一日的坚持。很多人都在这个阶段放弃了。

坚持并不带有梦幻般的色彩，而是平常日子的重复。从小学到中学到大学到硕士到博士，一点一点地积累知识，一篇接一篇论文的发表，才打造出一个学者。从基层做起，为老百姓处理好一件接一件的事情，提出一项接一项具体的方案，才最终栽培出一个政治家。任何光辉的背后都是细小的琐碎的集合体。一条长路，你可以随时出发，但是不要停止。

查德威尔是第一个成功泅渡英吉利海峡的女性，但她还是不满足，决定继续超越自己，打算从卡塔林那岛游到加利福尼亚。

在一个大雾弥漫的夜里，查德威尔从卡塔林那岛下水了。

连续游了16个小时之后，查德威尔开始觉得吃力了，身上像是系了铁索一样沉重，而且刺骨的海水还冻得她嘴唇发紫。

“还有多远呀？”查德威尔抬起头来望了望，根本就看不见海岸线，“快点，把我拉上去吧！”

跟着开小艇陪伴她的人赶紧鼓励查德威尔说：“再坚持一下，马上就要到了，也就一公里的样子……”

可是，查德威尔却死活也不相信：“开什么玩笑呀，如果真的只有一公里，我怎么会看不见海岸线呢？”

在查德威尔的一再坚持之下，小艇上的人只好把她拉了上来。

小艇“嗡”地向前开去。片刻之后，小艇就靠岸了。

“怎么会是这样？”查德威尔愣住了。她哪里知道，这天的雾实在太大，只能看到近距离的东西，而一公里之外的加利福尼亚的海岸线，则正好被淹没在浓浓的大雾中了。

查德威尔后悔极了：我要是再坚持一下，那该多好啊！

是啊，要是再坚持一下，也许她真的就会实现自己的梦想，超越自己的极限了。可是，命运似乎在有意考验查德威尔，正是由于她的放弃给自己带来了无尽的懊悔，明明胜利就在前方，为什么自己没有再坚持一下呢！其实，在现实生活中，很多人就像查德威尔一样，他们在失败的时候，总是一味地抱怨自己为什么当初不那样做了，然而这又有什么用呢！

这中间，没有庞然大物要你去打倒，也没有拦路抢劫者让你展现英雄气概，当然也不会有意外的鲜花与掌声，你要不断地解决小问题、克服小障碍。只有在平淡、寂寞、重复中坚持，才能最终达到成功的终点。

心中充溢仁爱才是黑夜的终结

获得知识和思想是很难的，需要大量的时间和精力，但是获得仁爱更难，它需要你有一颗“为别人”的心。在生活中，也许聪明的你知道如何用最快的时间找到最适合自己的道路，从而获得最好的生活。但是，仁爱是没有捷径的，它与聪明与否没有关系。

古时候有一个智者，他的身边有一大群慕名向他拜师学艺的学生。一天凌晨，天还未亮，四周一片漆黑，智者问了他的学生一个问题：“你们谁可以告诉我，什么时候才可谓是黑夜的结束、白天的开始？”

学生们面面相觑，大多都回答不上来。这时有一个比较机智的学生说：“是不是可以这么说，当你能看见前面走过来一个动物，并能分辨出它是一只绵羊还是一只山羊时就是黑夜的结束、白天的开始？”

智者摇摇头。

另一个学生接着说：“那是不是当你能看见远处的一棵树，又能说出那棵是无花果还是桃树时，就是黑夜的结束、白天的开始？”

智者继续摇头。

学生们在一阵猜测过后，终于忍不住，便问智者：“老师，那您说说黑夜是什么时候结束的？”

智者平静地回答：“当你无论看到一个男人或一个女人的脸，都能把他们当做自己的兄弟姐妹时，黑夜就结束了。如果你做不到，那么无论何时，你的心都在黑暗中。”

这是一个充满智慧的问题，而问题的答案却是仁爱。能带给你光明的，不是能够分辨绵羊和山羊，不是能够分辨无花果和桃树，不是这些积累的知识，而是仁爱之心。你可能凭借着聪明顺利地考上大学，有一个好工作，有一个美满的家庭。但是，没有仁爱，你只是获得了自己的成功，而无法得到这个世界的肯定。你像一个孤独的英雄站立在那儿，周围没有鲜花和掌声，只有无边的黑暗。只有怀着仁爱之心，只有把自己和人群中陌生的男男女女连接起来，才能看到灿烂的人生。

获得知识和思想是很难的，需要大量的时间和精力，但是获得仁爱更难，它需要你有一颗“为别人”的心。

在中国儒学传统中，“仁”就是“爱人”。这种“爱”是在自己与他人的关系中体现出来的，是发自内心的真情实感。孔子说“弟子入则孝，出则弟（悌），谨而信，泛爱众，而亲仁。”“孝之放，爱天下之民。”所谓“仁爱之道”，是从对父母的孝开始，延伸到对兄弟的悌、对朋友的信，以至于对天下民众广泛的爱。说白了，就是我们要怀着一颗悲悯仁爱之心善待他人。道理很简单，做起来却很难。

有人向你行乞，只要一个馒头的钱，你拒绝了，因为你觉得他有可能是骗子。但是即使是骗子，你不过是损失了一块钱，更何况他有不是骗子的可能性。

有人问你方向，你忙着赶路便低着头走过去了，也许你一分钟的指点会给这个刚来到这个城市的人带来莫大的温暖。

有年轻的后辈向你请教方法，你因为心情不好而拒绝了，也许只要你一句话的点拨就免去他一夜的茫然无助。

……

在生活中，也许聪明的你知道如何用最快的时间找到最适合自己的道路，从而获得最好的生活。但是，仁爱是没有捷径的。它与聪明与否没有关系。不管你在哪个位置，不管你有怎样的才学，不管你是怎样的人，要想施以仁爱，就必须踏踏实实地去“爱人”。

孔子说："知及之，仁不能守之，虽得之，必失之。"这就是说，一个治理天下的人，如果只是学问和智慧达到了条件，而不能坚守仁德，即使得到天下，最终也必然会失去。

智慧可以带给你名望、财富、好的生活，但是却不能给你带来心灵的宁静。仁爱之心，更难，也更难能可贵。

第十四章

右手华佗，生病了也没有什么大不了

心态的变化能影响脏腑器官的工作能力及损坏程度，同时也决定了身体的质量，所以说要想有个好身体，调整心态是非常重要的一步。一个人即使身患重疾，只要有良好的积极心态，必定会是你战胜病魔的关键一招。

有“心病”的人更易引发疾病

过分地焦虑、恐惧，人体很有可能因不良情绪引发一些机体上的不适，甚至产生一些疾病，如高血压、乳腺增生、肠胃不适等，都有可能找上门来。

在所有对健康不利的因素中，最能使人短命的是不良情绪和恶劣的心境。生病是身体提出的抗议，生病后，你的生活就要“洗心革面”。50 岁至 60 岁这个人生阶段中如果保健得当，没有大的疾病，长寿是有望的。但是，大多数的人在壮年之前，对如何保持身体健康问题是漫不经心的，他们认为健康好像是无尽的资源，取之不尽，用之不竭。因此，他们很是随“心”所欲，不讲究生活方式，随意”冒犯“自然规律。这样长年累月，“身”受其害。身体就像手机电池，生病了要及时充电。电量不足的时候，千万别强迫使用身体，需要好好休息。

“疑病症”可能很多人都没有听说过，但其意思不难理解。有人可能因为自己有习惯性头痛，就认定自己脑子里面长了肿瘤；或是仅仅因为看了一篇文章，就片面地断定自己患上了某种疾病。这些人往往全然不顾检查、化验得出的结论，而完全沉浸在自己已经患上某种不治之症的定论之中。

有一名中年男性，自称半年来常腹泻、易感冒。他说自己研究了能找到的所有医书，自己所出现的这些症状完全符合艾滋病的表现。他在当地疾控中心查了多次，但都是 HIV(-)(即艾滋病检查结果呈阴性)。他不相信当地的检测，又来到北京做检查。当医生问他有没有相关流行病学史时，他矢口否认，给他解释了半天也没有用，只能再给他查一次。

有一个小伙子，白天被狗咬伤，打了疫苗，自己吓得浑身觉得不对劲，晚上喝了很多酒后就“发病”了，大喊“我得了狂犬病，我要咬人”。

如果一个人没有真正的器质性病变，仅仅总是担心自己得病，那么困扰他的主要问题其实是焦虑。在精神科临床治疗上认为，疑病症患者做各种检查、化验的行为是一种继发行为，而对疾病的恐惧、焦虑才是真正的发病原因。

如果一个人坚信自己患有某种较为严重甚至致命的疾病，专科医生检查后认为没问题，但仍相信自己患病的事实，且担心持久不散，就会影响个人生活和工作。

疑病症患者共有的人格特征是：敏感、多疑、主观、固执、不自信、对身体过分关注、要求任何人或事物都十全十美，男性患者患病前常具有强迫人格，女性患者则与癔症性格有关。

过分地焦虑、恐惧，人体很有可能因不良情绪引发一些机体上的不适，甚至产生一些疾病，如高血压、乳腺增生、肠胃不适等，都有可能找上门来。

“病”字里面是一个“丙”。在中国文化中，“丙”是火的意思。在五脏里面，丙又代表心。所以，“丙火”又可以叫“心火”。心里有火，人就得病了，就这么简单。

另外，“心火”用现在的话说就是被压抑的情绪，就是失调的七情六欲。比如悲伤、忧虑、喜悦、恐惧、愤怒……这些都是人的情绪。所谓七情六欲，通俗点说，就是人的一股气。

“心”是中医特殊看重的概念，它的地位高于“脑”，是主管情感、意识的，所以有“心神”之称，属“君主之官”，只有君主才能住在宫殿里……古代医学家怀着敬畏之情给能清“心火”的药物起名时，就用“宫”字代表了“心”。药中所见“安宫”、“清宫”等等，都与“清心火”同意。

“心神”要潜藏在心血里，为的是以“心血”之阴，敛“心神”之阳，不使它变成“心火”而浮越出去。

当人被杂念、心事困扰得心血内耗时，心神的落脚地就会逐渐缩小，乃至流离失所，心火就会四处”肇事“——向上可以扰乱清空，引发意识昏聩、心烦失眠；向下可以下注小肠，引发尿赤便血……但无论轻重，只要看到舌尖被火灼烧得发红甚至有了碎纹，都是非去心火不能解决的。

从“病”这个字来讲，好像病都是由心理作用造成的。实际上是不是这样呢？

比如说，有人听到一句恐吓的话后就吓得满头大汗。事实上，他并没吃发汗的药，可还是出了汗，甚至比吃了发汗药还厉害。

仅仅因为听到一句恐吓的话就浑身开始出汗，原因何在呢？就是因为他心里有恐惧这种情绪。所以，人的七情六欲一旦不调，生理上必然出现不同的症状。心怀恐惧的人肾不太好，胆子也特别小，常常会莫名地受到惊吓；忧虑的人会气短、伤春悲秋；爱愤怒的人会得肝病；爱悲伤的人，心脏功能都有点儿问题。

比如，三国里的周瑜心眼小、爱生气，结果“怒伤肝”导致最后吐血而亡。而林黛玉经常忧愁，结果“悲伤肺”，把肺给哭病了。还有，如果一个人容易受惊吓，肾气就不足，日常生活中，时不时有某某人因为一句话就吓得尿裤子了，这就是“恐伤肾”了。

总之，不同的情绪会伤害我们体内的不同脏器。像张飞得的病和林黛玉得的病就不一样，张飞永远也得不了林黛玉那种病，因为这俩人的性格迥然不同。

一个人不可能因为一个不好的想法就长出一个瘤子，但他如果经常被某些念头折磨着，反反复复地想，反反复复地感到恐惧，慢慢地身体某些器官受到的损害就会越来越严重，最后就真的可能形成瘤子了。

比如说，有人跟邻居吵架生了一肚子气，刚开始只是觉得头疼或者肚子胀，可他如果经常跟别人斗气，这股气就会停滞在身体中，无法推动新鲜血液的运行，慢慢就会形成瘀血。当瘀血一点点地堆积下来之后，它就变成有形的病灶了。

心身性疾病又称为心理生理障碍，是指那些主要或完全由心理和社会因素引起、与情绪有关且主要表现为身体症状的躯体疾病。它们的起病、演变、预后和转归都与社会心理因素密切相关。据王增武博士介绍，心血管疾病中原发性高血压、冠状动脉硬化性心脏病，是比较典型的心身性疾病。

《黄帝内经》说："百病生于气也。怒则气上，喜则气缓，悲则气结，惊则气乱，劳则气耗。"所以医病先医"心"。现代医学也发现，人类65%~90%的疾病与心理压抑有关。

生气时身体会有什么变化？生气时还伴随着哪些不利健康因素的产生？看了如下介绍，你就会努力远离不良情绪，开心过好每一天。

1. 长色斑

生气时，血液大量涌向头部，血液中的氧气会减少，包括二氧化碳在内的毒素增多。而毒素会刺激毛囊，引起毛囊周围程度不等的炎症，从而出现色斑问题。

2. 加速脑细胞衰老

大量血液涌向大脑，会使脑血管压力增加。这时血液中含有的毒素最多，氧气最少，对脑细胞来说不亚于一剂"毒药"。

3. 胃溃疡

生气会引起交感神经兴奋，并直接作用于心脏和血管，使胃肠中的血流量减少，胃肠蠕动减慢，食欲变差，严重时还会引起胃溃疡。

4. 心肌缺氧

大量的血液冲向大脑和面部，会使供应心脏的血液减少而造成心肌缺血。心脏为了满足身体需要，只好加倍工作，于是心跳更加不规律，容易引

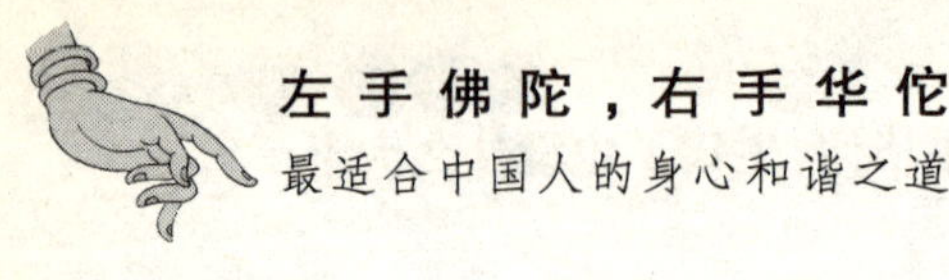

发疾病。

5. 引发甲亢

生气令内分泌系统紊乱，使甲状腺分泌的激素增加，久而久之会引发甲亢。

6. 伤肝

生气时，人体会分泌一种叫“儿茶酚胺”的物质，作用于中枢神经系统，使血糖升高，脂肪酸分解加强，血液和肝细胞内的毒素相应增加。

7. 伤肺

女性情绪冲动时，呼吸就会急促，甚至出现过度换气的现象。肺泡不停扩张，没时间收缩，也就得不到应有的放松和休息，从而危害肺的健康。

8. 损伤免疫系统

生气时，大脑会命令身体制造一种由胆固醇转化而来的皮质固醇，这种物质如果在体内积累过多，就会阻碍免疫细胞的运作，让身体的抵抗力下降。

科学家认为：开心的“笑”可能是最好的平衡机制。心理平衡的作用超过所有的“保健”措施。真正发自内心的“欢笑”能够产生“益性”荷尔蒙。如果人是快乐的，大脑就分泌一种叫做“多巴胺”的“益性”荷尔蒙；若整天焦躁不安、怒气攻心，大脑就会产生“去甲肾上腺素和肾上腺素”的“毒性”荷尔蒙。一个人如果做了有损他人、有损社会、遭人怨恨的事情，虽因证据不足一时无法惩处，但他自己内心的“良知”就会自我谴责并矫正这种恶行——大脑分泌出“毒性”荷尔蒙，导致他吃睡不香、烦躁不安、精神焦虑。一旦悔改，大脑就会立刻作出相应的调节直至消除症状。此时此人也就得到了自我解放。

在《红楼梦》一书中，作者曹雪芹对林黛玉的描述较多，尤其是对林黛玉的性格特征刻画入神，一曲《葬花吟》，是作者着力摹写的文字。

从《葬花吟》和林黛玉的各种表现来看，她患有中医所说的“郁症”，现代医学称为“反应性抑郁症”或叫做“心因性忧郁症”。不良的性格特征是基础，巨大的精神创伤及长期的精神刺激是诱发该病的主要原因。人的情绪在很大程度上会受到生活环境的影响和制约。现代生活的快节奏，激烈的竞争和攀比，纷繁复杂的人际关系，怎不使那些性情孤僻者、胆小怯弱者、懒惰求逸者、心胸狭隘者、事业失意者滋生出心理和生理疾病来呢。

“心病还须心药医”。林黛玉过早离开人世的事例，教训颇深。从中可以体会到，培养豁达开朗的性格，实在是大有必要。在处世待人上不可斤斤计较、患得患失。要积极坦诚地与人交往，在交往过程中，可以倾吐不快，又可得到别人的帮助和鼓励，使事情得到妥善解决，心情就自然舒畅起来。还要克服自卑感，培养广泛的兴趣，树立积极乐观的生活态度，就不至于被不良情绪所笼罩。愉快的精神，欢乐的情绪，胜过灵丹妙药。阳光普照心田，愁云就难登眉梢。

病由心生：性格决定身体健康

性格与人的身心健康密切相关。比如，爱悲观丧气的人容易导致早衰；动辄暴躁发怒的人容易导致血压骤升；焦虑过度的人易患胃肠功能紊乱等等……

世界上没有重样的人，也没有性格完全相同的人。就连表面上长得差不多的双胞胎，性格也往往迥然不同。这是因为性格来自先天的遗传和后天的生活经历，由复杂的心理构成，是一个人心理因素中最本质的东西。

性格不但决定命运，还决定你的健康。在我们的生活中，由于情绪紧张引起的各种疾病，造成死亡的也不在少数，比如：有一些人在打麻将时，也

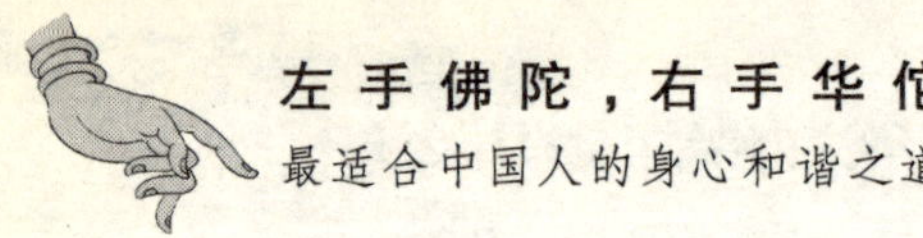

是由于情绪紧张而死的，有的人因为生气得了脑出血，等等，这样的例子很多，这些都是比较健康的人由于情绪变化引起的各种疾病。对于得重病的人，情绪的好坏更为重要。当一个人得知自己得了癌症的时候，多数人都控制不住自己的情绪，使体内能量在不同程度地发生变化，导致病情加重。

性格是一个人在对人、对事的态度和行为方式上所表现出来的心理特点。性格与人的身心健康密切相关。比如，爱悲观丧气的人容易导致早衰；动辄暴躁发怒的人容易导致血压骤升；焦虑过度的人易患胃肠功能紊乱等等……

性格也影响着疾病的变化。例如，癌症不经治疗而自行消失的大都是性格开朗、无忧无虑的人；高血压、冠心病患者常会因为心境平和、情绪稳定而好转；性格乐观开放的人即使得了胃溃疡，溃疡面愈合得也较快；性格脆弱者会因一次精神上的打击而发生精神病；而性格坚强、凡事泰然处之者则不容易发病。

美国的心脏病专家弗里德曼和罗森曼通过大量的临床和实验，总结出一种“冠心病性格”。其特点是：性情暴躁、争强好胜、心绪波动大、常怀戒备心和敌意。这种人醉心于工作，总觉得时间紧迫，行动快，效率高，却又缺乏耐心。中国的癌症治疗专家谢东泽指出：“癌性格”是人体与生俱来的癌基因从“癌”到“症”的催化剂，不良情绪是癌细胞最有效的培养液。癌症的发生，80%与环境因素、个人经历的内心冲突以及性格特征有关，性格癌症有可能引发身体癌症，身体癌症反过来又加重性格癌症。”日前，美国生活科学网总结指出，7种性格的人最爱生病。

1. 自我防御型

这种性格的人总对别人疑心重重，充满敌意。他们极易把他人的行为解读为“居心叵测、不怀好意”。这样的人很可能发展成心脏病患者。研究表明，对别人怀有敌意、处处设防的人内心承受更多的压力，从而导致体内一种叫 C3 的蛋白质含量骤升，该蛋白质和心脏病、糖尿病有很大关系。

2. 自暴自弃型

如果你的生活没有目标，那么你的生命也随之缩短。《身心医学期刊》最近一项研究表明，有强烈生活目标的老人在未来 5 年内死亡的几率降低了 50%。另一些研究也显示，有目标的人压力激素水平、免疫系统和心脏健康都有较大改善。

3. 烦躁紧张型

神经经常处于高度紧张状态、不停地担心并且意志消沉的人，要比同龄人过早地离开人世。一项针对 1800 名男性长达 30 年的调查显示，烦躁不安的人最易通过吸烟安抚心态，但是这种短暂的缓解和香烟造成的长期危害相比，并不值得。

4. 意志薄弱型

约会迟到，制定的计划无法按时完成，这些看似无害的习惯也会损害健康。20 多项研究均证实，自律性、组织性强的人要比意志薄弱的人多活 2~4 年。研究人员认为，能控制自己的人不容易染上抽烟、酗酒的恶习，所以他们寿命更长。

5. 焦虑不安型

焦虑好比给大脑戴上了一个“紧箍咒”，一遇到担心的事情就会发作。研究表明，举止成熟大方、性格开朗的人相对于焦虑者患痴呆的几率大大降低。

6. 忧郁羞怯型

忧郁、害羞的人不但在社交方面处于劣势，而且身体素质也大打折扣。研究表明，这种性格的人易患外周动脉疾病，早亡的几率更大。因为他们更容易受负面情绪影响，而忽略快乐的感受。

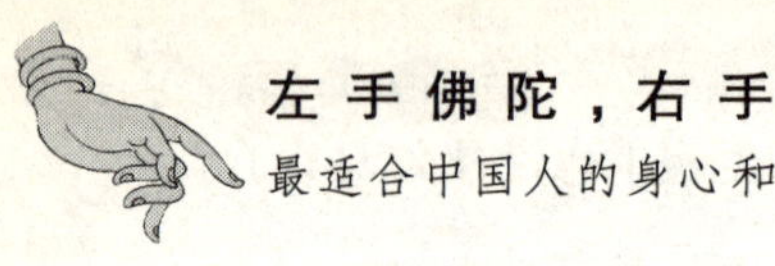

7. 压力重重型

长期的压力会增加患心脏病、高血压、流感和代谢综合征的几率。另外，工作升迁并不见得是好事，因为你的精神压力随之增大，而看病时间却越来越少。

健康性格也是可以逐渐培养起来的，以下是健康性格的基本标准：

一、现实态度：一个心理健康的成年人会面对现实，不管现实对他来说是否愉快；

二、独立性：一个头脑健全的人办事凭理智且稳重，并且能够适当听取合理建议。在需要的时候，他能够做出决定并且乐于承担他的决定可能带来的一定后果；

三、要有爱心：一个健康的、成熟的人能够从爱自己的配偶、孩子、亲戚、朋友中得到乐趣；

四、发怒时能自控：任何一个正常的健康人，有时生气动怒是不可避免的，但是他能够把握尺度，不会失去理智；

五、要会休息：一个正常的健康人在做好本职工作的同时，需要并且善于享受闲暇的快乐和休息；

六、要有长远打算：一个头脑健全的人会为长远利益而放弃眼前的利益，即使眼前的利益有着诱惑的吸引力；

七、宽容和谅解他人：对一个成熟的人来说，这种宽容和谅解不单是对性别不同的人，还应包括种族、国籍以及文化背景方面与自己不同的人；

八、不断学习和培养情趣：不断地增长学识和广泛地培养情趣，是健康个性的特点之一。

有一句话说得很有道理，心是万源之源，一切为心造。心态的活动有两个相对面，它可以支配眼、耳、鼻、舌、身、意去完成一个生物应尽的责任，它也可以不管事或者参与眼、耳、鼻、舌、身、意去破坏一切规律，包括自己的身体。

心态的活动对于我们的情绪有着很重要的关系。心态的变化能影响情绪的好坏，情绪的好坏可以改变体内能量的质量，质量的好坏决定脏腑器官的工作能力及损坏程度，同时也决定了身体的质量，所以说要想有个好身体，调整心态是非常重要的一步。

疾病是警钟，提醒你应对自己的身体负责

得了疾病是身体在告诉你：要对它更负责一点儿了。而治病只是让疾病紧急的状态变得不那么紧急。没有人会对你的健康负责，除了你自己。

生病了，很自然地会想到要去医院治疗，然而到底谁应该为疾病负责？当然会有很多人认为应该是医生。也许大家都这么认为，你会说医生是专业人士，应该为疾病负责。然而，事实真是这个样子吗？举个简单的例子，你把你家价值连城的古董打破了，是应该由你来负责还是应该由修补花瓶的专业人士负责？你可以埋怨师傅的手艺不够好没有办法把花瓶复原，但是你是否也应该反省一下自己为什么要把它打破呢？

在很多人心目中，治病就是获得健康，然而这是一个非常大的误区，治病只是让疾病紧急的状态变得不那么紧急。而健康是需要通过身体重新获得足够的、正确的营养物质，才能够得到的。或许很多人会对自己没有信心，因为很少有人会跟他们讲，获得健康要靠自己。

医生的职责当然是救死扶伤，我们可以看到死和伤都是非常紧急的状态，尽力救治是医生的责任，而避免这种状况的出现，或者紧急状况得到缓解之后恢复的责任，便在于病人。大部分慢性疾病的康复，责任更在于病人，大部分慢性病的形成与患者日常生活的饮食、睡眠、娱乐、运动等各方

面息息相关，假如期望医生能够给个神奇的药丸或注射一针神奇的药水就能让慢性病康复，那几乎是不太可能的。并不是医生无能，而是到目前为止我们还没有这样的神物。

现在，让我们了解你可能已经明白的东西：所有的疾病全是自我创造的。甚至传统的医生现在也看得出，人们是如何地在令他们自己生病。

当你坐在家里享受家庭温馨的时候，你可曾想过装修华丽的房间里可能存留有装修带来的污染，会有哪些对身体有害甚至致癌的含有类雌激素的杀虫剂痕迹。

当你享受着这个信息数字社会给你带来的方便快捷时，你可曾想过每时每刻都会有各种信号从我们的身体穿过，会有手机、电脑等等电器的辐射。

当你坐在餐桌前准备享受美餐时，你可曾想过我们的身体还远远适应不了现在这种高脂肪高热量的饮食，而把它们转化成我们现在根本不太需要的用来储存能量的脂肪，使我们越来越多的人身体超重甚至走向肥胖。可曾想过我们的食物中有太多的化学催产剂，农药，激素，药物的残留，有太多炸烤食物而形成的使你长胖的反式脂肪、致癌的物质和腌制食物里同样致癌的亚硝酸盐，等等。

当太多的糖、脂肪和中国人饮食一直偏高的盐一起在我们的体内长期过多存留的时候，如果再加上你不良的生活习惯、糟糕的生活环境，以及各种各样压力的时候，经过一段时间的等待它们可能最终会给你带来意想不到的疾病，高血压，心脏病，癌症，中风，呼吸道疾病，肠道疾病，肝病，糖尿病，这些是当今社会死亡的主要原因。

大多数人相当无意识的这么做。所以，当他们得了病时，他们不知道他们被什么击中。感觉上像是某事发生在他们身上，而不知是他们对自己的身体做了某事。

在这个大的自然环境中，我们只是大自然的一分子，这就好比一个零件是汽车的一部分是一个道理，所有的零件组成了一辆汽车，那么每个部件都要完成使汽车能够正常运行的作用，这部汽车才好用，如果哪个部件不能正常工作，最先淘汰的就是哪个零件。在生活中我们只是关心自己的得失，很少顾及到整体的和谐，不能因为我们自己的行为影响到整体的环境，所以我们的身体有时就像哪个零件一样，被大的环境给淘汰了。

既然知道了所有的疾病主要是自己长年累月引起的，那么我们就要从现在开始学会对自己的身体负责，现介绍几种健康养生的方法：

1. 每天晒太阳 5~10 分钟

2. 闭目养神，调节呼吸减轻压力

3. 寻求安静的环境

4. 寻求美好的事物

5. 不要过度迷恋某种事物

6. 不要过度关心别人怎样看你

7. 谨慎地提出批评

8. 保持对自己挑战

9. 人生态度乐观

10. 常怀感激之情

11. 对某人敞开心扉

12. 做人诚实

13. 对自己良好的身心状态负责

14. 经常阅读报刊

15. 永不停止学习，要经常改变自己的工作状态

这个自然界是由不同种类的生物构成的，生物之间要相互依赖，并为了整体的利益去完成自己的责任，才能维持着大自然的正常运行。如果我

们的行为违背了自然规律，遭到破坏的不光是自然规律，还有我们的身体，因为大的自然环境不好，我们的身体能好吗？养成好的饮食习惯，培养好的生活方式，就是对自己身体负责，对自己的家人负责。

生病时的饮食起居规律

俗话说生病“三分治七分养”，七分养应该在三分治的基础上进行，经全面检查确诊后进行系统治疗，并配合精神方面进行调养，才能达到理想的治疗效果。

《黄帝内经》说：“天食人以五气，地食人以五味。”“故心欲苦，肺欲辛，肝欲酸，脾欲甘，肾欲咸，此五味之所合也。”中医认为：饮食中五味入五脏，充养五脏。

但是，五味不均衡、五味太重反而会伤五脏。《内经》说：“阴之所生，本在五味，阴之五宫，伤在五味。是故味过于酸，肝气以津，脾气乃绝。味过于咸，大骨气劳，短肌，心气抑。味过于甘，心气喘满，色黑，肾气不衡。味过于苦，脾气不濡，胃气乃厚。味过于辛，筋脉沮弛，精神乃央。是故谨和五味，骨正筋柔，气血以流，腠理以密，如是，则骨气以精，谨道如法，长有天命。

“是故多食咸则脉凝泣而变色；多食苦则皮槁而毛拔；多食辛则筋急而爪枯；多食酸，则肉胝而唇揭；多食甘则骨痛而发落，此五味之所伤也。”

俗话说生病“三分治七分养”，七分养应该在三分治的基础上进行，经全面检查确诊后进行系统治疗，并配合精神方面进行调养，才能达到理想的治疗效果。

首先要注意季节气候变化。比如秋季夜间天气已凉，但有些人还是习惯开着电扇入睡，让风直吹面部、腹部，加上窗外凉风“助阵”，再没盖好被子，从外因上形成寒气加重的环境。从内因上讲，人在睡眠中各种器官活动减弱，免疫功能降低，细菌、病毒乘虚入侵，导致第二天全身酸痛，困乏无力，有人还会出现咽炎、扁桃体炎、偏头疼、肺炎、面瘫等病症。

所以季节更替中，一是应根据天气预报，注意适时增减衣服，入睡盖被。二是保护呼吸道黏膜不受天气乍暖乍寒的刺激，防止细菌从呼吸道入侵引起感冒。三是有哮喘、风湿、溃疡病的患者特别注意保护肌体不受风，防止旧病复发。

有一些糖尿病患者知道不能吃太甜的食物，但是，对于太咸、太辣的就毫不在意。麻辣火锅、水煮鱼等等吃个不停。实际上，现代人的口味已经比古代人重了很多。所以，生活中一定要饮食清淡。

“十人九胃”，这里我们先着重谈谈生病中对胃的保养。

“保胃战”的关键环节是以饮食调养为主。膳食合理，定时定量，不吃生冷、过热、过硬、油腻和刺激性食物，这样利于消化吸收，减轻胃肠负担。要戒烟限酒，保持胃酸分泌的节律性，保护胃黏膜，防止产生溃疡。患有慢性浅表性胃炎的人，要特别注意胃部的保暖，运动出汗后冲澡别贪凉，根据自己的体质调节水温，否则容易引发胃痉挛而感到疼痛。另外，加强体育锻炼，提高人体对气候变化的适应能力，有利于改善胃肠道的血液循环，增强体质，能有效减少疾病的发生几率。

胃胀忌食大枣　大枣有补益脾胃之功效，如胃肠胀满时服大枣，会使实热证加重，腹胀而进食更少，得不偿失。

胃炎发作忌喝浓茶、咖啡　在慢性胃炎发作时饮用浓茶、咖啡、烈酒等刺激性饮料，不但不能缓解胃疼，反而会刺激胃黏膜，使疼痛加重。

慢性胃炎忌喝啤酒　啤酒中含有能减少或阻止胃黏膜合成前列腺素E的某种特殊成分，使胃黏膜受到胃酸的侵害。大量饮啤酒还可诱发慢性胃炎。

胃痛忌吃辣椒　辣椒中的辣椒碱可直接刺激胃黏膜及溃疡面，使胃内局部血管充血扩张，可导致胃疼和胃出血。

胃下垂忌饭后散步　胃下垂患者饭后应卧床20分钟才能开始进行其他活动。饭后散步会加重胃下垂。

溃疡病忌牛奶、香烟　牛奶和香烟都可引起胃酸的大量分泌。牛奶刚进入胃内时，稀释了胃酸的浓度，缓解了胃酸对胃、十二指肠溃疡的刺激，可使胃部不适暂时得以缓解。但一段时间后，牛奶又成了胃黏膜的刺激因素，从而产生更多的胃酸，使溃疡加剧。吸烟可促使胃酸分泌增加，使胃内容物的液体成分加速排到十二指肠，这对溃疡的愈合极其不利。

胃病忌吃糖　吃糖将使胃酸增多，从而加重胃的反酸与疼痛症状。

腹泻忌油腻　油能抑制胃酸的分泌而影响消化，且动物脂肪更不易消化，腹泻病人（特别是婴儿）在发病期间应禁食油腻食品。

腹痛、腹泻忌食牛奶、鸡蛋　饮用牛奶会使腹痛、腹泻症状加剧；鸡蛋不仅难以消化，也会使腹泻症状加重。

腹痛忌过早用止痛药　腹痛的原因错综复杂，许多会产生严重后果的疾病如急性阑尾炎、宫外孕等都会有腹痛的症状。若服止痛片后疼痛有了缓解，易造成误诊而延误治疗时机。

如此看来，我们应采取哪些措施来保护我们的胃呢？

1. 从生活作息上做起，最起码一天三顿要定时定量，最好给自己设定一个时间表，然后严格遵守。这同时会对睡眠时间产生影响，因为一些晚睡晚起的人是早中餐一块儿吃的，这种习惯必须要改，并不是说晚上吃夜宵可以弥补过来的，因为人的生物钟虽然可以前后移动，但总是在一定范围内，不可能产生太大的差别。如果不相信的话，可以去查一下相关人体生物钟的资料。

2. 胃病的人应该戒烟、酒、咖啡、浓茶、碳酸性饮品、酸辣等刺激性食物，这些都是最伤胃的。胃的脾性喜燥恶寒，因而冷饮和雪糕也必须要戒，食物以热为好，这对于任何人都是一个考验，特别是酷暑时节。有两种饮料应该多喝，一是牛奶，二是热水。牛奶可以形成一层胃的保护膜，每天早上起床后先喝一杯牛奶，再吃东西，是再好不过的。多喝水，特别是热水，因为人在大部分情况下会把缺水误认为是饥饿。

3. 蔬菜水果类的食物是人体不能缺乏的，所以应该足量。但最好煮得软一点儿再吃，这样胃会好受一点。菜和果皮的纤维比较多，可以适度食用，但不宜太多，不容易消化，因而瓜果可以相对多吃。

4. 有胃病的人饭后不宜运动，最好休息一下等胃部的食物消化得差不多了再开始工作，或者慢步行走，也对消化比较好。

5. 非急性情况下，不提倡吃药，因为长期吃药有副作用，而胃病是一种慢性病，不可能在短期内治愈。如果需要，提倡去看中医，中医的良方对于养胃特别有效。

6. 木瓜适合胃的脾性，可以当做养胃食物，不过对于胃酸较多的人，不要使用太多。而且一定要记住，胃喜燥恶寒，除了冰的东西以外，其他寒凉的食物像绿豆沙等也都不宜多吃。

7. 胃病是一种慢性病，不可能在短期内治好。治病良方就是靠“养”，急不来，只能从生活习惯的改良中获得。我们都需要一个好的胃，这些习惯的改变都是必需的。

现在社会气候环境恶化，肝病猖獗，几乎人人谈肝色变，这里我们再主要谈谈肝病病人的保养。

肝病病人适合吃些什么？

宜食高蛋白膳食。高蛋白饮食应以牛奶、蛋类为主。牛奶营养丰富，含优质蛋白质、易于吸收的乳糖与乳脂、多种维生素、丰富的钙、磷及多种微量元素。它可以不受病人食欲的影响，直接促使消化液分泌，所以是肝炎患

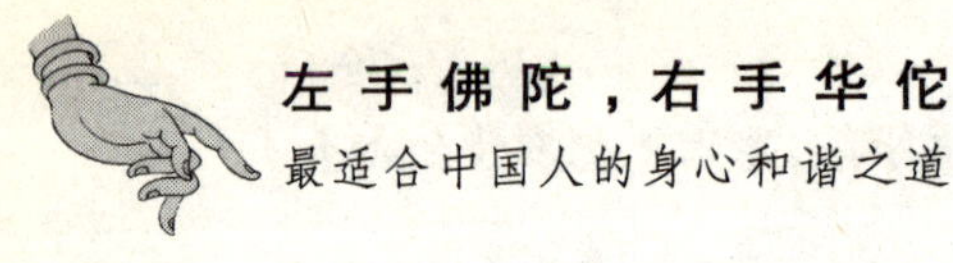

者几乎“完美”的天然美食。

宜食高维生素食物。新鲜水果的主要成分时葡萄糖和果糖，可以直接为人体吸收。而且它们还含有多种无机盐和微量元素，如铁、铜、钾、钠、镁、锰、磷、硅、铬、镍等，与人体血液中成分相近似，利用率高，有极强的滋补作用。肝病患者适当进食不同水果，可补充必要的维生素、微量元素，对肝病的恢复有利，但要注意不可过量，以免影响食欲，甚至导致腹痛、腹泻等。细嚼慢咽的好处，经常咀嚼有美容的功能，另外细嚼慢咽可以有效地刺激消化液的分泌，有利于消化。细嚼慢咽能够减轻我们胃部的负担，细嚼慢咽能够把营养充分吸收。

饮食调理原则：

1. 饮食要平衡，不偏食，不忌食，荤素搭配，粗细搭配，食物品种越多越好；

2. 要排除毒素。不吃酸渍、盐腌、霉变、烟熏、色素、香精。不喝烈性酒；

3. 多吃天然、野生食物，少吃人工复制和精加工的食品；

4. 合理进补能提高免疫力。某些滋补品如人参、白木耳、红枣等有直接或间接抑癌与强身的功效；

5. 在烹调时多用蒸，煮，炖，尽量少吃油炸、油煎食物。

平衡膳食包括粗粮与杂粮搭配，富含热能，适量蛋白，富含纤维素、高无机盐及富含维生素 A、C、E、K、叶酸等易于消化吸收的食物。如玉米、糙米、全麦面、植物油、蜂蜜、蔗糖、蜂王浆、瘦肉、蛋类、豆类、鲜奶、菌菇类、胡萝卜、竹笋、南瓜、黄瓜、菜花、菠菜、白菜、芹菜、黄花菜、西红柿、大蒜、海带、紫菜、海鱼、动物肝、肾，以及人参、枸杞子、山药、灵芝、冬虫夏草及新鲜水果等。宜低脂肪、低盐、低糖膳食，适当减少脂肪的摄入量，如少食肥肉、乳酪、奶油等。

忌食生葱蒜、母猪肉、南瓜、醇酒以及辛温、煎炒、油腻、荤腥厚味、陈腐、发霉等助火生痰有碍脾动的食物。

起居调养对于肝病的康复也很重要。

中医认为，肝是藏血的器官，而夜晚 11 时到凌晨 3 时是肝胆经时间，可养肝血，若能准时就寝，获得适当充足的睡眠，血就能归藏于肝，让你每天都精神奕奕、活力百倍。所以第一要“起居有常”。

户外运动。开展适合时令的户外活动，如做操、散步、踏青、打球、打太极拳等，既能使人体气血通常，促进吐故纳新，强身健体，可增强心肺功能、促进血液循环，吸收自然界中的精气，使肝脏有足够的氧气和营养物质供应。又可以怡情养肝，达到护肝保健之目的。

避免劳累。因肝主筋，司全身筋骨关节之运动，过劳则耗血损气而伤肝，致正虚邪恋，疾病缠绵难愈。因此，适当的休息对肝病患者十分必要。如乙肝患者，在急性期应以卧床休息为主，避免过多的活动；慢性乙肝患者，则应注意劳逸结合，适当休息，担任轻微的工作；乙肝恢复期或乙肝病毒携带者，活动应以无疲乏感为度。

只有充满乐观的心情，疾病才会被你吓退

心态决定健康，退一步海阔天空。有什么样的心态，就有什么样的人生。心态是主观的，不因为富贵就一定有好心态，也不因为贫穷就一定是坏心态。好心态有很多特征，诸如要善良、要客观、要豁达、要上进、不要贪心、不要嫉妒、不要强求、不要僵化，也就是“四要”、“四不要”。

人的情绪是人类的一种复杂心理过程，是人对于有关客观事物所产生的主观体验。比如：一个人在山野中看见一只老虎，一定会惊慌、恐惧；但是他在动物园里看见老虎时，却会感到高兴、愉快。同样是老虎这个概念，

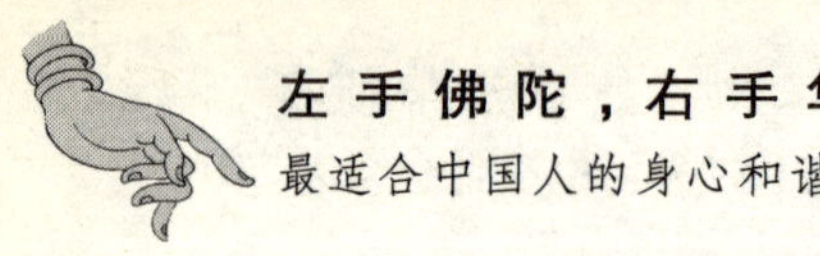

却引出了两种相反的情绪，原因在于认识上的不同。人的情绪有紧张、激昂、烦躁、低沉，怠懒、忧郁等，早在两千年前，祖国医学就把喜、怒、忧、思、悲、恐、惊，视为致病的重要因素。内经说："喜伤心、怒伤肝、思伤脾、忧伤肺、恐伤肾"，这说明情绪对机体的影响，任何一种情绪过度，都可能导致疾病发生，甚至死亡。

人这一辈子自始至终头脑中都有一根绷紧的弦。这是事实，我们也无须回避。但这根弦不能绷得太紧，否则对健康有极大的损害。缓解这种紧张，首要的就是有一个良好的心态。我们在遇到事情和压力的时候不妨反过来想一想，我愁眉苦脸是一天，春风满面也是一天，那还不如争取春风满面，笑口常开，既开心了自己，还感染了别人。

如果人经常处在压力和紧张的情绪状态中，则容易发生失眠、高血压、心脏病、胃肠道疾病、神经衰弱等，有时看什么都不顺眼，和自己或者身边的人有矛盾。从医学实践上看，有相当一部分人的疾病都是和他的糟糕的心态密切相关的。所以现在医学界很流行把高血压、消化性溃疡等许多常见病归为"心身疾病"一类。意思是说，这些疾病多半是和我们的情绪有关的。

人们都常有这样的感觉，心情舒畅时，食欲增强；情绪不良时，食欲不振；发怒、悲伤时，感到胃部"堵"得慌；情绪紧张时会腹泻。可见胃肠系统是反映情绪的重要器官。

情绪是心理因素中对健康影响最大、作用最强的成分，因为人的任何活动莫不以情绪为背景，莫不伴有情绪色彩。愉快、积极的情绪可对人体的生命活动起到良好的作用，充分发挥机体的潜在能力，有利于人体健康；而不愉快情绪、消极的情绪又可使人的心理活动失去平衡。如果消极情绪长期反复出现，还会引起神经活动机能失调、造成机体的病变，如神经功能紊乱、内分泌功能失调、血压持续升高等等，进而转变为器官、系统的疾病，影响人的健康。

《黄帝内经·素问》早就说过："喜怒伤气，寒暑伤形。暴怒伤阴，暴喜伤阳"。现代医学及心理学研究也证明，当人体情绪过度激动，精神紧张时，可引起肾上腺髓质大量分泌去甲肾上腺素及肾上腺素，出现呼吸加深、加速，心跳加快，血压升高。患有冠心病的病人，当情绪过度激动时，会出现胸闷、心悸、心前区疼痛，诱发心绞痛，甚至心肌梗塞，如不及时抢救，严重者可危及生命。患有高血压病的病人，当情绪过度激动时，会出现头痛、头晕，血压升高，严重者可出现脑血管意外。在长期抑郁状态下，会使胃肠蠕动减慢，消化道分泌减少，引起食欲减退和胃痛，甚至出现胃及十二指肠溃疡。如原有胃及十二指肠疾病，会使病情加重。

老子云：上善若水。几千年前，老子便用水的各种特点来描述圣人谦退不争的品格，他认为，圣人努力学习水的品格，要做到"七善"，其中之一便是要做到"心善渊"，即心胸要善于保持沉静，不可大喜大悲，这样就符合养生之道。

在现实生活中，我们要努力让自己保持内心的平静，无论是取得卓越的成就，还是遭遇了意外的打击，都应当以平常心去面对、去接受。在某些大起大落的情形下，装一装"糊涂"也未尝不可。"难得糊涂"是郑板桥的得意之作，虽然我们从小就接受这样的教育：在大是大非面前绝对不能糊涂！但在心理保健方面，难得糊涂却不失为一剂良方。

然而我们不得不承认，现实生活中的许多人都不能很好地控制情绪，想"糊涂"却难"糊涂"，遇到不顺心的事，要么借酒浇愁、吸烟解闷，要么以牙还牙，破罐子破摔，更有甚者，居然为了一点鸡毛蒜皮的小事就轻生厌世，这简直有些荒谬。

保持积极乐观的情绪会使人长寿并且增强身体抵抗力，而近来又有科学家从另一角度证实了情绪与健康两者之间的关联性。他们指出，如果情绪常年压抑、沮丧则会升高胆固醇和放大人的疼痛感。

科学家发现，如果你对你现在所拥有的一切心存感激，无论是拥有一个贴心的伴侣，还是拥有一定的成就，这种感激之情都可以增强免疫功能，降低血压，令整个身体的康复速度加快。

心怀感激的人在情志上体现出愉悦的心情，有幸福的感觉，也就是"喜"的情绪，心主喜，所以"喜"与心相关。中医理论说"心主血藏神"，神明之心为人体生命活动的主宰，五脏六腑必须在心的统一指挥下，才能进行统一协调的生命活动。心情愉悦，心气充足，思维活跃，脏腑活动正常，身体当然健康。同时，哭这种情绪本身是负面的，但是当人哭过，把悲伤的情感宣泄出来后，人的伤感会减少，对身体脏腑功能的负面影响减少，也有益于人体健康。

精神愉快是打开健康之门的"金钥匙"，养生养心是健康长寿的必备条件。

一要心态平衡。生命在于运动，但也需要适当的静养；应随时调整好自己的心态，以适应不断变化发展的社会和人际关系，以大度宽容的心情对待人和事，始终保持心态平衡。

二要淡泊名利。淡泊名利要做到四个忘掉：一是忘掉名誉地位；二是忘掉年龄；三是忘掉烦恼；四是忘掉疾病。生老病死是人生的自然规律。但对病痛要有正确的态度，积极治疗。

三要知足常乐。知足才能常存安乐心。遇到不愉快的事和逆境时可以用"比上不足比下有余"的心态来排除不快。凡事不要过于计较，遇事常知足才有快乐。

四要丰富生活。对新事物充满乐趣，对社会的发展进步充满兴趣，对自己的生活充满情趣和信心。这既有利于健康，又能把宝贵的人生历程装点得更加美丽、更加幸福。

五要学会制怒。在生活中遇到不愉快的事时,应控制不良情绪,学会自我解脱。凡事看淡些,要笑口常开一笑了之,就解脱了免遭“怒”害之苦。

六要宽容待人。宽容是一种高贵的心态,是一个人成熟的表现。对人对事以“和”为贵,宽以待人,既是立身处世的哲理,又是健身养性的良方。

七要适当锻炼。生命在于运动。坚持适当运动锻炼是最经济的方式。根据自己的身体情况每天进行适当的户外活动和锻炼,健身强体,延缓衰老,预防疾病。

八要生活有规律。有规律的生活是健康长寿的必备条件。要养成好的生活习惯:一是要睡得好;二是一日三餐要尽量定时定量,荤素搭配,营养全面;三是每天的工作、学习、锻炼、劳动和休息应有计划;四是适当午休,特别是夏天气候炎热最好适当午休,即使不睡躺在床上休息一会养养神也好;五是定时排便。要养成习惯定时排便,以减少肚内残渣和有毒物质对肠道的不良刺激,有利于身体健康。

九要有人际交往。在生活中要与周围的人互相交往融洽相处,互相帮助,远离孤独。

人的心情是自己真正的能量,心决定性,叫心性,性决定命,叫性命,命决定运叫命运,运决定气叫运气,气决定色叫气色,色决定相貌。不管什么疾病都有因都有果,所有的病都来源与心,性格决定命运,也决定人的健康,什么样的性格就会有什么样的命,就有什么样的病。所以保持一个乐观的情绪才是健康的法宝。

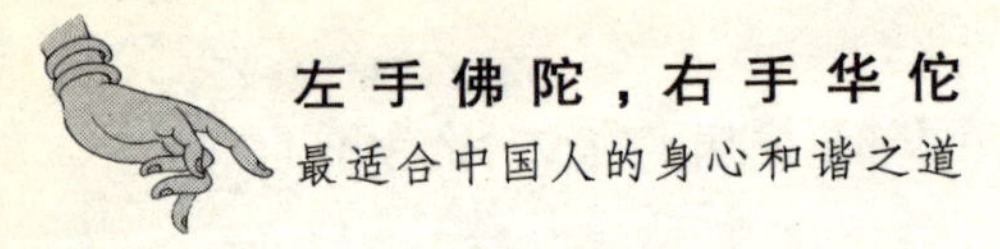

生病时更要追求有滋有味的生活

生病是痛苦的，特别是生重病，更是痛苦不堪。然而，生病期间往往会使人头脑清醒，就像神佛指点迷津，即刻拨开心头的迷雾，清除心中的浮躁和功名利禄，忽然开朗，大彻大悟。

佛家说：生老病死，为人之四苦，在所难免。再看看满大街的医院、诊所、药店，以及铺天盖地的药品广告，可见病之于人无处不在。病中的人会有很多不同往日的想法和感受，突然感觉到自己的弱小、无力、无奈，在任何场合再无法逞强，并且俨然成了一个重点保护对象。

人人畏病如虎，英国著名的癌症康复大师马·曼宁却说："疾病其实也为你提供了一次获得人生升华的机会。"不错，在这个浮躁而又利益至上的社会里，你是不是迷失了自己？是不是麻木了自己？是不是找不到了自己？这时，你就该生病了，这时候的病痛与其说是病患，倒不如说是一剂良药更合适。你想一想，这时候，是上帝在惩罚你的邪恶？还是他在鼓励你倾听生活中的另一面？也许，疾病会让你发狂的心态稳定下来，让你贪婪的欲火冷静下来，带你来到生活中另一个美妙的洞天。谁说这样的事情不会发生呢？

与其让生命浪费在无聊的应酬中，浪费在无度的酗酒与情色中，浪费在无尽的空虚中，还不如让它浪费在疾病上好。至少，疾病会使我们痛苦，痛苦或许会使我们清醒，清醒或许会使我们领悟。生命的本质，人生的价值，或许都会在你生病的时候一一地呈现你的面前，让你感愧交加，泪如雨下。

生病的时候，不要怨声载道，不要怨天尤人，这也许是上天给我们的一次机会，让我们来聆听它那美妙的天籁，让我们来感受它那广博的胸怀，让我们来体会生命的美好。所以，生病的时候请忘记痛楚的存在吧，多听听来自你灵魂深处传来的呼唤，哪怕那是很轻很轻的声音。

病中的感受是最真切最理智的，能够真正悟出了人生的真谛，是一笔珍贵的财富。如果能铭记在心，就会活出人生的精彩。现在人们都处在就业、失业、竞争和婚姻、家庭、扶养、赡养、住房等诸元素的高压之下，特别是事业上的艰辛，使身心过大的透支，造成亚健康的状态，有的英年早逝，留下终生的遗憾。

著名企业家王均瑶事业是很成功，他拥有35亿的资产，然而由于操劳过度，38岁那年因患直肠癌去世了，住院期间他对医生说："世界上最珍贵的就是生命，生命没了，再多的资产又有什么用？谁要治好我的病，资产分给他一半，就是全给他我也心甘情愿！"他面临死亡才把资产看得如此轻薄。

如果我们都能牢记病人的嘱托，在生活和工作中，多一点奉献，少一点索取；多一点爱心，少一点自私；多一点助人，少一点利己；多一点廉洁，少一点贪欲；多一点思考，少一点冲动；多一点淡定，少一点浮躁；多一点宽容，而少一点狭隘；多一点谦让，而少一点记恨；多一点理解，少一点妒嫉；多一点温情，少一点怨怒，使自己既要活得风生水起，又要活得波澜不惊；既要活得简简单单，又要活得有滋有味；既要活得平平淡淡，又要活得潇潇洒洒。让生命在平凡中闪光，在乐趣中拓宽，在快乐中延长，真正实现人生的价值，活出人生的滋味。

古人讲养生注重的是：一不喝酒；二不生气。而当今社会各种事态瞬息万变，人无法控制的事情太多了。生活在这样的一个环境里，尤其是中年人生活、家庭、社会的压力繁重，如果不能具备良好的心态、平和的心去面对是绝对不可以的。所以，我们每一个人在闲暇时，要多学习一些儒家学说，多学习一些科学文化，以文化调节情绪，进而用人文情趣和健康的"爱"好好去养生、养病。以下介绍几种休闲的养生之法。

音乐疗法

悦耳动听的乐曲，悠悠轻快的旋律，使人凝神于音乐中，排除杂念，逐渐平心静气，呼吸深缓、全身松弛，调节内脏和躯体，具有明显的降压、止痛、镇静等作用。音乐不但有利于益寿保健，而且能够治疗疾病。对精神抑郁、急躁易怒、头痛胸闷、腹胀食少，用镇静安神舒缓的乐曲，对精神恍惚、心神不安、头晕神疲、多思善虑、失眠健忘用欢乐明快的乐曲，都得到满意的疗效。

书法疗法

书法必须静思凝神、摆脱世俗、气沉丹田、心不外驰，达到入静境界。这种大脑皮质可能高度集中，指挥双手，并使意、气、神、力凝聚于笔尖之上的情态，有如气功，由入静而获得调心、养息、调身的心理效果。对于老年人更能平添活力和生趣，使他们能够延年益寿。

垂钓疗法

垂钓时，钓者要有好的意境，是为使一小部分神经运动，大部分脑神经得到充分休息，如果垂钓时胡思乱想，反而会增加其他部分脑神经的负担，使其不得很好的休息，垂钓就难以收到对身体有益的效果。

园艺疗法

人都在追求生机与天趣，园艺植物所透露的蓬勃朝气和盎然生机，能给人以生活美的享受。在园艺操作中能消除神经紧张和肌体疲劳。让某些病人离开病床到室外去从事力所能及的园艺活动，看到绿色，闻到花香，可使他们忘却烦恼，减少病痛。

花香疗效

花香能唤起人们美好的记忆和联想。据测试，经常置身于优美、芬芳、静谧的花木丛中，可使人的皮肤温度降低1~2℃，脉搏平均每分钟减少4~8次，呼吸慢而均匀，血流减缓，心脏负担减轻，使人的嗅觉、听觉和思维活动的灵敏感增强。

弈棋疗法

棋是一种千变万化、奥妙无穷的文娱活动。当弈棋时，心神集中，意守棋局，神情专一，杂念尽消；或谋定而动，谈笑风生，以决胜负，乐在棋中。当一举势成，则心中敞亮；一着失误，牵动全局，又紧张分析，专意谋略，神情有弛有张，心潮一起一伏，客观上起着调节之功效，故有所谓“善弈者长寿”之说。住院病休，以棋会友，联络感情，会使人身处异地，却无寂寞孤独之感。

有滋有味的生活，是由每个人感觉的欲望尺度来衡量的，穷人每月多给他 100 元，他过起日子来会觉得有滋有味，富人每秒让他赚 100 万，他也会觉得很无聊，其实每个人都可以过上有滋有味的生活，就看你把自己的欲望控制在什么样的经济范围内，如超出了你力所能及的范围，肯定活得很累，相反控制在你的经济范围内，你的生活照样能过得有滋有味，关键是做人的心态要平衡。

有滋味的生活，其实应该尝到人间的酸、甜、苦、辣，才会体会到人生的滋味，才懂得怎样去生活，不同的人有不同的追求，不要向别人看齐，觉得自己过得好，过得充实就行了。

曾经看过这样一个故事，一个 12 岁的小女孩患了白血病，别人都在为她伤心和惋惜，而她却很开心，天真的她说，我不伤心也不哭，因为我曾来过这个世间，我知道糖是甜的盐是咸的。

生命其实就是一段旅程，不在意你走多远多长，只要你对待生活细心留意周围的一切，你的生活才会丰富、更别说金钱能带来什么。人的一生时间有限，做自己想做的事，觉得自己没有虚度是最重要的，财富包括很多，不光是金钱，钱要挣，但不要只为了挣钱，快乐、平安才是真。

不要让无知耽误了你的康复

补之得当，补之适量才有利健康，否则将适得其反。不要认为好东西吃下去都对你有好处，不要再沉溺在那些“想当然”的生活误区中难以自拔，不要让那些无知侵蚀你的身体健康。

《黄帝内经》中讲人之生病“或生于阴，或生于阳。其生于阳者，得之风雨寒暑，生于阴者，得之饮食居处，阴阳喜怒”。一个人一旦得了病，就一定要反思一下自己的生活方式、饮食、习性等是否合适、是否过激。并且想办法马上改掉自己原有的一些不良习性。只有这样，才能从根本上做到养生、养病。避免病情复发。

一老者因急性出血坏死性胰腺炎住进了医院，经医护人员全力救治并禁食数天终于使其转危为安。医生允许老者可进流食，老者便每天进食米汤藕粉之类的流食。其女认为这些东西没有营养，难以尽快恢复健康，便买些鱼炖汤给老者补一补。老者喝后未及3个小时，突发上腹剧痛，血尿淀粉酶又成倍升高。幸亏医院抢救及时，否则后果不堪设想。医生说，在老者胰腺功能尚未恢复时，大量进食高脂肪、高蛋白食物加剧了胆汁分泌而返流至胰腺激活了胰蛋白酶元，再次引起了胰腺的自身消化，从而导致了病情的恶化。

家中有人生病住院，亲友们都争先恐后送来各种食品，尤其患者到了恢复期，更是唯恐补之不及，时鲜果品、珍馐美味都迫不及待地送到口边。殊不知操之过急往往会适得其反。一位做透析治疗的尿毒症病人，因大量食入了高钾水果直接影响了透析效果，其家人以为限制患者入水量应多吃水果补充，但却不知这些水果含有恰好犯了患者应禁忌的成分。

在生活中，类似实例不胜枚举。补之得当、补之适量才有利于健康，否则将适得其反。给病人进补，应请教主管医生，千万不要随意乱补。

误区一：好补品可以快速疗病。

中医认为：病需三分治七分养。强调的是人自身的自愈能力、自我调节能力。要养好自己的身体，不要完全依赖于药物；人活着是靠感觉活着的。人一旦得了病，一定要走出一个误区：一般的人得上了病总是幻想像得了感冒一样，打上 7~8 个吊瓶后，既不留任何后遗症，又不会很难受马上就好了。实质上人一旦得了病，要想完全治愈是需要一个长期、系统、复杂的过程的。尤其是你得了心脑血管疾病、神经系统疾病，如：神经疾病、中风类的病。要树立打持久战的思想。

误区二：盲目迷信补药。

中国人对于健康方面的认识不高，特别是对养生、养病方面的知识就更匮乏了。而中国人就是爱听别人说的，想当然地去吃药或补药。其实药是不能乱补的，你连这种药的药理、药性和副作用都不了解，就乱补、乱用。另外，我国目前药品市场管理得不够规范，有很多的补品均属假货；即便不是假货它也绝对不是药品，而许多人（尤其是老年人）误认为吃上了这些补品就不会得病；更有甚者是把所服的药品停服，完全相信推销者、说明书上的介绍。

误区三：被“是药三分毒”理论所吓倒。

对于医生给开的药不敢吃，这对于一个真正得了病的人而言是很危险的。得了病就一定要好好用药物去治疗，千万不要被药品的副作用所吓倒。

误区四：不按医嘱用药。

一般的人吃药总是时吃时断，不能按疗程去吃。也不知是因为什么原因，我想一定不是为了省钱吧？还是对自己的健康不负责任吧。药物帮助我们治病是需要一个过程的，当药物在身体中的积累达到一定程度时，它才

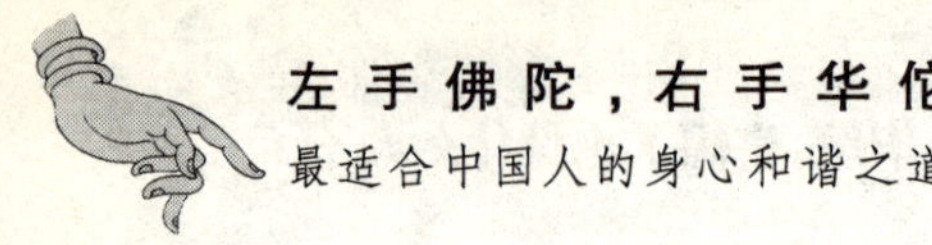

能对病的治疗起作用。否则，蜻蜓点水不会起作用的，只会起到副作用的效果，得不偿失。

误区五：早餐是必须要吃好的。

事实上，我们每天都在进行一种小型的断食，这是指睡眠的时候。睡觉时我们不吃不喝，就是在“断食”。因此，可以说早餐是小型断食后的第一顿饭。“早餐信仰”现在仍然根深蒂固，大家都说：“早餐是一天活力的来源，应该吃好，即使没有食欲，也要把食物咽下去。”但是，这种断食后突然摄取食物无疑给胃肠造成负担。勉强吃下早餐对身体也是有百害而无一利。

为了不给胃肠造成负担，早餐只喝胡萝卜汁、苹果汁和姜红茶就足够了。这些都是饮品，不会给胃肠增加消化吸收的负担，适合节食后的身体，并且能充分提供上午身体活动所必需的矿物质、维生素、糖等成分。

误区六：生病中要多多喝水。

“大量补充水分能稀释并净化受到污染而变得黏稠的血液……”这个观点听起来似乎有些道理，但是其实正相反——水分增加，血液的总量也随之增加，导致心脏的负担加重，使高血压症状更加恶化。过剩的水分还能使身体变冷，导致身体无法燃烧血液中的废弃物。

摄取水分利于通便的说法也有待商榷。即使真的有效，也只是过量的水分使得排泄器官的机能弱化，引发痢疾，这也不是健康的排便。而且这种方法有时会使排泄器官温度降低，反而引起便秘。

误区七：健康的身体是不挑食的。

大家都认为不挑食、什么都吃是件好事，但是，真的是这样吗？

地域不同，适合人的食物也不同；同理，我们每个人都各不相同，适合的食物也是不同的。如果只吃适合自己体质的食物，人们说这是“偏食”。其实，每个人的体质都不同，身体需要的“食物”也就不同，大部分情况下，人会下意识地选择自己喜欢的食物，这才是“偏食”的真正意义。

过量食用生的蔬菜和水果不好，但是如果你想吃，觉得它好吃，那么吃吃也无妨。如果你觉得它不好吃，只是因为大家都说吃了对身体好，就强迫自己吃，这就有问题了。要对自己的味觉（身体的本能）充满信心，最好是根据自己的身体状况选择自己的饮食生活。

误区八：维生素是保健的必备品

维生素确系人体不可缺少的一类养分，且有一定的防病保健之功。但若夸大其作用，甚至视其为保健“灵丹”而大量长期服用，那就大错特错了。

美国、芬兰等国家的医学专家就人们普遍感兴趣的维生素预防心脏病、中风以及癌症等疾患的问题，进行了大量调查观察，所得结果令人失望。维生素不仅未能有效地减少这些疾病发生，反而有所增加，如服用维生素A和维生素E的吸烟者肺癌发生率比未服者高出28%，由此而造成的死亡率也高出17%；服用维生素A和维生素C的更年期妇女，罹患心肌梗塞的比例也未下降。

为此，法国卫生机构已作出决定限制维生素的使用量，以防止过量补充而打破人体的营养平衡。

当然这不是否定维生素，尤其是食物中的维生素，这些来源于蔬菜、水果中的具有生物活性的天然维生素依然功不可没。临床资料显示，虽然服用维生素A和维生素C片未能降低更年期妇女的心肌梗塞发病率，但适量进食维生素丰富的食物却将发病率减少了一半。

由此不难明白，药物维生素需慎用，但食物维生素却是“多多益善”。

误区九：氧并非多多益善

现在不少城市出现了“氧吧”，据说此法能使人吸收新鲜氧气，并有提神醒脑之功。真是这样吗？

吸氧是医院抢救病人的一项医疗措施，正常人并不需要，即使由于运动或脑力劳动需要增加氧气，人体也会通过体内反馈机制增加呼吸的频率和呼吸深度来加大氧的摄取量。

氧气对健康人来说并不是多多益善，否则会“招灾惹病”。因为超过人体生理需求的氧气，会在体内与其他物质结合而生成自由基，破坏细胞的正常生物膜，干扰酶的活性，加速组织老化，催人衰老。这也是一些氧浓度较低的高海拔地区人群反而长寿的奥秘之一。

下面是另外一些足以震撼你的生活常识，每位读者都应该读一读它们，不要让无知耽误了你的身体：

1. 常吃宵夜会得胃癌，因为胃得不到休息。

2. 一个星期只能吃四个蛋，吃太多对身体不好。

3. 鸡屁股含有致癌物，最好不要吃。

4. 饭后吃水果是错误的观念，应是饭前吃水果。

5. 女生月经来时，不要喝绿茶，应多吃一些可以补血的东西。

6. 喝豆浆时不要加鸡蛋及糖，也不要喝太多。

7. 空腹时不要吃蕃茄，最好饭后吃。

8. 少喝奶茶因为热量很高，长期饮用易罹患高血压、糖尿病等疾病。

9. 多油脂的食物少吃。因为得花 5~7 小时去消化，并使脑中血液集中到肠胃，易昏昏欲睡。

10. 最佳睡眠时间是在晚上 10 点至清晨 6 点。

11. 每天喝酒不要超过一杯，因为酒精会抑制制造抗体的 B 细胞，增加细菌感染的机会。

12. 服用胶囊应以冷水吞服，睡前 30 分先服药。忌立即躺下

13. 苹果是开车族、瘾君子、家庭主妇的常备良药，一天一个，才能让自己有个干干净净的肺

14. 在抽烟的同时若吃维他命（B 胡萝卜素或 A 维他命的一种），会致

癌，尽早戒烟。才是最健康的做法

15. 女性不宜喝茶的五个时期为：行经时，孕妇，临产前，生产完后，更年期时。

16. 食物过于精细，缺乏纤维，且含大量脂肪，尤其是胆固醇会引发胃癌。

17. 食物过于粗糙，营养不足时导致食道癌、胃癌。

18. 食品中的黄曲毒素、亚硝酸类物皆具有致癌性。

19. 正确的饮食习惯是：早上吃得像皇帝，中午吃得像平民，晚上吃得像乞丐。